新建筑艺术赏析丛书

现当代建筑艺术赏析

第2版

刘古岷　编著

东南大学出版社
·南　京·

建筑艺术——灵感、技术与和谐

（代前言）

有这样两句话：一句是说建筑是凝固的音乐，这一点是讲建筑的艺术性；另一句是说建筑是石头的史书，这一点是讲建筑的技术性与历史性。这两点构成了建筑和建筑史的全部内容。而当代建筑又是当代文化的集中体现，也是当代社会文明的缩影，可见了解当代建筑和建筑理论的重要性。

公元前399—前347年，古希腊哲学家柏拉图提出了哲学三原则“真善美”，公元1世纪初，建筑学理论创始人马库斯·维特鲁威·波利奥（Marcus Vitruvius Pollio）在“真善美”的基础上将建筑设计原则归结为“坚固、实用、美观”（《建筑十书》），文艺复兴时期莱昂·巴蒂斯塔·阿尔伯蒂（Leon Battista Alberti，1404—1472年）和安德烈亚·帕拉第奥（Andrea Palladio，1508—1580年）对建筑学基本原则做了进一步发挥。此后，到了19世纪，德国建筑学家卡尔·弗里德里希·申克尔（Karl Friedrich Schinkel，1781—1841年）将建筑学设计归结为“功能、形式、历史、结构、自由、诗意”，路易斯·沙利文（Louis Sullivan，1856—1924年）提出了“形式追随功能”。20世纪初期，勒·柯布西耶（Le Corbusier，1887—1965年）提出了“结构、需求、数学、和谐”，瓦尔特·格罗皮乌斯（Walter Gropius，1883—1969年）提出了“结构、功能、智力”，路德维希·密斯·凡·德·罗（Ludwig Mies van der Rohe，1886—1969年）提出了“物质的、功能的、精神的”，等等。直到现在，建筑学的基本原则不管在概念上如何变化，基本还是可以归结为维特鲁威的三条基本原则“坚固、实用、美观”，其他的提法都是从这里派生出来的。建筑学的实用和坚固的原则是毋庸置疑的。于是，真正能够发生变化的是在“美观”上面，从“美观”可以派生出许多新的相关概念，例如相似、模仿、相像、差异、比较、联想、意义；又譬如文化、习惯、信仰、宗教、神话等等。当今在建筑学文章里面看到的“文脉”“地域主义”“粗野主义”“新古典主义”以及“现代主义”，其实主要是涉及“美观”这个概念在发生变化的。所以现在人们在讲到有关建筑的许多问题时，主要讲的还是建筑的艺术性。

当代建筑在1970年代产生了飞跃。有限单元法的出现、计算机的普及和应用，使得复杂结构的内力计算得以快速实现；高强度钢材、铝合金和多种复合材料的运用使得建筑设计如虎添翼，大大地增加了复杂建筑结构设计的可能性。但最为关键的一点是对于建筑设计基本观念的改变。从1920年代勒·柯布西耶的“建筑是居住的机器”到密斯·凡·德·罗的“少即是多”的国际主义风格，再到1960年代罗伯特·文丘里（Robert Venturi，1925—2018年）的《建筑的复杂性与矛盾性》的小册子，建筑设计的理论不断变化。文丘里的小册子在建筑师面前展开了一片新天地，使建筑师摆脱了千篇一律的国际主义风格的束缚，大大地解放了建筑师们的想象力。从那时直至今日，建筑的实践日新月异，过去不敢想的现在可以大胆地想了，过去不敢做的现在可以大胆地做了。后现代主义的种种流派，如典雅主义、解构主义、新理性主义、新地域主义、高技派、新有机派等等都在全世界风靡起来。建筑及建筑思想的多元化已成为当今建筑设计的主流，从某种意义上讲，对某一个具体的建筑已经很难将它们归于哪一类了，因为有时它们会同时具有多种流派的风格。

笔者的一个深刻体会是现代的建筑不论属于什么风格，主要还是表现设计师对建筑本质的主观理解，是设计师自我感觉的直接表现。从这个意义上说，建筑设计更是个人意志（或他对建筑艺术内心感受）的反映，每位建筑师的观念和阅历不同，他们的建筑理念也会相差很远。如果用“混沌”理论来解释，建筑师脑子里的建筑形象是处于清晰与模糊之间，而且清晰与模糊还在不断地转化。建筑的设计过程其实就是一个混沌变化的过程，这个变化使建筑师个人的设计理念逐步升华。现在一些建筑师的作品，随着时代与自己阅历的变化，对于建筑的认识也发生了变化，各个时期风格有所不同，就是这个道理。最典型的例子是诺曼·福斯特（Norman Foster，1935年—），人们很难想象香港汇丰银行大厦和瑞士再保险公司伦敦总部大厦是同一位建筑师设计的。

一个历史时期，由一种建筑理念占主导地位，可能仅仅过了几年，新的设计理念又取代了老的设计思想，使两个时期的建筑风格迥然不同。比如在“9·11”事件中被炸毁的山崎实（Minoru Yamasaki，1912—1986年）设计的美国世贸中心大厦原址上重建新楼，现在的区域建造规划由李伯斯金制定，SOM建筑设计事务所的大卫·蔡尔兹（David Childs）设计了高度为541 m的“自由塔”，三位普利策建筑奖获得者诺曼·福斯特、理查德·罗杰斯（Richard Rogers，1933—2021年）和桢文彦（Fumihiko Maki，1928年—）设计的周围的楼群，这样由风格迥异、形式不同的建筑群体构成的视觉效果是否能够和山崎实的世贸大厦姊妹楼相比，从而消除世人对那两座比例恰到好处的姊妹摩天楼所形成的曼哈顿天际线令人久久不能忘怀的印象，以解开深刻印在纽约市民中的心结，确实是对建筑师的巨大考验！

被称为解构主义大师的弗兰克·欧文·盖里（Frank Owen Gehry，1929年—）是目前最有影响的建筑师之一，他所设计的建筑，例如西班牙毕尔巴鄂古根海姆博物馆和麻省理工学院的梅迪亚中心，外墙采用了钛或不锈钢等金属材料，建筑的所有外墙或者是扭曲的，这一块向左旋，另一块向右旋，或者呈波浪形的褶皱状，很像当代物理前沿弦理论中的卡—丘空间，与常规的墙体设计南辕北辙。盖里被称为解构主义建筑师，但他并不承认自己的作品属于解构主义。对于盖里，人们只能说，他心中的建筑世界就是弯曲的，这是他对建筑的一种理解。在他的作品里你已经很难看到“建筑”了，所看到的就是“弗兰克·欧文·盖里”。有人说盖里的眼睛是一面“哈哈镜”，它将正常的世界看成是“扭曲”的，而它的扭曲的建筑世界却是“正常”的。在当代建筑设计中，盖里是一个非常特殊的例子，尽管古根海姆博物馆是20世纪末最重要的建筑设计之一，但直到目前，几乎很少有建筑师采用这样的设计风格。

1977年建成的巴黎乔治·蓬皮杜国家艺术和文化中心被视为高技派建筑的代表作品，其实“高科技”的概念用在这里并不贴切，除了采用了一些高强度钢材以外，并没有过多的技术含量。从另一个角度看，乔治·蓬皮杜国家艺术和文化中心倒可以看成是解构主义的建筑作品。它把原先应当安放在里面的管子松绑，放到建筑的外侧裸露着，以此形成一种视觉冲击。这种设计方法对以后的建筑风格的变化产生了明显的影响。于是往往在一个建筑作品里可以看到许多不同的风格，它们互相渗透、交融、变异。在后现代主义作品里，已经没有固定的规则可言，人们所看到的就是建筑师对建筑的理解。从这个角度说，建筑艺术的个人成分要大于它的时代成分，建筑成为建筑师内心世界的一种外在表现，就像从小说可以看到作家的灵魂。

高技派建筑作为一个流派在当代建筑中的确有一定的影响，例如由诺曼·福斯特设计的香港汇丰银行大厦，正面象征人体骨骼样的多层三角形吊架体现了一种刚劲和力量。从现代科学技术的角度看，诺曼·福斯特设计的汇丰银行大厦在高科技设计思想和建筑艺术上都有独到之处，给人们留下的却是象征主义的表现手法。真正意义上的高技派建筑作品是有的，例如圣地亚哥·卡拉特拉瓦（Santiago Calatrava，1951年—）的作品。西班牙塞维利亚阿拉米罗大桥（1987—1992年）和耶路撒冷轻轨桥（2002—2008年）就属于这类作品。阿拉米罗大桥是后倾斜塔斜拉桥，利用塔的自重对塔支点产生的力矩与拉索对塔支点的力矩相平衡的原理，设计出像竖琴模样的桥，这在当时确实是一个十分新颖的设计思想；而耶路撒冷轻轨桥为一个后倾折线独塔曲梁斜拉桥，无论从力学还是美学上讲，该桥的设计都做到了最简约，达到了力与美的极致，实为当代顶尖的高技派建筑，在这里维特鲁威“坚固、实用、美观”的三原则已经融为一体了。

在建筑分类意义上的高技派建筑，现在已不多见，更多的是将新技术、新材料以及新理念组合在一起，使建筑师可以更加得心应手地实现自己对建筑的理解。

可持续发展的理念与环保设计理念是在“实用”原则上面逐渐演变的，现在已成为建筑设计的另一个重要支柱，比较突出的建筑范例有诺曼·福斯特设计的纽约赫斯特大厦、瑞士再保险公司伦敦总部大厦和让·努维尔（Jean Nouvel，1945年—）设计的巴塞罗那阿格巴大厦、赫尔穆特·扬（Helmut Jahn，1940—2021年）设计的波恩邮政大厦等，为北京2008年奥运会建造的水立方游泳馆也是环保建筑的一个例子。环保设计理念已经成为目前建筑设计的一个重要依据，这个趋势起源于人们对能源问题的日益重视，更重要的是人们越来越关心自我生存空间的质量，而这些要求恰好有新材料、新技术的支持。

20世纪以来，出现了一系列的有机建筑，有机建筑的基本理念是建筑应当与周围的自然环境和谐共处。埃里克·门德尔松（Eric Mendelsohn，1887—1953年）的爱因斯坦天文台、弗兰克·劳埃德·赖特（Frank Lloyd Wright，1869—1959年）的流水别墅、埃罗·沙里宁（Eero Saarinen，1910—1961年）的肯尼迪机场、阿尔瓦·阿尔托（Alvar Aalto，1898—1976年）的玛丽亚别墅乃至勒·柯布西耶的朗香教堂都可以算是20世纪有代表性的有机建筑。20世纪末贝聿铭（Ieoh Ming Pei，1917—2019年）设计的日本京都美秀博物馆和安藤忠雄（Tadao Ando，1941年—）设计的水之教堂、光之教堂和风之教堂都是典型的有机建筑。

有的学者将有机建筑分列为地域主义（或批判地域主义）倾向和人情化设计，也有的学者将有机建筑里的象征主义单独列为一种设计倾向。其实不管如何分类，人情化也好，地域主义也好，象征主义也好，本质上还是属于有机建筑。有机建筑现在已经越来越受到重视和欢迎。

当代建筑中的一个可喜的现象，就是新的一代建筑师已经健康地成长起来了，他们中的一些人曾经跟随着大师们学习过。这些建筑师大都出生于1950—1960年代，例如：林璎（Maya Ying Lin，1959年—），扎维尔·德·盖迪埃（Xaveer de Geyter，1957年—），曼纽勒·戈特德（Manuelle Gautrand，1961年—），West 8 的阿德里安·古兹（Adrian Geuze，1960年—），大卫·齐普菲尔德（David Chipperfied，1953年—），索赫塔建筑事务所（Snöhetta Architects）的克雷格·戴克斯（Craig Dykers，1961年—）、克里斯托夫·卡普勒（Christoph Kapeller，1956年—）、克雷蒂尔·索尔森（Kjetil Thorsen，1958年—），渐近线组合中的哈尼·罗士德（Hani Rashid，1958

年—）、琳西·安妮·考特瑞（Lise Anne Couture，1959年—），中国的王澍（1963年—）、马岩松（1975年—），FOA建筑事务所（Foreign Office Architects）的伊朗裔建筑师费·穆萨维（Farshid Moussavi）和西班牙裔建筑师亚历杭德罗·扎埃拉·波罗（Alejandro Zaera Polo）夫妇等等。这些新生代建筑师都接受了后现代主义建筑思想各个流派的精华，同时他们的思想更加开放，思路更加活跃，敢于大胆创新。新世纪头10年他们的创作中反映出了新观念、新思潮。本书第1.3节，尽可能地介绍了这些年轻建筑师的作品。

1996年钱学森同志在与涂元季同志的一次书信来往中指出："建筑是科学的艺术，又是艺术的科学。"而它们的交会点在建筑哲学，它包含了建筑学、工程技术和建筑美学等建筑科学的全部内容。本书介绍主要涉及建筑美学和工程技术的部分，而对建筑科学中的其他部分，例如三维城市规划、建筑环境学等则只有少数章节涉及，这也是由于笔者水平有限和受篇幅所限。

本书共分两篇。第一篇简单介绍20世纪至今世界建筑的发展历史，包括现代主义时期、国际主义风格时期和后现代主义时期三节。这部分紧紧围绕建筑发展的理论和代表人物，让读者对20世纪的建筑发展有一个大概的了解。由于不是建筑史教科书，整个叙述比较简洁，重点在第1.3节中，这一节对影响当代建筑的后现代主义的理论和实践都做了比较详细的说明，并附有大量图片及赏析文字，以使读者通过实图对设计理念有直观的理解。第二篇以具体的建筑为例子，分别选出有代表性的70多个建筑做了较详细的介绍，对建筑的建造背景、建筑结构和建筑美学都尽可能做了交代。全书共计介绍了300多位建筑师或建筑事务所的不同时期的400多个建筑作品，其中21世纪的新建筑约有180个。本书书名虽为《现当代建筑艺术赏析》，当代建筑（1985年—）占了60%。考虑到建筑的不同类别，对影响大的建筑介绍得多，有的建筑师虽然很有名，由于作品较少，限于书的篇幅，只好割舍。对于重要的建筑师还做了生平简介。第二篇具体介绍作品，题材是在收集了大量出版资料、网上资料与作者笔记编辑而成，其中也穿插了作者个人的一些看法。第二篇对各个著名建筑的专门介绍没有按照年代顺序安排，其目的是希望读者能够对各种建筑风格的作品进行反复的比较，以逐步深化理解。这样的编书方式也是一种尝试，希望能给读者带来方便。作者编写该书的主要目的是想让更多的建筑设计者和城市管理工作者阅读，从而对城市建设与改造能够有所借鉴；本书同时也可供学建筑的同学参考阅读，对于喜爱建筑艺术的同志，他们或许也会从中受益。第一版出版至今已经10多年了，在这段时间里，建筑界又出现了一些新的思想，还有许多新建筑让人目不暇接。现在的第二版主要对第1.3节后现代主义时期的部分建筑做了更换，多了一些新建筑；同时对第二篇的两节做了调整，方便读者对现代建筑的快速发展有所了解。

关于本书资料来源说明如下：图片资料主要从谷歌网、百度网和出版书籍、刊物中收集，只有极少数的图片为作者自己拍摄。文字资料的来源主要为参考文献中所列书目、杂志和网络上面的文章。附带说明一点，原先书中有几节专门介绍教堂的，后来将它们一起并到作者另一本书《现当代教堂建筑艺术赏析》中。陈小兵先生收集了部分有价值的图片，作者在此表示由衷的谢意。世界著名建筑师和他们的作品成千上万，笔者亲自见到的现代著名建筑十分有限，因此书中若存在错误而给读者带来不便，就只能在此先表示歉意了。

目　录

第一篇　现当代建筑发展概述

1.1　现代主义时期

19世纪—20世纪初，欧洲建筑基本处于古典主义复兴的时期，这个时期的建筑形式大致可分为三类：典型的古典主义、浪漫主义和折中主义。典型的古典主义建筑如巴黎凯旋门［1808—1836年，夏尔格兰（J.F.Chalgrin）设计］、英国的英格兰银行［1788—1833年，约翰·索恩爵士（Sir John Soane）设计］和美国的国会大厦［1793—1867年，威廉·松滕博士和拉特罗布（William Thornton & B. H. Latrobe）设计］。浪漫主义的著名建筑如英国的国会大厦［1836—1868年，查尔斯·巴里爵士（Sir Charles Barry）设计］。折中主义建筑的典型如巴黎歌剧院［1861—1874年，查尔斯·加尼叶（Charles Garnier）设计］和巴黎圣心教堂［1875—1877年，保罗·阿巴迪（Paul Abadie）设计］等。随着钢铁工业和机械工业的发展，到了19世纪末，一些大型的结构也相继出现，最早用铸铁建的桥是英国的塞文河科尔布鲁克戴尔桥［1779年，亚伯拉亚·达比（Abraham Darby）设计］，采用钢材建造的最著名的建筑为法国巴黎的埃菲尔铁塔［1889年，亚历山大·居斯塔夫·埃菲尔（Alexandre Gustave Eiffel）设计］、英国爱丁堡附近的福斯桥［1882—1889年，约翰·富勒和本杰明·贝克（John Fowler & Benjamin Baker）设计］和纽约的布鲁克林大桥［1867—1883年，约翰·奥古斯塔斯·布柏林（John Augustus Roebling）设计］。同时框架结构的建筑形式在19世纪末也基本形成，例如芝加哥家庭保险公司大厦等。19世纪后期的新艺术运动和工艺美术运动对这个时期的建筑产生了极大影响，例如维也纳分离学派展览馆（1897—1898年）和斯托克列宫［1905—1911年，约瑟夫·霍夫曼（Josef Hoffmann）设计］。这个时期又是美术史上印象派、立体派和野兽派形成和发展的时期，因此20世纪初，欧洲乃至世界建筑处于一个新旧交替的基本格局中。直到“德意志制造联盟”的成立，才算是在真正意义上形成了现代主义的建筑思想，而在现代建筑史上也有将第一次世界大战后的“现代主义运动”作为建筑史现代主义时期的开端。

20世纪的世界建筑发展经过了现代主义、国际主义与后现代主义三个历史时期。早期现代主义的建筑大师有彼得·贝伦斯（Peter Behrens，1868—1940年）、瓦尔特·格罗皮乌斯（Walter Cropius，1883—1969年）、路德维希·密斯·凡·德·罗（Ludwig Mies van der Rohe，1886—1969年）、勒·柯布西耶（Le Corbusier，1887—1965年）等人。另一个对现代建筑艺术有深远影响的是美国建筑师弗兰克·劳埃德·赖特（Frank Lloyd Wright，1869—1959年），他提出的有机建筑理论与实践，也影响了整整一代人。还有就是芬兰建筑师阿尔瓦·阿尔托（Alvar Aalto，1898—1976年），他虽然参加了国际现代建筑协会（CIAM）组织，但他的建筑风格基本属于有机风格。

彼得·贝伦斯，早年曾从事图案设计，后来转向建筑设计。贝伦斯1903年担任杜塞尔多夫工艺美术学院院长，并成立了世界上第一个建筑事务所；1904年参加了“德意志制造联盟”的组织工作。德意志制造联盟的成立是德国现代设计发展的一个重要里程碑，对后来德国的工艺与建筑设计有着极为重要的影响，此后从欧洲各国成立的“同盟”中都可以看到它的影子。贝伦斯1907年受聘于德国通用电气公司（AEG）任艺术顾问，后来成为董事。在AEG工作期间，他参与建造了5座工业建筑，其中最著名的作品是1908年设计的德国通用电气公司的透平机车间，开创了工业设计的新面貌。透平机车间是20世纪最初10年中建筑学与工程学紧密结合的著名的典范，是生产技术和新古典主义有机结合的产物。车间的建筑规模令人吃惊，建筑端部（山墙）呈厚重的多边形和曲线形，与两侧精心设计的玻璃幕墙形成强烈的对比。1929年，他还设计了柏林亚历山大广场上的两座大楼，这两座大楼都是钢架结构，高为8层，东侧的一座平面呈斜“T”字形，第二层为玻璃幕墙餐厅，已显现了早期现代主义风格的特征。

瓦尔特・格罗皮乌斯、路德维希・密斯・凡・德・罗和勒・柯布西耶三位现代主义大师，1910年前后都在贝伦斯事务所工作过，贝伦斯要求建筑设计形式简单，反对过度装饰，强调功能，体现理性化和系统化以及工业化、普及化批量生产的建筑设计理念，这些对他们三人各自风格的形成都有重要的影响。

格罗皮乌斯于1907年受聘于德国通用电气公司，在与贝伦斯共同工作的一段时间里，他接受了贝伦斯关于建筑的许多新观点，后来他曾经说过：“贝伦斯第一个系统地同时合乎逻辑地综合处理建筑问题……在与德意志制造联盟的主要成员的讨论中，我更加坚信，在建筑表现中绝不能抹杀现代建筑技术，建筑表现要应用前所未有的形象。”

格罗皮乌斯的第一个著名建筑设计是法古斯鞋楦厂，法古斯鞋楦厂发展了贝伦斯的建筑思想，摒弃了对古典主义的模仿与华丽的外表，而采用钢架平板玻璃幕墙结构。这是现代建筑史上第一个玻璃幕墙建筑，它所确立的新的建筑语言对后来现代建筑的发展产生了深远的影响。

格罗皮乌斯在现代建筑史中最重要的影响是他在第一次世界大战结束后于1919年建立魏玛公立建筑学院，简称“包豪斯”。格罗皮乌斯为包豪斯制定了一个目标：创造一种工业化建造房屋的方法，大规模地生产优质廉价住房，以解决战后德国的住房问题。包豪斯的校训是：“通过训练具有艺术天分的人，使他成为一名具有创造性的工匠、雕塑家、画家或者建筑师。”就这样，格罗皮乌斯将包豪斯建成一所建筑师的修道院，在这里培养了一批具有艺术天分和实际能力的建筑师。由于魏玛保守势力对新的设计观念的敌视，1925年，包豪斯迁到了德国东部的德绍。

在德绍，格罗皮乌斯亲自设计了在现代建筑史中具有里程碑意义的“包豪斯校舍”。这是一座由许多功能不同的部分组成的中型公共建筑，建筑外形为普通四方形，教学楼为4层钢筋混凝土框架结构，面临街道；宿舍为一座6层小楼，在教学楼的后面；礼堂、食堂和车间也安排在4层楼内。最为特殊的是校舍的2~4层有三面为玻璃幕墙，这种框架玻璃幕墙结构建筑成为后来的国际主义风格建筑的先驱。

1933年纳粹上台后，格罗皮乌斯被迫移居英国，1937年受聘成为美国哈佛大学建筑学教授，次年加入美国国籍。

与格罗皮乌斯同时受教于贝伦斯事务所的另一位建筑大师是犹太人密斯・凡・德・罗。他于1908年到贝伦斯事务所学习和工作，第一次世界大战时参军当了一名工兵，参与过部队里的军事工程。他是第一个系统地研究玻璃摩天楼的建筑师，1919—1921年，他提出了两个玻璃摩天楼的示意图：幕墙全是玻璃，高大的建筑就像一个透明的晶体。这种用不承重的玻璃外墙遮住框架结构的建筑形式为日后的玻璃摩天楼提供了新的方案。

密斯・凡・德・罗1926年担任德意志制造联盟的第一副主席，成为1920年代最激进的建筑师之一。1929年，他设计的巴塞罗那国际博览会的德国馆是他最重要的作品之一，建造这个展览馆的主要目的是为了展示第一次世界大战后才成立的魏玛共和国的新面貌，它与同时建造的另一座德国工业馆完全不同。密斯·凡·德·罗在德国馆中几乎将古典建筑中束缚空间的六个面全部松绑，为了让其自由发展，他采用了很细的钢柱支撑屋面，将承重体系与空间限定体系全都独立分开。建筑的实墙远远地伸出屋檐，围合着水的庭院，限定了入口，从内到外再从外到内，空间告别了古典的静止状态，开始随着参观者的活动，真正地流动起来。德国馆是密斯1928年提出的著名设计原则“少就是多”的一个最好的样板，它对现代建筑设计的影响十分深远。

密斯·凡·德·罗的另一件传世佳作是1930年设计的捷克吐根哈特别墅。这栋住宅建在一块坡地上，并从上面的楼层中进入，在两个敞亭之间夹着几间卧室。走下宽的铁腿楼梯步入宽阔的起居室，你会看到正前方是长满奇花异草的冬季花园。而右边，在遮挡着书房灰色玛瑙隔墙和半圆形的极为华丽的有红褐色条纹并环绕着餐厅的望加锡木墙面之间，一面24 m长的玻璃墙奇迹般地消失在地下室，将整个起居室转换成俯瞰花园的开放平台。密斯认为清晰的结构是自由平面的基础，室内大部分空间都保持了网格的规律性，对大部分空间而言，严谨的网格和自由的家具有着清晰的相互对位关系。地面铺上了象牙色的油地毡——一种已达到1930年代优质水平的材料，与白色的天花板相呼应。3 m高的天花板使空间显得足够宽敞，这种做法可以使人的视线平衡在地面与天花板之间。就像罗宾·伊文斯（Robin Evans，1944—1993年）指出的那样，在有相似流通空间的巴塞罗那国际博览会德国馆中，古典的对称性在平面中消失，却以某种方式重新出现在剖面中，它加强了有着反射表面和奢华材料随光线而改变的飘浮空间。也许正是这点使一位当代评论家认为，密斯在此表明了如何“让人从纯粹的功能思考上升至精神领域”。

1930年，密斯继任包豪斯的校长。两年后，学校被法西斯政权强行解散。1937年密斯来到美国，任伊利诺伊理工大学建筑系主任，从此留在美国。在伊利诺伊担任建筑系主任时期，他对建筑教育有许多重要的建树。他认为：“教育的功能是把我们从不负责任的见解中引导到真正的责任的判断上来；而且由于建筑物是一个作品而非一种观念，由此，一种工作方法、一种做事情的方式才应该是建筑教育的精髓所在。”密斯关于钢-玻璃建筑的理想终于在1954—1958年所设计的西格拉姆大厦得以实现，成为国际主义风格建筑的一个里程碑。

被世界公认的现代主义建筑大师勒·柯布西耶与格罗皮乌斯和密斯·凡·德·罗的阅历不一样，第二次世界大战时期，他一直留在法国。勒·柯布西耶原籍瑞士，出生于钟表匠家庭，早年学过绘画与木雕，曾先后跟随巴黎建筑师奥古斯特·佩雷（Auguste Perret，1874—1954年）和彼得·贝伦斯学习建筑。1917年移居法国，1920年改用现名，1930年正式加入法国籍。1920年，他与新潮流派画家和诗人合编了《新精神》杂志。1923年，他将在《新精神》发表的文章汇编成册，出版了著名的《走向新建筑》的小册子。在这本书里，他提出轮船、汽车和飞机是表现新时代精神的产品；但建筑与建筑师们落后了，他们被习惯势力束缚，建筑必须走工业化的道路才能够创造出新时代的新建筑。在这本书中，他给住宅下了一个新的定义：“住房是居住的机器”，从而得出“房屋机器——大规模生产房屋”的结论。勒·柯布西耶的这个主张是对过去为皇室、贵族们设计建筑思想的大转折，第一次将居民住房放在建筑设计的首位，这是他对20世纪建筑思想变革的最大贡献。

勒·柯布西耶对现代建筑另一个有重大影响的设计理论是他1926年提出的住宅设计的“新建筑五点”：①底层的独立支柱；②屋顶花园；③自由的平面；④横向长窗；⑤自由的立面。这些特点都是基于房屋主体由框架结构构成、墙面不再承重的基本结构形式提出的，它们与格罗皮乌斯和密斯的设计理念基本相同，唯一的区别是多了底层独立支柱和屋顶花园。1928—1930年，他完成了法国巴黎郊外帕瓦希著名的萨沃伊别墅，将他的新建筑五个特点全都用上了。他的“住房是居住的机器”的观点主要是在追求机器般的视觉效果，也就是立体主义的几何形体的构图效果，所以他是在大体上能满足功能要求的前提下，把萨沃伊别墅当成一个雕塑来处理的。柱子长而细，墙面平而光滑，窗户是简单的矩形，没有刻意装饰的线条。为了添加变化，加了不少曲线形体。就像一只手表一样，整个建筑外形简洁，但内部空间却繁复而多变，建筑的各部分像是手表的零件，采用机器美学的造型效果将它们组装起来，这给了建筑美学一种新的诠释。

勒·柯布西耶是一位思想活跃的建筑师，他对现代城市的居住问题及城市规划有过许多设想，也影响了后来的一些建筑师。1922年，他提出一个居住300万人口的城市规划，其特点是：整齐的交通网络，城市中心区域的摩天大厦和周围的高层住宅楼群，楼房之间的大片绿地，道路的立体交叉，屋顶的花园等等。1951年他为印度昌迪加尔设计的城市规划基本沿用了这个思路。

勒·柯布西耶留给世界的最著名的作品就是他在1951—1955年设计的朗香教堂。雕塑般的朗香教堂是勒·柯布西耶绝无仅有的非几何形式的有机形态建筑，其效果取决于朴素大方的白色、弯曲的表面、厚实的墙体以及窗洞口的色彩与光斑之间的相互作用。顶部好像巨大的船一样，向上翻卷的大屋檐及下凹的屋顶反扣在教堂厚厚的墙壁上。墙面使用粗糙的喷浆混凝土。倾斜的墙壁使人在面对建筑的一个墙壁时，想象不到另外几面是什么样子。古怪的表现主义形式非常引人注目。还有呈梯形状的大小不均的窗户，排列上下无序，完全打乱了人们用窗户的多少来计量建筑高度的一般规则。从内部看出去，窗户成了一个个透光的小方孔，在斜墙面上造成一种不稳定感。人们的目光被引导投向祭坛方向一条直通屋顶的光线缝隙，在人们心中造成一种很特殊的宗教感受。教堂下凹低矮的屋顶与哥特式教堂高耸的穹顶形成强烈反差，进入教堂就像进入一个远古的山洞。这个教堂虽然不大，但是它特别的处理手法却引起全世界建筑界的关注，尤其是表现宗教精神力量的建筑技巧。它不像中世纪的哥特式教堂，也不像古希腊、古罗马时代的建筑，却很像某个原始社会的石头建筑被保存至今。

朗香教堂的设计完全背离了勒·柯布西耶早期提出的“新建筑五点”，同时也与他在《走向新建筑》一书中提出的建筑由基本几何形体构成的主张南辕北辙。它怪异的建筑造型与艺术魅力对20世纪下半叶的建筑设计产生巨大的影响，被全世界公认为是20世纪最伟大的建筑作品之一。

勒·柯布西耶的一生是不断奋斗又不断否定的一生。他提出了现代建筑及城市规划的宪章，又不断搅乱这些章法；他一手创建了国际建筑师协会，在协会受到年轻人抵制时，站在了年轻人一边；当现代建筑受到世人攻击诽谤时，密斯和格罗皮乌斯在沉默，而他却勇敢地站出来捍卫现代建筑；他促成了功能主义之风，而后又攻击它缺乏诗意；他强调自由平面而后又走向纪念性建筑；他扬弃形式主义又创造出许多新形式；他不断前进又不断更新自己的思想，使他的崇拜者们不知所措。正是由于这一切，勒·柯布西耶成为20世纪建筑界里不可替代的领军人物。

另一位对20世纪建筑艺术产生重大影响的建筑师是美国的弗兰克·劳埃德·赖特。赖特出生在美国威斯康星州，在大学里原先学的是土木工程，后来转而学习建筑。曾在路易斯·沙利文（Louis Sullivan，1856—1924年）工作室学习工作过。赖特最早的设计生涯开始于1889—1909年的芝加哥橡树园工作室，那里既是他新婚的住所，又是他的工作室。在那段时期，他开始提出、发展并完善他的“大草原”理论，并形成了草原学派。那个时期，他创造出一种独特的美国式的住宅建筑（如1904年的马丁住宅、1909年的罗比住宅等等）。它们的特点是强烈的水平性、交叉轴线式布局，大挑檐的缓坡屋顶及下面长长的窗户。他的草原学派建筑为后来的有机建筑理论打下了基础。赖特对建筑学的贡献主要是他的有机建筑理论。“有机”这个词不同于“现代”。“现代”意味着“流行”或“时尚”，今天的现代事物将在明天成为过去的东西。而有机建筑则如同自然一样，蕴含着生机与活力。由于它的哲理远远超越了任何代表某种流派的典型的形式，因此很难给它定义。这种思想的核心与中国古代思想家老子的“道法自然”和庄子的“天人合一”思想有着相似之处，就是要求依照大自然所启示的道理行事，而不是生硬地模仿自然。用现在的话说，就是人居建筑与人居环境应该与自然和谐共生；自然界是有机的，因而取名为“有机建筑”。

赖特设计的最为著名的有机建筑是1935—1937年设计的流水别墅。1934年12月，美国富商埃德加·考夫曼（Edgar Kaufmann）邀请赖特到匹兹堡东南郊的熊跑溪（Bear Run）去商谈建造一座周末别墅的事宜，别墅的基址选在熊跑溪的上游，那里四周密林环绕，小溪从山上潺潺向山下流淌，环境十分清幽。考夫曼带领赖特到现场实地踏勘，给赖特留下了极为深刻的印象。密林中的岩石、清澈的流水从山岩向下跌落的音乐般的声音使他难以忘怀，回去后头脑中不时浮现出一个在溪水旁山崖上的模糊别墅幻象。

经过了相当长时间的酝酿，过了几乎10个月，在一个上午，赖特用了约一刻钟的时间，迅速地画出第一张草图。他将别墅建在一处流水落差较大的瀑布上面，从山崖向外伸出两个巨大的平台，一个向左右展开，另一个向前方伸出，它们构成了别墅建筑的主体，背景则是用粗石砌成几道深褐色的竖墙。这两个好像从山崖中陡然伸出的横直交错的光洁的别墅一楼阳台和二楼向外挑出的阳台，与跌落的山泉和四周环境显得如此协调和谐，揭示了自然与人之间既相通又依存的奥妙，真可谓鬼斧神工、妙构天成。凡是实地看过流水别墅的人，无不为之惊讶感叹！建筑界的评价认为，流水别墅具有艺术品的韵味，结构上高度重视自然环境，并努力把建筑与自然环境有机地结合起来。因此从建成时起流水别墅就受到建筑界的高度重视，被视为美国1930年代现代主义的杰作。

1991年美国的权威建筑杂志《建筑实录》举办了读者评选百年来全球最优秀建筑的活动，结果“流水别墅”名列榜首。

赖特一生大约设计了1 000多个建筑作品，其中大部分在美国，目前留下的建筑作品大概有400件。从流水别墅建成后美国人才逐步领会到赖特是美国的骄傲，所以现在成立了赖特建筑保护委员会，这个委员会的工作已初见成效，目前美国已经开放了70多处赖特设计的建筑供游人参观。

20世纪对世界建筑发展有影响的另一位建筑师是芬兰出生的阿尔瓦·阿尔托，他对于现代建筑的贡献在于在第二次世界大战后形成自成一格的设计风格——建筑的人情化，极大地开阔了现代建筑师的视野，拓宽了现代派建筑设计的风格。

阿尔托1898年2月3日出生于芬兰库奥尔塔内，1905年全家搬到于韦斯屈莱市。先后在于韦斯屈莱古典学院和赫尔辛基理工学院（现阿尔托大学理工学院）学习建筑。他在1923年开设了自己的建筑事务所，1928年参加了欧洲的国际现代建筑协会（CIAM）后，抛弃了早期的芬兰传统装饰风格，走向了现代主义建筑风格，推动了芬兰现代建筑的发展。

阿尔托的主要创作思想是探索民族化和人情化的现代主义建筑。他认为工业化和标准化应为人民的生活服务，满足人们的精神需求。他反对千篇一律的设计手段与设计模式，主张根据情况进行灵活的设计。他的作品建筑平面灵活，使用方便，结构件巧妙地转化为精致的装饰；建筑造型典雅，空间处理自由活泼且具有动感；他的设计往往是逐渐展开的，在展开的过程里延伸、变化；他尽可能地利用地形，让建筑和环境有机地融为一体。他的作品具有典型的芬兰民族风格，不豪华、不浮夸、不追求时尚，具有极其鲜明的个性。因此被建筑界视为欧洲的有机建筑大师。

阿尔托的建筑创作可分为三个时期：

1923—1944年是阿尔托的第一白色时期，也是现代建筑在芬兰生根发芽的阶段。这个时期作品外形简洁，多呈白色，有时在阳台栏板上涂有强烈色彩；建筑外部有时利用当地特产的木材饰面，内部采用自由形式。代表作为维堡图书馆（Viipuri Library，1927—1935年，现在俄罗斯境内）和帕伊米奥肺结核疗养院（Paimio Sanatorium，1929—1933年）。维堡图书馆位于市中心公园的东北角，包括前厅、报告厅和阅览室三部分，根据不同的功能需要，三部分有着不同的层高。为了保暖，外墙有75 cm厚。阅览室和借书部分的墙壁是不能开窗的，但在平面屋顶上开了许多圆形天窗。报告厅的墙面和波浪形弯曲的天花板上面布满了窄窄的红木条。维堡图书馆是现代建筑与芬兰民族风格有机结合的典型，它既有现代建筑的大片玻璃窗，又大量使用了芬兰的木材，内部充满了北欧的芬兰元素。维堡图书馆是阿尔托的成名之作，它的大胆的自由内部空间设计和简洁的现代建筑形体受到了建筑界的一致好评，可惜毁于1943年的第二次世界大战中。

第二次世界大战后的1945—1953年，阿尔托的创作已臻于成熟，这一时期他喜用自然材料与精致的人工构件相对比。建筑外部常用红砖砌筑，造型富于变化，因此这个时期被建筑界称为红色时期。他还善于利用地形和原有的植物。室内设计强调光影效果，讲求抽象视感。代表作为芬兰珊纳特赛罗市政厅（1949—1952年）和美国麻省理工学院的学生宿舍——贝克楼（1946—1949年）。

珊纳特赛罗市政厅是一座三层高的综合性建筑，包括会议室、图书馆、办公室和几套公寓。在最初的方案中，商店占据底层空间，后来被图书馆和其他政府机构所取代。该建筑由红色砖和木料构建而成，并且有一个镀铜的屋顶。建筑的中心环绕一个高起的庭院，分别在东面设有楼梯，在西面设有青草台阶。通过庭院直达正门，正门通道走廊用透明玻璃板镶嵌而成，可以把太阳光引入室内，并且可以通过它欣赏庭院中的喷泉。

在设计手法上面，阿尔托让市政厅的建筑群逐渐在人们眼前展开：沿着坡道向上走去先看到是被白桦树遮掩的主楼的一个侧面，楼上是图书馆，楼下是商店；走到近处才能看到铺着草皮的主楼的台阶，给人一种回归自然、返璞归真的意境。在台阶口，首先看到镇长办公室与会议室的单元建筑，过了入口的花架后，便来到一个被绿化得很美的院子，环绕院子的是一层办公室，右面是两层高的图书室，对面是镇长办公室。建筑群与四周的景观极为自然地融为一体。

珊纳特赛罗市政厅是阿尔托设计的最具民族化的有机建筑，也是红色时期的经典建筑之一。

1953—1976年是阿尔托的第二白色时期，这时期建筑再次回到白色的纯洁境界。 作品空间变化丰富，发展了连续空间的概念， 外形构图重视物质功能因素，也重视艺术效果。代表作为伊马特拉市教堂、卡雷住宅、奥尔夫斯贝格文化中心（1958—1962年）、欧塔尼米技术学院礼堂、赫尔辛基芬兰地亚会议厅（1962—1975年）、伊马特拉附近的伏克塞涅斯卡教堂（1956—1958年）、联邦德国沃尔夫斯堡的沃尔斯瓦根文化中心（1958—1962年）和不来梅市的高层公寓大楼（1958—1962年）等。

阿尔托无疑是现代最伟大的建筑师之一，他的作品具有欧洲建筑的理性和美国有机建筑的诗意，很有人情味与特殊的抒情风格。肯尼斯·弗兰姆普敦（Kenneth Frampton）称阿尔托的作品是异化共生（heterotopic）的建筑，即具有多种风格于一体的建筑；文丘里说：“阿尔托的作品对我来说是最有意义的。”阿尔托的建筑风格对后现代建筑有着深远的影响，有人称他的建筑风格是连接现代建筑与后现代建筑之间的一座桥梁。

图1 通用电气公司透平机车间 德国柏林

彼得・贝伦斯 1908—1909

□Peter Behrens

□AEG Turbinenfabrik

通用电气透平机车间是第一个现代化的钢结构玻璃厂房，屋顶为钢结构三铰拱，内部跨度25 m，大面积的玻璃窗让车间宽敞明亮。该建筑曾被印在德国邮票上，可见其重要影响。

图2 橡树园 美国芝加哥

弗兰克・劳埃德・赖特 1909

□Frank Lloyd Wright □Oak Park

图3 罗比住宅 美国芝加哥

弗兰克・劳埃德・赖特 1909

□Frank Lloyd Wright □Robie House

图4 东塔里埃森 美国斯普林格林

弗兰克・劳埃德・赖特 1911

□Frank Lloyd Wright □Taliesen East

图5 法古斯工厂 德国阿尔费尔德

瓦尔特・格罗皮乌斯＋阿道夫・迈耶

1911—1913

□Walter Gropius + Adolf Mayer □Fagus Werk

法古斯工厂的外墙是以玻璃为主，是后来国际主义风格的钢－玻璃结构的先驱。

图6 亨尼住宅　　荷兰乌得勒支

罗伯特·范德·霍夫 1916

□Robert van' t Hoff □Henny House

亨尼住宅位于荷兰中部的希尔弗瑟姆市，该城市在空间结构上有很多破碎和不连续的地方，建筑师的设计填补了这个空隙。亨尼住宅的塔高47 m，共用去68万块黄砖，具有强烈的立体主义形式感。

图7 格罗赛斯剧场　　德国柏林

汉斯·珀尔齐希 1919

□Hans Poelzig

□Grosse Schauspiehaus

图8 赫尔辛基火车站　　芬兰赫尔辛基

埃利尔·沙里宁 1911—1919

□Eliel Saarinen

□Helsingin Päärautatieasema

火车站的布局不对称，主体屋顶为多变拱形，这是从古希腊神庙的山墙中汲取的一种表现手法。建筑的细部缺少古典装饰的构件，直白而精炼的风格与外部的砖石结构相辅相成。入口处的巨人雕像十分著名，花岗岩雕琢的巨人手捧照明灯，脸部线条透出欧洲理性主义色彩。钟塔的设计仿佛流水线的产品一般。建筑虽有厚重的古典格调，但高低错落，方圆相映，因而生动活泼，被视为20世纪建筑艺术精品。

图9 爱因斯坦天文台　　德国波茨坦门

埃里克·门德尔松 1919—1921

□Erich Mendelsohn □Einsteinturm Refraktor

这座雕塑般的建筑，居然是作者“瞬间想象”被即时捕捉并画在纸上，它好似从地下生长出来的，用“混沌”来表达当时人们对“相对论”的理解。优美的形态成为表现主义的典范。

图10 帝国饭店 日本东京

弗兰克·劳埃德·赖特 1922
□Frank Lloyd Wright □Hotel Imperial

图11 智利屋 德国汉堡

弗里茨·赫格 1923
□Fritz Höger □Chilehaus

图12 米拉德住宅 美国帕萨迪那

弗兰克·劳埃德·赖特 1922—1923
□Frank Lloyd Wright □Millard House

图13 雷纳锡圣母教堂 法国巴黎

奥古斯特・佩雷 1922—1923
□Auguste Perret
□Notre Dame de Raincy

雷纳锡圣母教堂因主要解决了大体量钢筋混凝土的建筑结构和建筑施工问题而在建筑史上具有重要地位。

图14 恩尼斯-布朗住宅 美国洛杉矶

弗兰克・劳埃德・赖特 1924
□Frank Lloyd Wright
□Ennis-Brown House

图15 施罗德住宅 荷兰乌得勒支

格里特・里特维德 1923—1924
□Gerritt Rietveld □Schroder House

施罗德住宅的正面和侧面墙的风格完全不同，是1920年代集“风格派”之大成的作品，对后现代主义建筑有一定的影响。

图16 “不动产别墅”单元 法国巴黎

勒・柯布西耶 1925
□Le Corbusier □Pavillion de L' Esprit Nouveau

图17 奥伯豪森工业博物馆 德国奥伯豪森

彼得・贝伦斯 1921—1925
□Peter Behrens
□Oberhausen Gutehoffnungshütte

图18 包豪斯学生宿舍 德国德绍

瓦尔特·格罗皮乌斯 1925—1926建，1976修复
□Walter Gropius
□Bauhaus Building Student Dormitory

图19 包豪斯办公室 德国德绍

瓦尔特·格罗皮乌斯 1925—1926建，1976修复
□Walter Gropius
□Bauhaus Building Office

图20 包豪斯主楼 德国德绍

瓦尔特·格罗皮乌斯 1925—1926建，1976修复
□Walter Gropius □Bauhaus Main Building

图21 李卜克内西和卢森堡纪念碑 德国柏林

密斯·凡·德·罗 1926
□Mies van der Rohe
□Monument to Karl Liebknecht and Rosa Luxemburg

图22 斯图加特中央火车站 德国斯图加特

尼古拉斯·博纳茨+弗里德里希·肖勒 1911—1927
□Nikolaus Bonatz + Friedrich Scholer
□Stuttgart Hauptbahnhof

图23 魏森霍夫住宅 德国斯图加特

勒·柯布西耶 1927
□Le Corbusier □Weissenhof-Siedlung House

图24 凡奈尔工厂 荷兰鹿特丹

凡・德・福鲁格 + 布林克曼 1927
□van der Vugt + Brinkman □van Nelle Factory

图25 魏森霍夫公寓大楼 德国斯图加特

密斯・凡・德・罗 1927
□Mies van der Rohe
□Weissenh of Apartment Building

图26 宇宙电影院 德国柏林

埃里克・门德尔松 1928
□Erich Mendelsohn □Universum Cinema

图27 肖肯百货店 德国开姆尼茨

埃里克・门德尔松 1929
□Erich Mendelsohn □Schocken Kaufhaus

肖肯百货店是门德尔松将表现主义和功能主义相结合的典例。

图28 巴塞罗那国际博览会德国馆 西班牙巴塞罗那

密斯・凡・德・罗 1929
□Mies van der Rohe
□German Pavilion Barcelona International Fair

德国馆是体现密斯极简主义的第一个重要作品。展览馆占地面积17 m×53.6 m，设计在一个平台上，建筑顶部是钢筋混凝土的薄屋顶，它们由镀镍的角钢支撑，室内宽敞明亮仅仅采用浅棕色的条纹大理石、绿色的提尼安大理石和半透明的玻璃薄壁，室内仅有几把椅子，用薄壁分成几个区，它们都是互通的。室外有一个水池，里面有一个雕塑，此外什么也没有了，空间从室内流通到室外，再从室外流通到室内，形成一个连通的流动空间。

图29 鲁沙科夫工人俱乐部 苏联莫斯科

康斯坦丁·斯捷潘诺维奇·梅尔尼科夫 1927—1930

□Konstantin Stepanovich Melnikov

□Rusakov Worker' s Club

设在顶层的三个礼堂有力地向外悬出，两侧和下方的玻璃幕墙以对比的方式更加强了结构的力量感。

图30 克莱斯勒大厦 美国纽约

威廉·凡·阿伦 1926—1930

□William van Alen □Chrysler Building

这是在1920—1930年代所兴起的“装饰艺术”最为辉煌的成就，被建筑史学家认为是一座“里程碑”式的建筑。

图31 总督府 印度新德里

爱德温·勒琴斯爵士 1912—1931

□Sir Edwin Lutyens □Presidential Palace

这是一座气势雄伟的宫殿式建筑，坐西朝东，南北长192 m，东西宽161 m，面积约2万 m^2，全部采用红砂石建造，显现出欧美建筑风格。殿宇中央高耸着一个庞大的半球圆顶，折射出莫卧儿王朝的遗风。

图32 希尔弗瑟姆市政厅 荷兰希尔弗瑟姆

威廉·马里努斯·杜多克 1924—1931

□Willem Marinus Dudok

□Hilversum （NH） Town Hall

这是最早的风格派建筑，具有赖特的草原派风格，但要比赖特的建筑更为严谨和简洁。

图33 亚历山大广场 德国柏林

彼得·贝伦斯 1929—1932

□Peter Behrens □Alexanderplatz

图34 瑞士学生宿舍 法国巴黎

勒・柯布西耶 + 皮埃尔・让纳雷 1930—1932

□Le Corbusier + Pierre Jeanneret

□Swiss Pavilion

图35 帕伊米奥肺结核疗养院 芬兰帕伊米奥

阿尔瓦・阿尔托 1929—1933

□Alvar Aalto □Paimio Sanatorium

该作品是现代主义运动中最杰出的建筑之一，与环境结合的十分优美的平面布局、对病员体贴入微的人性化细节使该建筑成为现代医院设计的楷模。

图36 萨沃伊别墅 法国巴黎

勒・柯布西耶 1928—1933

□Le Corbusier □Villa Savoye

萨沃伊别墅完整地体现了勒・柯布西耶“新建筑五点”的理论，是现代主义建筑的一个里程碑。

图37 施明克住宅 奥地利克里夫

汉斯・夏隆 1932—1933

□Hans Scharoun □Schminke House

建筑师在简单的立体主义之外，探索一种新的形式。建筑平面和立面、屋顶都采用三角形，复杂的角度形成立面的凹凸，与当时开始的现代主义建筑形式大相径庭。

图38 约翰逊公司总部大楼 美国拉兴

弗兰克·劳埃德·赖特 1936
□Frank Lloyd Wright □Administration Building of Johnson and Son Inc.

图39 歌德大堂 瑞士巴塞尔

朱塞普·泰拉尼 1932—1936
□Giuseppe Teragni □Casa del Fascio

1919年建成，1922年被火烧毁后又重新设计建造。泰拉尼在这里表明了他对适当且真诚的艺术特性的看法。根据第一个歌德大堂和附近的房子，他完全使用了混凝土，四周开放的五角形形式跟建筑的外形相似，但却没真正明确地被表达出来。

图40 法西斯大厦 意大利科莫

朱塞普·泰拉尼 1932—1936
□Giuseppe Teragni □Casa del Fascio

图41 格罗皮乌斯住宅 美国林肯

瓦尔特·格罗皮乌斯 1937—1938
□Walter Gropius □The Gropius House

图42 玛丽亚别墅 芬兰赫尔辛基

阿尔瓦·阿尔托 1937—1939
□Alvar Aalto □Villa Mairea

玛丽亚别墅被认为是20世纪现代理性主义和浪漫主义运动相结合的伟大作品。别墅平面呈“L”字形，它与后面单设的蒸汽浴室构成了一个“U”字形平面，围合着院子中曲线形的游泳池。这件作品处处贯穿着隐性的对比：因地制宜的地形和不规则的游泳池，二楼突出的画室和建筑尾部的蒸汽浴室，起居室内的地砖、木板和粗糙的铺路石，延伸的毛石墙和传统的草皮等等，通过对比营造了精致、温馨和舒适的生活氛围。

图43 西塔里埃森 美国斯科茨代尔

弗兰克·劳埃德·赖特 1933—1938
□Frank Lloyd Wright □Taliesin West

图44 意大利文明宫 意大利罗马

乔瓦尼·古里尼、埃内斯·拉·帕杜拉与马里奥·罗马诺 1936—1942
□Giovanni Guerrini, Ernesto La Padula, Mario Romano □Palace of Italian Civilization

文明宫具有把现代主义结构和部分古典主义符号结合和折中的特点。

图45 麻省理工学院学生宿舍（贝克楼）

阿尔瓦·阿尔托 1946—1949 美国剑桥
□Alvar Aalto □Baker House Dormitories, MIT

图46 范斯沃思住宅 美国芝加哥

密斯·凡·德·罗 1950
□Mies van der Rohe
□The Farnsworth House

图47 马赛公寓 法国马赛

勒·柯布西耶 1947—1952
□Le Corbusier
□Unitéd' Habitation at Marseille

图48 伊利诺伊理工大学皇冠会堂 美国芝加哥

密斯·凡·德·罗 1956
□Mies van der Rohe
□Crown Hall of Illinois Institute of Technology

图49 焦尔双宅 法国巴黎

勒·柯布西耶 1952—1956
□Le Corbusier
□Maisons Jaoul

图50 朗香教堂 法国贝桑松

勒·柯布西耶 1951—1955
□Le Corbusier □La Chapelle de Ronchamp

图51 湖滨公寓860-880号玻璃幕墙姊妹楼

密斯·凡·德·罗 1951—1958 美国芝加哥
□Mies van der Rohe
□No. 860-880 Lake Shore Buildings of Chicago

图52 西格拉姆大厦 美国纽约

密斯·凡·德·罗 1954—1958
□Mies van der Rohe □Seagrams Building

图53 古根海姆博物馆 美国纽约

弗兰克·劳埃德·赖特 1951—1958
□Frank Lloyd Wright
□Guggenheim Museum

1959年10月开幕的古根海姆博物馆就像一个外星人的飞碟落在曼哈顿方盒子楼群的中心地区，展览馆足有400 m长的螺旋形展廊盘旋着向上伸展，将观众带到一个神奇的玻璃穹顶，这是赖特式的流动空间。由贝聿铭设计的澳门科技馆主馆（2009年）也有这样的螺旋楼梯，可见这个螺旋楼梯的影响有多么深远。

图54 拉土雷特修道院 法国里昂

勒·柯布西耶 1957—1960
□Le Corbusier □Couvent de la Tourette

图55 圣约翰修道院教堂 美国科利奇维尔

马歇尔·布鲁尔 1961

□Marcel Breuer

□St. John' s Abbey Church

图56 沃尔夫斯堡文化中心 德国沃尔夫斯堡

阿尔瓦·阿尔托 1958—1962

□Alvar Aalto □Wolfsburg Cultural Center

图57 泛美航空公司大厦 美国纽约

瓦尔特·格罗皮乌斯+彼得罗·贝鲁奇 1958—1965

□Walter Gropius + Pietro Belluschi

□Pan Am Building

图58 马丁·路德·金中心图书馆 美国华盛顿

密斯·凡·德·罗 1965

□Mies van der Rohe

□Martin Luther King Jr. Memorial Library

图59 包豪斯档案馆 德国柏林

瓦尔特·格罗皮乌斯 1965

□Walter Gropius

□Bauhaus Archive

图60 赫尔辛基理工学院图书馆 芬兰赫尔辛基

阿尔瓦·阿尔托 1965

□Alvar Aalto □The Library of Helsinki University of Technology

图61 柯布西耶中心 瑞士苏黎世

勒·柯布西耶 1964—1966

□Le Corbusier

□Heidi Weber Pavilion of Le Corbusier

图62 芬兰会堂 芬兰赫尔辛基

阿尔瓦·阿尔托 1971

□Alvar Aalto □Finlandia Hall

图63 里奥拉教堂 意大利博洛尼亚

阿尔瓦·阿尔托 1966—1980

□Alvar Aalto □Riola Church

1.2 国际主义风格时期

现代主义从20世纪初开始，一直延伸到1970年代，而第二次世界大战之后的1950—1970年代被建筑史学家称为现代主义时期中的国际主义风格时期，它是以密斯·凡·德·罗国际主义风格的建筑形式为代表的一个历史时期。1925年，德意志制造联盟在斯图加特组织了一次建筑大展，其中彼得·贝伦斯、密斯·凡·德·罗、瓦尔特·格罗皮乌斯、勒·柯布西耶、汉斯·夏隆（Hans Scharoun，1893—1972年）等16人都参加了这项活动。1927年，大展完成，共建起33幢外表为浅白色、无装饰的功能主义建筑，成为日后世界住宅建筑的标准模式。著名美国建筑师菲利普·约翰逊（Philip Johnson，1906—2005年）看了这个大展，当时就感到这将是世界建筑的一个趋势，他给这些建筑起了个名字“国际主义风格”，这样“国际主义风格”的术语就一直沿用下来。密斯著名的“少即是多”的设计思想成为这个时期建筑设计的指导思想。究其根源有两方面：其一，第二次世界大战后，经济普遍萧条，住宅问题成为欧洲建筑的首要问题，因此这个历史阶段十分自然地接纳了密斯的“少即是多”的设计思想；其二，密斯的设计思想强调建筑结构简单、明确的特征，强调建筑工业化流程，是现代主义建筑思想的发展，与现代主义建筑思想是一脉相承的。建筑的国际主义运动在第二次世界大战后的20～30年里对世界建筑的影响十分巨大，出现了许多流派，也造就了许多著名的建筑师。

国际主义风格主要有下面几种主要流派：粗野主义（Brutalism）、典雅主义（Formalism）和有机功能主义（Organic Functionalism）。

粗野主义在1950—1960年代曾喧嚣一时，目前被多数理解为一种设计倾向，或者被理解为一种建筑艺术形式，它并无明确的理论解释。建筑的外表保留了混凝土模版的痕迹，结构粗壮沉重是粗野主义建筑的一个普遍特点。粗野主义建筑的早期代表作有勒·柯布西耶的马赛公寓（1947—1952年）、朗香教堂和昌迪加尔行政中心。

勒·柯布西耶在1928年设计的萨沃伊别墅所采用的“新建筑五点”是一种纯粹主义的设计思想，而粗野主义设计思想就走到了它的对立面。

马赛公寓实现了勒·柯布西耶在许多年前的设计理念，这是他对“居住机器”的最高理解，也是他抛弃机器美学的一个标志。

马赛公寓被设计成一个独立的结构，可以往中间插入单独的公寓，就像酒瓶插入酒架一样。这些公寓像一座房子一样被建在两个楼面上，并连在一个设计独特的横跨截面上，这样使每个家庭都有一个正面和一个私家阳台，被勒·柯布西耶称之为“内部街道”的宽阔走廊可以同时为三个楼层使用。起居室的高度加了一倍，父母与孩子们都有自己的浴室，由于有全高的玻璃窗，房子中有充足的阳光。全楼有23种不同的基本公寓设计，18层楼中有337套公寓，屋顶上有游泳池、健身房，还有一个屋顶跑道。下面两层楼分别是托儿所和保育院，第七和第八层的一半都被公共设施所占据——一个福利社、几间小商店，还有饭店以及一个有18间房的旅馆。一切都被安排好了，甚至于最下面的一层仅有巨大支柱的空间也被用来停放汽车。这就是一个小小的社区，是勒·柯布西耶早期设计的理想城市规划中的一个小区的缩影。

典型的粗野主义作品还有保罗·鲁道夫（Paul Rudolph，1858—1935年）设计的耶鲁大学艺术与建筑大楼、丹尼斯·路易斯·拉斯登（Denys Louis Lasdun，1914—2001年）的英国南岸皇家国家剧院以及詹姆斯·斯特林（James Stirling）的莱斯特大学工程馆和剑桥大学历史系图书馆等（有人认为这两座建筑相对比较柔和，已经脱离了粗野主义的范畴，却含有高技派的萌芽）。

鲁道夫的艺术价值观与耶鲁大学艺术与建筑学院大楼受到了许多负面的批评。“缺乏灵活性”是这一建筑实际存在的问题，但其带有欺骗性的建筑结构使许多建筑评论家认为，与建筑的平面组织相比，鲁道夫更关心他设计的建筑的外观效果。外面的混凝土柱子并不支撑建筑的各层楼面，却并排竖起形成一个框架，并由大量的钢筋混凝土合成一个整体。这些柱子占有的空间并没有任何实际的功能。这是为了外观的效果而虚设大量无用的建筑体量的一个典型例子。

建筑界把这个建筑作为“粗野主义”建筑的原型。它是一堆碰撞部分的抽象的拼贴。将近 40 层不同的楼面交织在这座7层楼高的建筑中。它里里外外都是粗糙的材质，有意把混凝土墙处理成皱纹状（像是灯芯绒状，这是鲁道夫建筑设计的特点），以显示出一种总体表象。它边缘非常锋利，建筑表面粗糙崎岖，气概蛮横无理，这幢建筑的形式击溃了它的功能。

从20世纪早期就有了建设英国国家剧院的想法，在选择和更换了许多基地后，最后选定了泰晤士河南岸滑铁卢桥附近，由拉斯登进行设计。这座完美但不引人注目的混凝土建筑，完全没有当时流行的折中的手法主义（Mannerism）倾向，而是一座不妥协、不折中的现代叠层式建筑，它让室内的公共空间流通向外，成为面向泰晤士河的观景平台。它那巨大而沉重的屋顶巨块粗野地碰撞交织在一起，成为英国粗野主义建筑的一个著名范例。

粗野主义建筑设计主要活跃于1950—1970年代，随后逐渐退位，但粗野主义的建筑设计思想对后来的建筑师们产生过深刻的影响，在奥斯卡·尼迈耶（Oscar Niemeyer，1907—2012年）、安藤忠雄（Tadao Ando，1941年—）等人的作品里都可以看到粗野主义的设计风格。

典雅主义建筑风格主要流行于美国，这种建筑风格在设计上面运用传统的（古典的）美学法则，同时运用现代建筑技术和建筑材料使建筑结构与外形显得规整、端庄，有一种典雅的庄严感。典雅主义的建筑设计风格的代表人物是华裔美籍建筑师贝聿铭（Ieoh Ming Pei，1917—2019年）和日裔美籍建筑师山崎实（Minoru Yamasaki，1912—1986年），他们对建筑作品的处理精致、干净、利落。

贝聿铭，1917年4月26日生于广州。1918年其父贝祖贻出任中国银行香港分行总经理，贝聿铭在香港度过了他的童年。1927年父亲调职，举家搬至上海。贝聿铭中学就读于上海，每逢寒暑假就到苏州狮子林休假，少年时期就受到中国古典园林艺术的熏陶。1935年，贝聿铭被父亲送往美国宾夕法尼亚大学攻读建筑，后转学麻省理工学院，1940年以优秀的成绩毕业。

第二次世界大战期间，贝聿铭在父亲规劝之下滞留美国，在一家以混凝土施工见长的工程公司工作，贝聿铭在这段工作期间，积累了许多用混凝土材料表现建筑艺术的经验。1942年，贝聿铭在哈佛大学攻读建筑硕士学位。但入学不久后就辍学，随后工作于国际研究委员会，负责摧毁战后德意志境内的桥梁。1945年秋，第二次世界大战结束，他继续未完成的学业。因他在麻省理工学院成绩优秀，尚未获得硕士学位就被哈佛设计院聘为讲师。

1948年贝聿铭开始了自己的建筑生涯，早期作品多采用混凝土结构，如夏威夷东西文化中心、纽约基辅湾公寓大楼等。到了1960和1970年代，他的作品开始显现出勒·柯布西耶式的雕塑性，如科罗拉多州国家大气研究中心（1961—1967年）、康奈尔大学约翰逊艺术博物馆（1970—1973年）及波士顿约翰·肯尼迪图书馆（1965—1979年）。肯尼迪纪念图书馆是贝聿铭建筑生涯的转折点，它使贝聿铭名扬四海，由于设计约翰·肯尼迪图书馆的杰出成就，美国建筑界宣布1979年是“贝聿铭年”，授予他该年度的美国建筑师协会（AIA）金奖。

1974—1978年华盛顿美国国家美术馆东馆和1981—1989年巴黎卢浮宫扩建工程的玻璃金字塔是贝聿铭建筑设计的顶峰，它们充分展示了贝聿铭的设计理念和设计风格。

贝聿铭经历了国际主义、后现代主义各种建筑形式、建筑理论长达60年的变化，无论是勒·柯布西耶、密斯·凡·德·罗等大师的设计理念和作品，还是当代例如弗兰克·欧文·盖里（Frank Owen Gehry，1929年—）、丹尼尔·李伯斯金（Daniel Liebeskind，1946年—）等解构主义建筑师的作品对他基本上没有太大的影响，他始终坚持自己的设计理念，根据建筑地域的民族风情和习惯，用简洁的几何形体与环境有机结合构成典雅而具民族性的建筑作品，特别值得称道的是日本京都美秀博物馆（1996—1997年）、卢森堡莫旦姆现代艺术博物馆（2006年）和苏州博物馆（2002—2007年），这些作品是贝聿铭典雅主义设计风格和批判地域主义风格有机结合的产物，是他晚年留给人类的宝贵财富。

贝聿铭自1958年成立个人建筑事务所起，就受到建筑界的瞩目，其作品屡屡得奖，并获得广泛的赞誉。贝聿铭曾获美国建筑师协会金奖、法国建筑学院金奖、日本帝赏奖、普利策建筑奖、美国国家美术馆东馆AIA 25年建筑奖（2004年）和美国史密斯松尼安古柏惠特全国设计终身成就奖（2003年）。其中普利策建筑奖相当于建筑诺贝尔奖，是建筑界最高荣誉。但对贝聿铭而言，1986年罗纳德·威尔逊·里根（Ronald Wilson Reagan）总统颁予的自由奖章对他最具意义，该奖表彰非美裔的美籍杰出人士，这枚奖章的价值是对他的艺术价值的充分肯定。

山崎实1912年12月1日出生于美国西雅图，父亲原是日本本州富山县的一个农民，早年就移居美国。但是山崎实家中仍然保持着日本传统的文化习俗。从幼年起，山崎实就生活在东方与西方两种文化相互交织的环境里，这对他日后建筑思想的形成及对国际主义建筑风格的批判和修正是密切相关的。

山崎实的叔叔是一位建筑设计师，他是山崎实走上建筑道路的第一位启蒙老师。中学毕业后，山崎实考入华盛顿大学建筑系，1934年毕业。此后曾在纽约的几个建筑事务所里工作，积累了许多实践经验。1943—1945年在纽约哥伦比亚大学建筑系教书，这期间，他系统地研究了建筑理论。1945年，他加入底特律的史密斯-辛什曼-克莱尔斯（Smith-Hinchman-Grylls）建筑设计事务所，1945年，他和乔治·赫尔姆斯（George Hellmuth）、约瑟夫·雷恩韦伯（Joseph Leinweber）一起成立了自己的建筑事务所。

山崎实在建筑史上的地位表现在两个方面。理论方面，在系统地研究了国际主义建筑风格后，他提出了现代建筑设计应该注意的几个问题：建筑不仅要满足物理功能的要求，同时也要满足人类心理功能的要求，否则就是不完整的建筑；不应该用经济因素来压制建筑的精美；建筑应在传统的基础上面进行创新，不可以简单地否定传统建筑的优点和特征；对于像密斯·凡·德·罗、弗兰克·劳埃德·赖特、勒·柯布西耶这样的大师，主要是学习他们的思想，而不是盲目地模仿他们作品的形式。

后来他把这些思想归结为建筑设计的六条原则：①建筑应该是欢愉的，给人生活增加乐趣；②建筑应使人精神振奋，反映人类追求的高尚品格；③建筑必须有秩序感；④建筑结构必须表现明确；⑤建筑必须使用最新的建筑技术和建筑材料；⑥建筑设计应符合人的尺度，注意人体工学的原则。

山崎实的建筑六原则构成了典雅主义建筑的基本思想，成为他建筑设计的指导原则；山崎实设计建筑的细部处理都很精致、巧妙、美观。所以他的建筑在建筑界有“典雅主义”风格的称号，同勒·柯布西耶的“粗野主义”风格恰成对照。

在山崎实设计的众多建筑作品里，最具有影响的要数纽约曼哈顿岛哈得逊河边的世贸大厦。1962年的一天，山崎实收到纽约新泽西港务局寄来的一封信，邀请他承担一项建筑设计任务，工程投资额为2.8亿美元。他当时十分纳闷，以为打字员粗心，在工程总额上多打上一个零。

建设方新泽西港务局早就想在这块黄金宝地上建一座标志性大厦，扩大其在纽约乃至美国的影响，来振兴他们的外贸事业。新泽西港务局在物色建筑设计人员时十分慎重，他们对40多家建筑事务所做了深入调查，加以比较，最后才决定聘请山崎实作为总建筑师。山崎实接受任务后，扩充了自己的设计队伍，他用一年的时间调查研究和准备方案，共做了100多个方案，他说，在做到第40个建筑方案时，构思已经成熟。其后做的60多个方案是为验证和比较而做的。

山崎实在这块7.6万 m^2略成方形的地段中布置了高低不同的建筑，最高的两幢都是110层，其余为两座 9 层建筑，一座海关大楼和一座酒店。楼房布置在用地周边，中心留做广场。

当时纽约市最高的建筑是由S. L. H建筑事务所设计的帝国大厦，其主体为85层，加上顶部的塔楼共计102层，381 m高。帝国大厦自1931年建成以后，一直是纽约也是全世界最高的摩天大楼。山崎实在设计世贸大厦时说："基本问题是寻找一个美丽动人的形式和轮廓线，既适合曼哈顿的景观，又符合世贸中心的重要地位。"他同助手们反复去帝国大厦近旁观察它的视觉效果，作为决定未来世贸大厦高度的参考，结论是比帝国大厦再高没有问题，山崎实认为，设计的关键在于建筑的粗细尺度，特别是靠近人的部位的尺度，要与人体和人的视觉经验有联系，要设法提供让人看到大楼全貌的角度和位置，使人既能生活在摩天楼内，又能够理解摩天楼。

世贸大厦两幢110层的大楼的体形完全一样，都是方柱体。边长为63.5 m，地面以上高435 m。从建筑技术上说，如果合成一幢更高的，譬如说450 m的楼也是可能的。不过山崎实做了两个一样的方柱体，两幢楼不远不近地并排立着。每一个方柱体的高宽比都是7∶1，直上直下笔直地竖立在哈德逊河边，好似一双亭亭玉立的双胞胎姐妹。"姐妹楼"的构思大大地美化了曼哈顿岛的天际线，也为后来诸多的姐妹楼开了先河 。

世贸大厦110层的大楼在建造上有许多新意。在1950—1960年代，一般幕墙建筑的外墙都很薄，柱子稀少，而世贸中心大楼的外墙四周由密排的钢柱组成，两根钢柱子之间的距离仅有1.016 m，所以整个大楼就像由密布钢栅栏组成的巨大的钢制方形筒柱。大楼中心又是由下到上直通的较小的方形钢筒柱，内外两个钢筒柱之间由110道钢楼板固结。所以整个大楼采用的是钢栅双套筒结构，强度极高，具有很高的水平抗风能力。从某种程度说，现代超高层建筑所采用的钢筋混凝土筒形柱结构形式是从这里得到的启发。

世贸大厦外部采用银白色铝板覆盖，细长的玻璃窗深嵌在密集的钢柱深处，有鲜明的凹凸感，远远看去，只见无数细长的金属线向上延伸，非常典雅。

典雅主义设计风格在美国曾一度十分流行，除去山崎实外，其他如菲利普·约翰逊设计的纽约林肯文化中心和爱德华·德雷尔·斯东（Edward Durell Stone，1902—1978年）设计的美国驻印度新德里大使馆等都是典型的典雅主义风格建筑。

有机功能主义的代表人物是芬兰裔美国人埃罗·沙里宁（Eero Saarinen，1910—1961年）和德国有机建筑大师汉斯·夏隆。

埃罗·沙里宁于1910年8月20日生于芬兰一个艺术家家庭，父亲埃利尔·沙里宁（Eliel Saarinen，1873—1950年）是一名建筑师，母亲是一位雕塑家。1923年全家移居美国。沙里宁于1929年赴巴黎学习雕刻，一年后返美。1934年毕业于美国耶鲁大学建筑系，翌年游学欧洲。回美国后，在父亲的建筑事务所工作。1950年，父亲去世，他独自创业。1961年9月1日卒于密歇根州。1962年，美国建筑师协会追授他金奖。

埃罗·沙里宁受母亲影响喜好雕塑，这对他后来成为富有雕塑风格的建筑师产生过很大的影响。他的作品富于独创性，甚至在自己的前后作品之间也都难以找到相同的痕迹。埃罗·沙里宁对每一项建筑创作都竭力探索理想方案。埃罗·沙里宁一生中没有形成自己定型的建筑风格，而是在不断创立新的风格。他说："唯一使我感兴趣的建筑是作为造型艺术的建筑，我刻意追求的也正是这个。"他对待建筑创作的态度和所留下的富于变化的独创性作品，影响深远。

促使埃罗·沙里宁走上独特发展道路而名闻世界的是圣路易斯市杰斐逊国家扩张纪念碑。这座高宽各为190 m的外贴不锈钢的抛物线形拱门，造型雄伟，线条流畅，象征该市为美国开发西部的大门，获得1948年设计竞赛一等奖，大拱门于1960年代建成。

沙里宁在1960年设计的总价1亿美元的美国通用汽车公司技术中心建筑群采用标准的国际主义设计风格，具有明显的密斯·凡·德·罗风格，但在布局上面可以看到埃利尔·沙里宁北欧风格的影子，在细节处理上面要比密斯精细得多。该建筑群被建筑界认为可与SOM设计的科罗拉多州美国空军学院的建筑群媲美。

埃罗·沙里宁在1952年设计了麻省理工学院克雷斯吉礼堂和小教堂（1955年建成），礼堂采用只有三个支点的八分之一球壳作屋顶，教堂为圆形砖砌建筑。1958年沙里宁为耶鲁大学设计了冰球馆，采用悬索结构，沿球场纵轴线布置一根钢筋混凝土拱梁，悬索分别由两侧垂下，固定在观众席上，建筑造型奔放舒展，表达出冰球运动的速度和力量。沙里宁最令人惊奇的作品要算纽约肯尼迪机场的环球航空公司候机楼（1956—1962年）。建筑外形像展翅的大鹏，动势很强；屋顶由四块现浇钢筋混凝土壳体组合而成，几片壳体只在几个点相连，空隙处布置天窗，楼内的空间富于变化。这是一个凭借现代技术把建筑同雕塑结合起来的作品，也是有机功能主义建筑的经典杰作。同时建成的有机功能主义建筑还有华盛顿杜勒斯国际机场候机楼（1958—1962年）。大楼为悬索屋顶，跨度45.6 m，长度为182.5 m，正面空间宽敞，供旅客集散之用。结构形式与功能结合得十分完美，轻巧的悬索屋顶象征飞翔，与结构本身的特点有机地合为一体，显得十分自然。当代华裔女建筑师林璎（林徽因的侄女）说："雕塑是诗，而建筑是散文。"埃罗·沙里宁的作品就像散文诗，充分将雕塑的特点应用到建筑里，极大地提高了建筑的品位。

汉斯·夏隆1893年9月20日出生于德国不来梅，年轻时曾就读于柏林和布列斯劳，1915年大学毕业。第一次世界大战后，他与布鲁诺、陶特等人组织了工人艺术委员会，宣传艺术为人民的建筑革新思想，这成为"包豪斯"建筑思想的前奏。

汉斯·夏隆在1932年设计的施明克住宅是一个具有代表性的有机建筑，它是一座建在斜坡上面的别墅，规模不大，但在造型和空间处理上很有特点，窗户和楼梯、阳台都是敞开的，它由房子的主体部分向上延伸，使整个建筑在造型上像一条船，与斜坡上面的茵茵绿草和周围的环境结合得十分自然巧妙。

1956年建造的斯图加特罗密欧住宅和1960年建造的朱丽叶住宅是汉斯·夏隆建筑设计的另一个里程碑，这两幢楼外形风格完全不同，内部空间设计也与传统住宅观念有很大差别，许多房间是不规则的四边形或多边形。罗密欧住宅有20层高，每层里的六套住宅布局全不相同；朱丽叶住宅的外形呈一个不规则的马蹄形，边缘还带有锯齿般的阳台，真是别具一格。两幢楼房构成了一个完整的空间结构。

1956—1963年设计建造的柏林爱乐音乐厅是第二次世界大战后汉斯·夏隆对德国现代建筑的一大贡献，是他倡导的有机建筑的代表作。在设计说明中他写道："音乐应该处于空间和视觉上的中心位置"，基于这一出发点，在与声学家洛萨·克莱姆（Lothar Cremer）的合作下，汉斯·夏隆展现了一块音乐厅建筑的"新大陆"，开始了一个"由内而外"的设计程序。音乐厅富有表现力的帐篷顶般的外观，反映了室内空间的变化，象征着战后德国建筑的希望。在音乐厅室内，管弦乐队虽然不处于观众厅的几何中心，而是类似露天剧场被观众围绕，但是灵活的非对称的空间组织使得这一2 218个座席的音乐厅中近90%的座席位于乐队前侧，其中近500个座位像葡萄园台阶地那样安排在乐坛两侧。所有的座席离乐坛的距离均在30 m之内，从而最大限度地使观众能够较好地欣赏乐队和指挥的演奏。这种不规则的分层分组的座席群增加了厅内的亲切感和人情味，也大大地丰富了室内的视觉空间。这种造型被汉斯·夏隆称为“葡萄山”，是一部“多空间的合唱”，它本身就反映出两种音乐性，有着动态、变幻和不定型之感。这种观众席的安排方式后来经常被其他音乐厅所采用。音乐厅的造型在声学上面也有创新之处，与平面相呼应的天花板为避免回声同时又能确保声音有最大的反射（满座时的混响时间为2 s）而设计成一系列凸曲面，这样在建筑外形上面便形成了帐篷式的特别形象。

对国际主义建筑风格有影响的世界级的设计大师还有美国的路易斯·康（Louis I. Kahn，1901—1974年）、菲利普·约翰逊，日本的丹下健三（Kenzo Tange，1913—2005年），巴西的奥斯卡·尼迈耶等人。菲利普·约翰逊被称为“美国建筑的教父”，他与密斯·凡·德·罗一起设计的西格拉姆大厦是典型的国际主义风格的钢结构玻璃幕墙的大厦，他设计的美国电话电报公司大楼（AT & T Building，1984年）是国际主义和后现代主义建筑的一个代表作品，对1980年代的建筑设计和建筑理论都有较大的影响。丹下健三和奥斯卡·尼迈耶都跟随过密斯·凡·德·罗，在建筑设计上受到勒·柯布西耶的影响，他们三人都被称为第二代建筑大师，起着承上启下的作用。唯独路易斯·康的建筑设计风格与建筑理论是自我完善和独具一格的，在美国有独特的地位。下面简要介绍他的生平与带有浓厚宗教哲学的建筑设计思想。

路易斯·康生于1901年2月20日当时被俄国占领的爱沙尼亚奥瑟尔，1905年，他随父母移居美国费城，少年时代就显露出超人的绘画和音乐天赋。1924年毕业于学院派保守风气浓厚的宾夕法尼亚大学建筑系。1928年起周游欧洲，开始接触欧洲先锋派建筑艺术，对勒·柯布西耶的建筑新思想和城市规划十分震动。路易斯·康在费城宾夕法尼亚大学所学的古典主义建筑理念受到了冲击，尽管如此，在思想和感情上他还是以古典主义和浪漫主义为设计原则，始终与现代主义和国际主义保持着一段距离。

路易斯·康于1947—1957年受聘为耶鲁大学教授，1950年他得到罗马“美国学院”的奖学金去意大利进修建筑，进一步对地中海国家的古典建筑有了深刻的认识和喜爱。在这段时期里，他逐渐形成了自己的建筑思想。从一开始，路易斯·康就表现出明显的宗教情感。这里所说的宗教，并不是犹太教（路易斯·康是犹太人）、伊斯兰教（路易斯·康晚年接触较多）或某个具体宗教。在路易斯·康的心目中，建筑或世界上的万事万物，都有其存在的愿望。受叔本华哲学的影响，路易斯·康一直在追问空间的本质问题。通过简化而接近本质是路易斯·康的第一认识论。他说：“因此我相信建筑师在某种程度上必须回过头去聆听最初的声音。”这最初的声音，就是建筑及其空间得以生成的文化源头，是人们第一次搭起棚屋时的朦胧认知。

用田立克（Paul Tillich）对宗教情感的精确定义“终极关怀”来印证路易斯·康的建筑观念非常合适。在某种程度上，个人的宗教较之制度化的宗教更加接近信仰的本原。信仰究竟是什么？对原初的探求、对无限的感知而已。佛说一粒尘土中也有大千世界，路易斯·康通过他所挚爱的建筑，来接近造物主的太初原理。一旦他打开了这扇尘封的大门，看到第一缕光，个人私德和社会公德就已变得不重要了，这是向建筑学终极真理的皈依，并以此作为桥梁，洞察宇宙的真理。由于建筑“成为什么”的愿望比其他条件更重要、更根本，路易斯·康开始弱化建筑的一系列基本法则。他说：“忽略场地和材料是可能的，认识一种建筑是什么比它在何处更重要。”对他来说，建筑是建立在信仰的基础上的，建筑就是信仰本身。

在宗教感情的驱动之下，路易斯·康偏离了现代主义大师们的理性主义传统，开始把设计当作一种回归：向人类心灵起源、向居住的基本意义、向人类活动原始形态的回归。为此，路易斯·康的设计摒弃了表现主义的随意和结构主义的刻板，代之以一种宁静的从容和谦逊的尊严，以及建立在物质功能高度解析（服务空间与被服务空间）之上的精神综合。在建筑精神化的道路上，路易斯·康是一位孤独的旅人。

在路易斯·康那里，形式具有更深层的含义，等同于建筑意愿的本质，设计的目的就是体现它。1961年，他把内在的形式和外在的设计称之为“规律”和“规则”；1963年称之为“信仰”和“手段”；1967年称之为“存在”和“表现”；最后，他找到了最钟爱的称谓：“静谧”与“光明”。以一种近乎宗教的虔诚，路易斯·康抨击他曾热烈支持的社会责任派建筑师，用工具理性泯灭人类精神价值。在一个讲求实际的社会里，这样的路易斯·康显得不可理喻，当他会见耶鲁大学校长的时候，他的朋友不得不“扮演他和他们之间中间人之类的角色，努力让他们相信这个家伙不是个疯狂的诗人”。

追随路易斯·康多年的印度建筑师巴克里西纳·多西（Balkrishna Doshi，1927—2023年）说：“我觉得路易斯·康是一个神秘的人，因为他具有发现永恒价值一真理一生命本源一灵魂的高度自觉。”在建筑这个功利性极强的行业，在追名逐利的建筑师中间，这一切是多么不合时宜。然而，建筑师是什么？他的最高存在形式，不应是深知进退取舍的明智的隐士，也不应是锐意求新的社会改革家，而应是与人类生存的基本真理相濡以沫的哲人。也许正是这个因素，格罗皮乌斯曾说：“在这个四分五裂的世界上，人都已经化解为四分五裂的碎片，只有路易斯·康是个完整的人。”在这一点上，路易斯·康给后世留下榜样。

路易斯·康留下的建筑作品不多，但每一个都是精品，具有代表性的是1959—1965年设计的加利福尼亚萨尔克生物研究所，被美国人称为没有屋顶的教堂。1962年开始设计的孟加拉国国民议会大厦是他结合古典主义、粗野主义以及他的宗教思想的最为雄心勃勃和宏伟的建筑构思设计的作品，该建筑群直到1974年他在纽约去世多年后才告完成。路易斯·康深受他所钟爱的古罗马建筑的影响，试图为这个被贫穷所困的国家（1971年成为孟加拉国）实现略带古罗马的空间宏伟形态的构思，同时也为了形成一个纪念碑式、由复杂和引发联想的（即便是未被充分领悟的联想）外形构成的体量集结，这一建筑群由若干个整块式的圆弧形和方形的简单形体环绕一个位于中心的圆形体形组成。国民议会大厦的会议厅本身是一个单层的空间，其巨大的砌筑墙体、周围走廊和功能用房将会议厅封闭起来，而在墙体上开凿了一些形状生硬的圆形、树状三角形和眼球形的开口。整个建筑群由布置在一条轴线两端的两座“堡垒”式建筑组成，北端为会议秘书处，南端为国民议会大厦，其中孟加拉国国民议会大厦获得1989年的阿卡汗建筑奖。

美国人认为路易斯·康是他们的骄傲，1971年美国建筑师协会授予他金奖。

图1 克莱因汉斯音乐厅 美国布法罗

沙里宁父子 1940

□Eliel & Eero Saarinen □Kleinhans Concert Hall 克莱因汉斯音乐厅被认为是国际主义风格的先驱。

图2 全钢玻璃屋 美国新迦南

菲利普·约翰逊 1949

□Philip Johnson □Steel-Glass House

图3 墨西哥国立自治大学图书馆　墨西哥墨西哥城

胡安·奥戈曼（墙面装饰） 1952
□Juan O' Gorman
□Central Library, UNAM

图4 联合国教科文组织总部大楼　法国巴黎

马歇尔·布鲁尔 + 皮埃尔·路易吉·奈尔维 + 伯纳德·泽尔夫斯 1952
□Marcel Breuer + Pier Luigi Nervi + Bernard Zehrfuss □UNESCO' s New Buildling

图5 联合国大厦　美国纽约

华莱士·哈里森 1952
□Wallace Harrison
□United Nations Building

图6 广岛和平纪念博物馆　日本广岛

丹下健三 1946—1952
□Kenzo Tange
□Hiroshima Peace Memorial Museum

图7 利华大厦　美国纽约

SOM / 戈登·邦夏 1947—1952
□Skidmorem Owings and Merril（SOM）/ Gordon Bunshaft □Lever House

图8 莫斯科大学主楼 苏联莫斯科

鲁德涅夫·列夫·弗拉维米洛维奇 1949—1953

□Rudnev Lev Vlavimirovich

□Main Building of Moscow State University

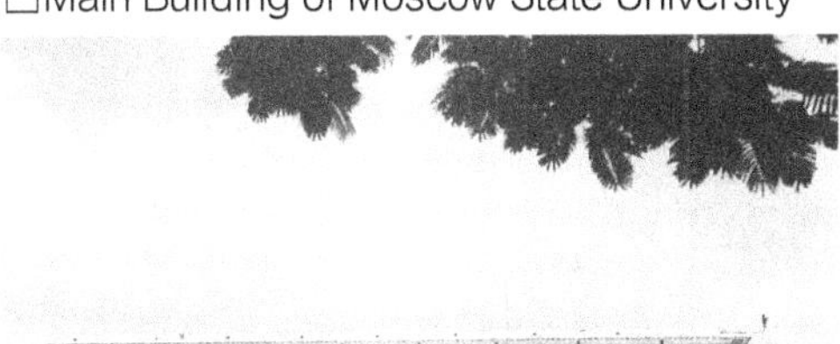

图9 美国大使馆 印度新德里

爱德华·德雷尔·斯通 1954—1955

□Edward Durrell Stone □U.S. Embassy

图10 麻省理工学院克雷斯吉礼堂 美国剑桥

埃罗·沙里宁 1952—1955

□Eero Saarinen

□Kresge Auditorium at MIT

图11 世界文化宫 德国柏林

修·斯塔宾斯＋维尔纳·杜特曼 1957

□Hugh Stubbins + Werner Düttmann

□Das Haus der Kulturen der Welt

格罗皮乌斯也参加了设计工作，休·斯塔宾斯当时是参加施工的学生。马鞍形悬索结构制成的预应力混凝土屋顶当时被认为是德国经济的奇迹。但仍然经不起时间的考验，1980年5月2日屋顶发生坍塌和掩埋，自1989年以来许多国际会议已不在这里召开。但作为世界文化与来自世界各地文化的交会点，尤其是来自非洲、亚洲和拉丁美洲的文化活动还在这里举办。

图12 罗马小体育馆 意大利罗马

安妮贝尔·维奈洛奇 ＋ 皮埃尔·路易吉·奈尔维 1957

□Annibale Vitellozzi + Pier Luigi Nervi

□Palazzetto dello Sport

罗马小体育馆平面直径60 m，可容纳6 000~8 000名观众。奈尔维经过精确计算，设计了一个奇特的屋顶，它像一片大荷叶反扣在36根“Y”字形倾斜的支柱上，整个屋顶采用棱形槽板拼接而成，用了25 mm厚的大小不一的菱形槽板160块。槽板与槽板之间用钢筋连接，然后再在槽中浇灌混凝土，形成了拱肋。最后再在槽板上面浇筑一层厚40 mm的混凝土，加强穹顶的整体性和防水性。每3个槽板支在一个“Y”字形墩上，108个槽板正好支在36个Y形墩上，中间的槽板微微上翘，周边形成波浪形。体育馆内部的天花板就像葵花一样，十分亮丽。奈尔维为此名声大震。

图13 维拉斯卡塔楼 意大利米兰

BPR建筑事务所 1957
□BPR Architects □Torre Velasca

维拉斯卡塔楼是意大利在第二次世界大战后建成的一座奇异的建筑。这座高26层、黄褐色的办公楼突兀地矗立在大教堂附近的传统的街区中，从第18层突然向外伸展扩张，由夸张、有力的斜梁支撑着，成为前卫与中世纪要塞意向的奇妙融合。有意思的是，由于要附和这一“造型”，塔楼的开窗没有像一般的办公建筑那样有着均衡的节奏，而是随机地排列着。设计者之一的罗杰斯认为，塔楼实际上没有遵循当地建筑的任何风格，“在文化上总结了米兰的气氛，难以捉摸且遍布全城”。

图14 科庞公寓 巴西圣保罗

奥斯卡·尼迈耶 1951—1957
□Oscar Niemeyer
□Apartamentos do Copan

图15 耶鲁大学冰球馆 美国纽黑文

埃罗·沙里宁 1956—1958
□Eero Saarinen
□Ingalls Ice Rink, Yale University

图16 香川县厅舍 日本香川

丹下健三 1955—1958

□Kenzo Tange □香川県ホーム

丹下健三在这个建筑里将现代主义和日本传统建筑构造有机地结合，确立了日本现代建筑在国际的地位。

图17 国家工业与技术中心 法国巴黎

罗伯特·卡米洛特 + 让·德·梅利 + 伯纳德·泽尔夫斯 1958—1959

□Robert Camelot + Jean de Mailly + Bernard Zehrfuss □Centre National des Industries et Techoniques (CNIT)

这是一个分段预制的双曲双层薄壳，两层混凝土壳体的总厚度仅有12 cm，壳体平面为三角形，每边跨度达218 m，高出地面48 m，建筑使用面积9万 m^2。

图18 韦恩州立大学麦格拉格纪念会议中心

山崎实 1959 美国底特律

□Minoru Yamasaki □Mcgregor Memorial Conference Center, Wayne State University

麦格拉格纪念会议中心曾获得美国建筑师协会金奖。这是一座两层的房屋，当中是一个有玻璃的顶棚、贯通两层的中庭。屋面是折板结构，外廊采用了与折板结构一样的尖券。建筑形式典雅，适度宜人。山崎实说，这是他在访问日本后，受到日本建筑的启发再结合美国的现实情况后设计的。

图19 倍耐力大厦 意大利米兰

吉奥·庞蒂 + 皮埃尔·路易吉·奈尔维 1959

□Gio Ponti + Pier Luigi Nervi □Pirelli Tower

这是欧洲早期高层建筑的代表作品，建筑平面呈梭形，大厦的30层楼板放在4排直立的钢筋混凝土墙上，没有采用传统框架结构。

图20 杰斐逊国家扩张纪念碑 美国圣路易斯

埃罗·沙里宁 1959

□Eero Saarinen

□Jefferson National Expansion Memerial

图21 阿特兰蒂达圣母教堂 乌拉圭阿特兰蒂达

埃拉迪奥·迪斯特 1960

□Eladio Dieste □Iglesia de Atlántida

图22 林肯文化中心费雪厅 美国纽约

马克斯·阿布拉莫维奇 1960

□Max Abramovitz

□Avery Fisher Hall in Lincoln Cultural Center

图23 林肯文化中心 美国纽约

菲利普·约翰逊 + 华莱士·哈里森 + 马克思·阿布拉莫维奇 1960

□Philip Johnson + Wallace Harrison + Max Abramovitz □Lincoln Cultural Center

图24 约翰·汉考克中心 美国芝加哥

SOM 1960

□Skidmore, Owings and Merrill（SOM）

□John Hancock Center

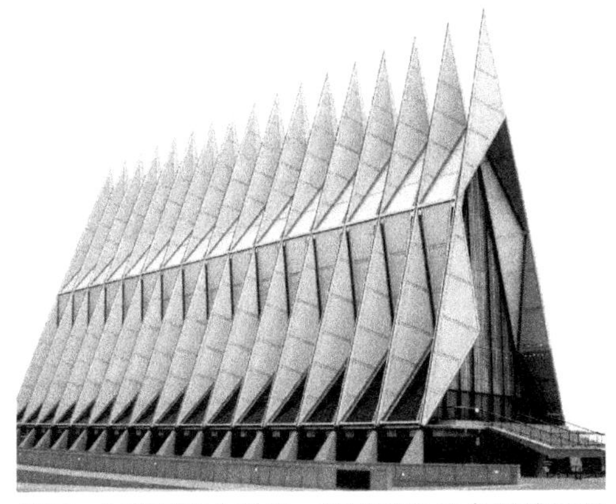

图25 空军学院小教堂 美国科罗拉多斯普林斯

SOM / 瓦尔特・奈茨 1962
□SOM / Walter Netsch
□Air Force Academy Chapel

图26 耶鲁大学艺术与建筑大楼 美国纽黑文

保罗・鲁道夫 1958—1962
□Paul Rudolph
□Yale Art and Architecture Building

该建筑被看成“粗野主义”的典范之一，主楼外巨大的混凝土框架没有实际用途，是为了要达到一种看上去粗犷的效果；而“灯芯绒”墙面又使其变得柔和。

图27 西雅图世界博览会美国科学馆

山崎实 1962 美国西雅图
□Minoru Yamasaki □The U.S. Science Pavilion for the Seattle World' s Fair

山崎实为西雅图世界博览会设计了一个内向的展览建筑，尽管西雅图世界博览会号称“21世纪世界博览会”，但是其建筑没有丝毫未来的象征。相反，倒是回归历史，应用了许多东西方历史上的建筑形式，尤其是欧洲中世纪哥特式建筑的形象符号。之所以选择学院哥特式正是因为美国许多大学建筑都采用了哥特复兴式样，山崎实的意图是表明这座建筑与学术研究的联系。西雅图世界博览会美国科学馆在方案设计阶段就曾受到美国建筑界强烈的批评，方案几乎夭折，在当地居民的支持下才得以实现。

图28 耶鲁大学贝内克珍本图书馆 美国纽黑文

SOM / 戈登·邦夏 1960—1963

□SOM / Gordon Bunshaft □Beinecke Rare Book and Manuscript Library, Yale University

这是一座专门收藏耶鲁大学珍贵图书和手稿的图书馆。图书馆的外形如同一个巨大而精致的首饰盒，外围尺寸为32.6 m×18.6 m，盒子的四个角被悬空架着。外墙框格中镶着能够透进光线的薄大理石板，内部另有玻璃围封的套楼。珍贵书籍和手稿保存在其中。有的评论家认为这座形式特异的“盒子”与周围旧建筑不协调，而正是这种新旧碰撞的强烈反差彰显出珍本图书馆的不同凡响。

图29 莱斯特大学工程馆 英国莱斯特

詹姆斯·斯特林 + 詹姆斯·戈文 1959—1963

□James Stirling + James Gowan

□Leicester University Engineering Building

这是一座包括有讲堂、工作室与实验车间的大楼。在这里，功能、结构、材料、设备与交通系统都清楚地暴露了。形式很直率，但没有把形体构图与虚实比例置之不顾。特别是办公楼后面车间上面的玻璃屋顶，又要使光线不耀眼，同时还要便于泄水，结果形式独特，使斯特林被誉为善于同玻璃打交道的能手。

图30 巴特亚姆市政厅 以色列巴特亚姆

艾尔达·夏隆 + 泽维·霍克 + 阿尔弗雷德·诺依曼 1959—1963

□Eldar Sharon + Zvi Hecker + Alfred Neumann □Bat Yam Municipal Building

图31 水门饭店 美国华盛顿

路易吉·莫雷蒂 1960—1963

□Luigi Moretti □Watergate Hotel

这是一幢别具一格的曲线形建筑群，它是美国民主党中央所在地，因尼克松总统的水门事件丑闻而闻名。

图32 美国钢铁工人大厦 美国匹兹堡

柯蒂斯 + 戴维斯 1963

□Curtis + Davis □United Steelworkers Building

图33 比宾斯音乐厅，欧柏林学院 美国克利夫兰

山崎实 1963

□Minoru Yamasaki □Bibbins Hall, Oberlin Conservatory of Music

图34 圣玛丽大教堂 日本东京

丹下健三 + 威廉·施洛姆布斯 1961—1964

□Kenzo Tange + Wilhelm Schlombs □St. Mary' s Cathedral

图35 美国驻爱尔兰大使馆 爱尔兰都柏林

约翰·麦克莱恩·约翰森 1964
□John MacLane Johansen
□U.S. Embassy, Ireland

图36 伍德罗·威尔逊公共与国际事务学院大楼

山崎实 1964 美国普林斯顿
□Minoru Yamasaki □The Woodrow Wilson School & Public Affair Building

图37 玛格基金会博物馆法国圣保罗·德·旺斯

约瑟夫·路西·塞特 1964
□Joesph Lluis Sert
□Fondation Marguerite et Aimé Maeght

图38 多伦多市政厅 加拿大多伦多

维利欧·雷威尔等 1965
□Viljo Revell etc. □Toronto City Hall

建筑物鲜明的构造拥有多种截然不同的解释。一种说法称之为家庭的象征，高的大楼象征父亲，矮的象征母亲，椭圆形结构的会议室则被喻为一个新生婴儿。另外一种观点则认为，从高空俯瞰，两座大楼围绕会议室的布局就像眼球被两道眼睑包裹着，象征民主监督。第三种解释把大楼当作一对伸向天空的虔诚的大手。根据设计组成员之一的建筑师本特·伦德巴登的说法，较高的大楼代表多伦多大都会，较低的代表多伦多市（两者已成为一个城市）。他还说设计初衷是把大楼当作一双手，环绕并保护着椭圆形的会议室。

图39 山梨文化会馆 日本山梨

丹下健三 1961—1966
□Kenzo Tange
□山梨県文化センター

图40 法国共产党总部大楼 法国巴黎

奥斯卡·尼迈耶 1966
□Oscar Niemeyer □French Communist Party Headquarters Building

图42 剑桥大学历史系图书馆 英国剑桥

詹姆斯·斯特林 1964—1967
□James Stirling □History Faculty Building, Cambridge University

图41 新牛津街中心塔 英国伦敦

理查德·塞费尔特 1966
□Richard Seifert
□Centre Point Tower, New Oxford Street

图43 马里纳城塔 美国芝加哥

伯特兰·戈登堡 1964—1967
□Bertrand Goldberg □Marina City Towers

高177 m、60层的两座平行的公寓楼，四周呈圆形花瓣状，下面20层是为存放汽车用的。

图44 世界博览会美国馆 加拿大蒙特利尔

布克敏斯特・富勒 + 束基・萨德奥 1967
□Buckminster Fuller + Shoji Sadao
□U.S. Pavilion World Expo

图45 福特基金会大厦 美国纽约

凯文・洛奇和约翰・迪克罗建筑事务所 1967
□Kevin Roche, John Dinkeloo & Associats
□Ford Foundation Building

图46 国家大气研究中心 美国博尔德

贝聿铭 1961—1967
□Ieoh Ming Pei
□National Center for Atmospheric Research

图47 尼文戈斯朝圣教堂 德国费尔伯特

戈特夫雷德・波姆 1964—1968
□Gottfried Böhm
□Neviges Pilgrimage Church

图48 湖心大厦 美国芝加哥

乔治・希普雷特 + 约翰・海因里希 1968
□George Schipporeit + John Heinrich
□Lake Point Tower

图49 波士顿市政厅 美国波士顿

卡尔曼、米基尔和诺尔斯 1968
□Kallman, McKinnell and Knowles
□Boston' s City Hall

图50 盖泽尔图书馆 美国圣地亚哥

威廉·佩雷拉 1970
□William Pereira □Geisel Library

图51 圣卡塔多公墓 意大利摩德纳

阿尔多·罗西 1971
□Aldo Rossi □San Cataldo Cemetery

图52 圣玛丽教堂 美国旧金山

彼得罗·贝鲁奇+皮埃尔·路易吉·奈尔维 1971
□Pietro Belluschi + Pier Luigi Nervi
□St. Mary' s Cathedral

图53 中银舱体大楼 日本东京

黑川纪章 1971—1972
□Kurokawa Kisho □Nakagin Capsule Tower

1972年建成的中银舱体大楼位于东京Ginza社区中心。它由两座11层和13层的混凝土大楼组成，互相以外层的预制生活单元连接。建筑师们将此建筑视作1960—1970年代流行的新陈代谢运动（Metabolist）的纯粹表达。建筑采用在工厂预制建筑部件并在现场组建的方法，所有的家具和设备都单元化，收纳在2.3 m×3.8 m×2.1 m的居住舱体内。开有圆窗洞的舱体单元被黑川纪章称为居住者的“鸟巢箱”。舱体单元构成上的穿插组合，被认为是对日本传统木构建筑表现的追求。“舱体”的名称来自宇宙航空产业，黑川纪章正是把他的“舱体”当作小宇宙时空来进行设计的。

图54 泛美大厦 美国旧金山

威廉・佩雷拉 1972
□William Pereira
□Transamerica Pyramid

泛美大厦是一座金字塔式的建筑，高约260 m，有48层，是旧金山市最高的建筑。刚刚建成时，人们并不能接受它的风格，把它称为“地狱刺出的利剑”和“印第安人的帐篷”。现在，它已经成为深受人们喜爱的城市建筑，成为旧金山市的地标。

图56 屈里克塔 英国伦敦

埃尔诺・戈德芬格 1972
□Erno Goldfinger □Trellick Tower

图55 菲利普・埃克塞特学院图书馆

路易斯・康 1969—1972 美国埃克塞特
□Louis I. Kahn
□Library, Phillips Exeter Academy

图57 保罗・梅隆艺术中心 美国沃灵福德

贝聿铭 1972
□Ieoh Ming Pei
□Paul Mellon Arts Center

图58 BMW办公大楼 德国慕尼黑

卡尔·舒瓦兹 1972
□Karl Schwanzer □BMW Vierzylinder

图59 罗宾伍德花园 英国伦敦

彼得·史密森＋艾莉森·史密森 1968—1972
□Peter Smithson + Alison Smithson
□Robin Hood Gardens

图60 哈佛大学科学中心 美国坎布里奇

约瑟夫·路西·塞特 1970—1973
□Joesph Lluis Sert □Harvard Science Center

图61 世贸大厦 美国纽约

山崎实 1973
□Minoru Yamasaki □World Trade Center

图62 西尔斯大厦 美国芝加哥

SOM + 法兹勒·汗 1970—1974

□SOM + Fazlur Khan

□Sears Tower

西尔斯大厦是位于美国伊利诺伊州芝加哥的一幢摩天大楼，用作办公楼，是SOM建筑设计事务所为当时世界上最大的零售商西尔斯百货公司设计的。西尔斯大厦楼高442 m，共地上108层，地下3层，总建筑面积418 000 m^2，底部平面尺寸为68.7 m×68.7 m，由9个22.9 m见方的正方形组成。西尔斯大厦在1974年落成时曾一度是世界上最高的大楼，超越当时纽约的世贸大厦，在被马来西亚的国家石油公司双塔大厦超过之前，它保持了世界上最高建筑物的纪录25年。整个大厦平面随层数增加而分段收缩。在51层以上切去两个对角正方形，67层以上切去另外两个对角正方形，91层以上又切去三个正方形，只剩下两个正方形到顶。大厦结构工程师是1929年出生于达卡的美籍建筑师法兹勒·汗。他为解决像西尔斯大厦这样的高层建筑的关键性抗风结构问题，提出了束筒结构体系的概念并付诸实践。整幢大厦被当作一个悬挑的束筒空间结构，离地面越远剪力越小，大厦顶部由风压引起的振动也明显减轻。

图63 瓦尔登7号住宅 西班牙巴塞罗那

里卡多·博斐尔 1970—1975

□Ricardo Bofill

□Walden 7

图64 美国国家航空航天博物馆 美国华盛顿

乔治·赫尔姆斯 + 乔·奥巴塔 + 乔治·卡萨鲍姆 1976

□George Hellmuth + Gyo Obata + George Kassabaum □Smithsonian National Air and Space Museum

图65 皇家国家剧院 英国伦敦

丹尼斯・路易斯・拉斯顿 1967—1976
□Denys Lasdun
□Royal National Theatre

图66 纽约州立博物馆 美国纽约

华莱士・哈里森 1976
□Wallace Harrison □New York State Museum
建筑面积139 000 m^2，4个楼层内还设有纽约州的档案馆和纽约州立图书馆。

图67 澳大利亚驻巴黎使馆 法国巴黎

哈雷・赛德勒 1977
□Harry Seidler
□Australian Embassy in Paris

图68 约翰・汉考克大厦 美国波士顿

贝聿铭 1972—1977
□Ieoh Ming Pei □John Hancock Tower

图69 圣乔瓦尼巴蒂斯塔教堂 意大利米兰

乔瓦尼・米凯卢奇 1966—1978
□Giovanni Michelucci
□Chiesa di san Giovanni Battista
教堂位于米兰至佛罗伦萨的公路旁，被俗称为“阳光公路教堂”。块石墙面只是教堂的外皮，内部框架结构还是由钢筋混凝土浇筑的。教堂的屋顶由深绿色的铜皮覆盖着，它将块石墙面向上的延伸给了一个奇妙的覆盖，无论是色彩还是外皮的肌理都与块石墙面形成鲜明的对照。教堂内部有一个巨大的下凹的帐篷式的屋顶，从“鸟头”屋顶处的圣坛一直呈波浪形延伸到前庭阁楼。教堂内部组织比较复杂。该教堂是继朗香教堂之后最著名的表现主义建筑之一。

图70 国家美术馆东馆 美国华盛顿

贝聿铭 1974—1978

□Ieoh Ming Pei

□East Building of the National Gallery of Art

在不大的梯形地块上，用一个直角三角形和一个等腰三角形构成了美国国家美术馆东馆，造型典雅而简洁，特别是三角形19°的刀锋透露出鲜明的时代气息。

图71 花旗银行大楼 美国纽约

修·斯塔宾斯 1978

□Hugh Stubbins □Citibank Tower

图72 布里昂墓地 意大利圣维托

卡洛·斯卡帕 1969—1978

□Cario Scarpa □Tomba Brion

布里昂墓地从设计到建造大约经历了十年之久。它坐落在意大利北部丘陵地区圣维托第奥尔蒂沃尔（San Vito di Altivole）墓地的一个角落里。斯卡帕创建了一个死亡花园，一个包含多层含意与图解的谜一般的风景，一个象征意义如此丰富的简单工程。然而这个建筑物丰富的内涵绝大部分来自令人难以捉摸的特性，这里没有明显的东西——所有的象征意义都留给参观者去解释，并具有双重的标准。斯卡帕将观者从漫不经心和闲散中唤醒的最后手段，是直接诉诸观者的身体感觉。布里昂墓地中的很多场景带有这种色彩。进入墓地向左行进时，纪念式的混凝土拱就在眼前，可本来明确而连续的小径却突然中断。再往前，只能在草地上看起来漫无目的地游荡。弗兰姆普敦的提法是“失魅中的返魅”，卡洛·斯卡帕知道，将观者从漫不经心和闲散中唤醒，才是“返魅”的前提，也是实现“失魅中的返魅”之根本所在。

图73 意大利花园 美国新奥尔良

查尔斯・莫尔 1975—1978

□Charles Moore □Piazza d' Italia

查尔斯・莫尔将各种古罗马的建筑元素（柱与拱券）同色彩鲜艳的霓虹灯这种通俗的美国文化象征结合在一起，体现了后现代主义戏谑的古典主义设计手法。

图74 约翰・肯尼迪图书馆 美国波士顿

贝聿铭 1965-1979

□Ieoh Ming Pei □John F. Kennedy Library

约翰・肯尼迪图书馆是一座倚海矗立，黑白分明的现代化建筑，是一套几何图形的组合：一个圆台形体，一个似长方形体，一个似三角形的竖体，一个横长条体。建筑主体上有一块大面积突出的黑色玻璃幕墙，镶嵌在全白建筑正面上，整座建筑造型独特简洁，反差分明。这座建造了15年之久，于1979年落成的图书馆，由于设计新颖、造型大胆、技术高超，在美国建筑界引起轰动，被公认是美国建筑史上最佳杰作之一。美国建筑界宣布1979年是“贝聿铭年”，美国建筑师协会授予他该年度的金奖。

图75 柏林国际会议中心 德国柏林

拉尔夫・舒勒尔 + 乌尔苏利娜・舒勒尔-维特 1975—1979

□Ralph Schüler + Ursulina Schüler-Witte

□Internationales Congress Centrum Berlin（ICC）

图76 亚力山德拉路住宅区 英国伦敦

卡姆登建筑事务所 / 尼夫・布朗 1961—1979

□Camden Council' s Architects / Neave Brown □Alexandra Road Estate

图77 维也纳国际中心 奥地利维也纳

约翰・斯达波尔 1973—1979

□Johann Staber

□Vienna International Center

图78 艾哈迈达巴德管理学院 印度艾哈迈达巴德

路易斯·康 1962—1980

□Louis I. Kahn

□Indian Institute of Management of Ahmedabad（IIMA）

图79 桑伽建筑工作室 印度艾哈迈达巴德

巴克里希纳·多西 1979—1981

□Balkrishna Doshi □Sangath Design Studio

勒·柯布西耶和路易斯·康的影响已经深深地渗透到多西的设计之中，明确地体现在桑伽建筑工作室的轻盈的筒状拱顶中。“Sangath”是“通过参与走到一起”的意思，多西把工作室构想成一个融合艺术、工艺、工程与哲学为一体的设计实验室，使得它成为传播其建筑思想的庇护所。

图80 国家水族馆 美国巴尔的摩

坎布里奇·塞文 1981

□Cambridge Seven

□The National Aquarium Baltimore

图81 越战纪念碑 美国华盛顿

林璎 1981

□Maya Lin □The Vietnam Wall Memorial

越战纪念碑是一个“V”字形的地表上的裂缝，由两面数米高的墙围合而成，黑色抛光花岗岩墙面上镌刻着57 661名在越战中阵亡的美国将士的名字，名字按照他们战死的时间排列。“正如一条生命之线，”林璎说，“这件作品就像一本打开的历史书卷。”越南纪念碑是美国最流行的一件公共艺术品，阵亡将士的亲人们抚摸着镌刻着的死者名字，他们的身影被映在大理石上面，好像是死去的亲人在另一个世界里看着他们，作品将生与死两个世界紧紧地连在一起，开创了一种纪念和反思死亡与灾难的新方式。

图82 罗伊·汤姆逊音乐厅 加拿大多伦多

亚瑟·埃里克森 1982

□Arthur Erickson □Roy Thompson Hall

音乐厅位于市中心，其外形犹如一个巨大的玻璃覆盆，中心部分是演出厅，周围是门厅和休息厅。玻璃覆盆由钢网架支撑，夜间整个音乐厅如同一个闪光的大钻石，音乐厅的视觉效果和音响效果俱属上乘。

图83 孟加拉国议会大厦 孟加拉国达卡

路易斯·康 1967—1983

□Louis I. Kahn

□National Assembly Hall, Bangladesh

这是路易斯·康在世的最后一个作品，中世纪的灵感、宗教的悲悯情怀和简单的几何形式，表现了路易斯·康的“服务性空间”的概念。

图84 科威特国民议会大厦 科威特科威特城

约翰·伍重 1972—1983
□Jørn Utzon
□Kuwait National Assembly Building

图85 剑桥科学公园 英国剑桥

亚瑟·埃里克森 1979—1983
□Arthur Erickson □Cambridge Science Park

图86 筑波市政中心大楼 日本筑波

矶崎新 1980—1983
□Arata Isozaki
□Tsukuba Center Building

图87 藤泽体育馆 日本神奈川

桢文彦 1984
□Fumihiko Maki
□Fujisawa Municipal Gymnasium

图88 平板玻璃公司总部大厦 美国匹兹堡

菲利普·约翰逊 1979—1984
□Philip Johnson □The Headquarters Building of PPG

图89 美国银行中心 美国休斯敦

菲利普·约翰逊 1981—1985
□Philip Johnson □Bank of America Center

图91 联合银行大厦 美国达拉斯

贝聿铭 1986
□Ieoh Ming Pei □Allied Bank Tower

图90 商品交易会主楼 德国法兰克福

奥斯瓦德·马蒂亚斯·昂格尔斯 1980—1985
□Oswald Mathias Ungers
□Messe-Torhaus in Frankfurt

图92 唇膏大厦 美国纽约

菲利普·约翰逊 1986
□Philip Johnson
□Lipstick Building

图93 美国银行大楼 美国洛杉矶

贝聿铭 + 柯布・弗里得 1987—1990
□Ieoh Ming Pei + Cobb Freed
□U. S. Bank Tower

图94 伊瓜拉达公墓 西班牙巴塞罗那

瑞克・米拉莱斯 + 卡莫・皮诺斯 1988—1992
□Enric Miralles + Carme Pinós
□Igualada Cemetery

图95 以色列高级法院 以色列耶路撒冷

卡米姐弟 1986—1995
□Ram Karmi + Ada Karmi-Melamed
□Supreme Court of Israel

图96 国际原子能标志 比利时布鲁塞尔

安德鲁・瓦特凯恩 1958—2006
□André Waterkeyn
□The Atomium in Brussels

1.3 后现代主义时期

1920—1970年代是现代主义建筑时期，到了1950—1970年代，转而发展成为国际主义建筑风格时期，而1970年代至今又被建筑史学家称为后现代主义建筑时期。后现代主义是一个笼统的概念，它包括了现代主义以后的各种建筑风格：新现代主义、解构主义、高技派等等。具体地说，就是1970年代后的当代建筑风格都可以包括在后现代主义之内。

1960年代末期，国际主义风格使城市面貌日趋相同，建筑单调、刻板，地方特色和民族特色也逐渐消失，国际主义的千篇一律和非人性化的建筑风格使建筑师开始厌烦，虽然到后来有典雅主义风格和有机主义风格加以调整，但国际主义建筑风格已经走到了尽头，一场革命不可避免地在建筑领域展开。

最早对国际主义提出质疑的是美国建筑理论家罗伯特·文丘里（Robert Wenturi，1925—2018年），他不赞成密斯·凡·德·罗的“少就是多”的指导思想，认为“少是厌烦”（Less is a bore），他主张用历史风格和通俗文化风格来丰富建筑的审美性和娱乐性，他的小册子《建筑的复杂性与矛盾性》（1966年）提出了一套与现代主义建筑针锋相对的建筑理论和主张，在建筑界特别是年轻的建筑师和建筑系学生中，引起了震动和响应。耶鲁大学的建筑史教授文森特·斯卡里（Vincent Scully）说，“这本书是自1923年勒·柯布西耶的《走向新建筑》以来影响建筑发展的最重要的著作，它的论点像是拉开了幕布，打开了人的眼界。”到1970年代，建筑界中反对和背离现代主义的倾向更加强烈。对于这种倾向，曾经有过不同的称呼，如“反现代主义”“现代主义之后”和“后现代主义”，现在普遍采用“后现代主义”的称谓。

1972年，罗伯特·文丘里与夫人丹妮斯·斯科特·布朗（Denise Scott Brown）及史蒂文·艾泽努尔（Steven Izenour）合写了《向拉斯维加斯学习》的小册子。书中说，过去搞建筑的人都向罗马学习，而现在应向赌城拉斯维加斯学习。他说，过去人们都崇尚“英雄性和原创性的建筑作品”，其实建筑师也可以“创作丑的和平庸的建筑”。他在该书中的一句名言是“大街上的东西几乎都不错”，提出了建筑应当更加接近通俗文化。罗伯特·文丘里概括说：“对艺术家来说，创新可能就意味着从旧的现存的东西中挑挑拣拣。”实际上，这就是后现代主义建筑师的基本创作方法。罗伯特·文丘里的这两本书可以说是后现代主义的纲领性文件，从此建筑摆脱了国际主义风格的束缚，走向了多元化的广阔天地。

1950年代以英国建筑师史密森夫妇（Alison & Peter Smithson，1928—1993年和1923—2003年）和詹姆斯·斯特林为代表的新粗野主义和1960年代以彼得·库克（Peter Cook，1936年—）为代表的阿基格拉姆（Archigram，也称建筑电讯派）提出的未来的乌托邦城市的设想，对当时英国的青年学生影响很大。库克提出了所谓的插入式城市，即在已有的城市交通和建筑的基础上用钢架建成一个网状托架，再将预制好的房子用起重机插入其中，20年后再进行更换。1964年罗恩·赫隆（Ron Herron）提出了可行走的城市，在房子下面有像拉杆天线似的腿。这样的设想在当时看似乎荒诞不经，但这种大体量的建筑形式却对后来建筑师的思想起着巨大的影响。阿基格拉姆把使用建筑的人看成是“软件”，把建筑设备看成是“硬件”，人是建筑的主要部分。“硬件”可依据“软件”的意图充分为之服务。也就是说，建筑是可以根据人的主观意图加以变化的；至于建筑本身，他们强调最终将被建筑设备所代替。他们将“利润”“艺术家的天才”与“建筑高级化”联系在一起，其结果必然造成建筑形式的“求变”与“奇形怪状”。关于阿基格拉姆对建筑史的影响，直到20世纪末才有了比较清晰的认识。简而言之，20世纪下半叶以后建筑的理论纲领是文丘里的两本小册子，而建筑的实践纲领就是阿基格拉姆思想。

对于什么是后现代主义，什么是后现代主义建筑的主要特征，人们的理解各不相同。美国建筑师罗伯特·阿瑟·莫顿·斯特恩（Robert Arthur Morton Stem，1939年—）在《现代古典主义》一书中完整地归纳了后现代主义建筑的三个特征：采用装饰；具有象征性或隐喻性；与现有环境融合。这也是后现代主义的一部理论著作。

另一位美国建筑学家查尔斯·詹克斯（Charles Jencks，1936—2019年）将1972年7月15日由日裔美国建筑师山崎实设计的圣路易斯低收入住宅群被拆毁这一天称为“现代主义和国际主义死亡、后现代主义诞生的日子”。但是现代建筑界仍然认为后现代主义应该从罗伯特·文丘里的《建筑的复杂性与矛盾性》一书的出版之日算起。

新现代主义在1970—1980年代的美国比较流行，罗伯特·斯特恩将它们分为“戏谑的古典主义”“基本的古典主义”“比喻性的古典主义”“规范的古典主义”和“现代传统主义”；查尔斯·詹克斯的分类就更为复杂；就建筑本身而言，新现代主义建筑可以笼统地归纳为折中性的历史主义、戏谑性的符号主义两大范畴。

戏谑的古典主义的建筑师的代表作品有罗伯特·文丘里设计的宾夕法尼亚的母亲住宅（1962—1964年）、费城的老年公寓（1961—1963年）和伦敦国家艺术馆圣斯布里厅（1986年）；查尔斯·穆尔（Charles Moore，1925—1994年）设计的新奥尔良意大利广场（1973年）；迈克尔·格雷夫斯（Michael Graves，1934—2015年）设计的俄勒冈州波特兰市政厅（1980—1982年）和肯塔基州路易斯维尔的人文大厦（1982—1986年）；菲利普·约翰逊的美国电话电报公司大楼；矶崎新（Arata Isozaki，1931—2022年）设计的日本筑波市政中心（1979—1983年）等等。

比喻性的古典主义的典型建筑作品有杰奎琳·罗伯逊（Jaquelin Robertson）设计的弗吉尼亚安姆维斯特中心（1985—1987年）、马里奥·博塔（Mario Botta，1943年—）设计的旧金山现代艺术博物馆（1994年）和瑞士的陌生住宅（1980—1981年）等。

基本的古典主义的典型建筑作品有阿尔多·罗西（Aldo Rossi，1931—1997年）设计的意大利莫迪纳市殡仪馆和骨灰楼（1976年）和拉斐尔·莫内欧（Rafael Moneo，1937年—）设计的马德里“西班牙国家罗马艺术博物馆”（1985年）。

规范的古典主义或称为复古主义的典型建筑作品有昆兰·特里（Quinlan Terry）设计的伦敦杜弗斯大楼（1981—1983年）和约翰·波拉图（John Blatteau）设计的新泽西州贝迪涅医院扩建部分（1979年）。

现代传统主义的典型建筑作品有约翰·奥特兰姆（John Qutram，1934年—）设计的英国肯特郡哈伯暖气机械公司总部大楼（1983—1985年）、凯文·洛奇（Kevin Roche，1922—2019年）的纽约摩根银行总部大厦（1983—1987年）。

1990年9月27日在伦敦泰特画廊举办的新现代主义国际学术研讨会上，乔纳森·格兰西（Jonathan Glancey）就以充分理解而现实的态度评论说：建筑的标签是一种不可避免的弊病。但是，假如没有一个出发点，展开一个关于建筑的讨论是很困难的。所以对现代建筑的归类既有益也会带来一些问题。在新现代主义中有的建筑史家就将日本新现代主义和理查德·迈耶（Richard Meier，1934年—）也归于其中。从宏观上说，新现代是由当代这个追求时尚的时代创造的，但是，就个体而言，那些真正创造了新现代作品的建筑师，却并没有有意要成为新现代主义者，他们是被新现代的潮流裹挟进来的。

意大利建筑理论家布鲁诺·赛维（Bruno Zevi）说：“后现代主义其实是一个大杂烩。我看其中有两个相反的趋向。一个是趋向‘新学院派’，它抄袭古典主义，但这一派人并不去复兴真正的古典精神，不过摆弄而已……另一趋向是逃避一切规律，提倡‘爱怎样搞就怎样搞’，把互相矛盾的东西杂在一起。”从这个角度看，前面提及的罗伯特·斯特恩分类的各种“××古典主义”其实没有严格界限，它们你中有我，我中有你，互相渗透。因此有的建筑史学家现在用新理性主义和新地域主义（或批判地域主义）来进行分类。总之，后现代主义是一个思想多元化和风格多元化的时代，它的产生基于罗伯特·文丘里对国际主义建筑风格的否定。

后现代主义建筑中的高技派（High Tech）建筑，是特殊的一类风格的建筑。随着1970—1980年代科学技术的发展，高强度钢材的普遍应用，建筑师们也希望在其建筑作品里通过新材料来表现一种新的建筑形式，用更为复杂的技术手段来表现他们的建筑美学思想，于是高技派应运而生。虽然高技派在1960年代已经产生，但最早的著名建筑要数德国建筑师冈特·贝尼施（Günter Behnisch，1922—2010年）设计的慕尼黑奥林匹克体育中心（1968—1972年），体育场看台上方的遮阳盖是一个被钢束拉住的金属网结构，在网上面再盖上塑料玻璃。

最典型的高技派建筑是1971—1977年由意大利建筑师伦佐·皮亚诺（Renzo Piano，1937年—）和英国建筑师理查德·罗杰斯（Richard Rogers，1933—2021年）设计的乔治·巴黎蓬皮杜国家艺术和文化中心。乔治·巴黎蓬皮杜国家艺术和文化中心外貌奇特，钢结构梁、柱、桁架、拉杆等完全不加遮掩地外露在建筑的立面上，暴露的各种管线也都涂上不同颜色，从远处看，像是一个巨大的化工厂车间。乔治·巴黎蓬皮杜国家艺术和文化中心的建筑设计在国际建筑界引起广泛注意，对它的评论分歧很大。有的赞美它是“表现了法兰西的伟大的纪念物”，有的则指出这座文化艺术中心给人以“一种吓人的体验”。但是它最终还是被建筑界和巴黎市民接受了，并成为一种建筑设计的潮流。

理查德·罗杰斯在伦敦设计的劳埃德保险公司大厦（1979—1986年）是另一个具有夸张风格的高技派建筑作品，这个建筑不但完全暴露了结构，还使用了不锈钢、铝和其他合金材料，建筑表面凹凸分明，布满了各种管线和结构件，在阳光照耀下闪闪发光，好似一个科幻作品。

英国另一位著名的高技派建筑师是诺曼·福斯特（Norman Foster，1935年—），他于1979—1986年设计的香港汇丰银行大厦是香港最昂贵的建筑（6.7亿美元）。它的正面外形犹如一个露出全部骨骼的机器人，全开放式的钢结构设计显示了它典型的高技派建筑风格。从某种程度上说，这些高技派建筑作品都或多或少有着解构主义的成分在内，像乔治·巴黎蓬皮杜国家艺术和文化中心，就是将建筑内部的管道全部给解构到建筑外部。因此这样的高技派作品只能算是当代的一种建筑风格而已，也可以看成是在现代城市密集的建筑群内的插入式建筑，与高技派字面的含义不一定贴切。

活跃在1990年代的西班牙建筑师圣地亚哥·卡拉特拉瓦（Santiago Calatrava，1951年—）是当代杰出的高技派建筑设计师，同埃罗·沙里宁和皮埃尔·路易吉·奈尔维（Pier Luigi Nervi，1891—1979年）一样，他也是一位兼建筑与结构工程师二者为一体的人。他的设计特点是最大限度地使用高强度钢拉杆和混凝土压杆的有机结合，同时在他的作品里还巧妙地将机械杆件结合在建筑中，使建筑产生了动感。圣地亚哥·卡拉特拉瓦的主要作品有密尔沃基美术博物馆（1994—2001年）、塞维利亚阿拉米罗大桥（1987—1992年）、巴伦西亚艺术科学城（1998—2005年）、西班牙卡那里半岛坦纳利佛音乐厅（1991—2003年）、里昂机场TGV车站（1989—1994年）、里斯本东方火车站（1993—1998年）、瑞典马尔默旋转大厦（1999—2005年）、耶路撒冷轻轨桥（2002—2008年）等。

后现代主义建筑中，在20世纪影响最大，同时也争议最多的要算是解构主义建筑。1966年，美国霍普金斯大学组织了一次哲学会议，大西洋两岸的许多学者参加，原意是要在美国宣扬结构主义哲学。不料，会上杀出一匹“黑马”，36岁的法国哲学家雅克·德里达（Jacques Derrida）发言，他全面攻击结构主义哲学，声称它已过时，他提出了解构主义（Deconstraction）哲学思想。他不仅对20世纪前期的结构主义进行了批判，还将矛头指向了柏拉图以来的整个欧洲的理性主义的思想与传统形而上学的一切领域，指向了一切固有的确定性。所有的既定界限、范畴、等级制度在雅克·德里达看来都应该推翻。

解构主义让人们用怀疑的眼光来看待一切事物，是一种破坏性的、否定性的思潮。一位美国解构主义者形象地说，解构主义就像一个坏孩子，他把父亲的手表拆开，使之无法再修复。

解构主义原本是一种哲学思想，1988年建筑学家彼得·埃森曼（Peter Eisenman，1932年—）将它应用到建筑理论上面，竖起了建筑解构主义的大旗，于是，在此后的时期，出现了一大批解构主义建筑作品。

彼得·埃森曼说：“在解构的条件下，建筑就可能表达自身、自己的思想……建筑不再是一个次要的思想的媒介”，对于解构哲学，“不能是简简单单地，而是要寻找借以想建筑的那些思想含义”。他指出，解构的基本概念包括取消体系、反体系、不相信先验价值，能指的与所指的（词与物）之间没有一对一的对应关系；要运用解构哲学在建筑中表现“无”“不在”“不存在的在”；建筑创作中要采用“编造”“解位”“虚构基地”“对地的解剖”等等。

彼得·埃森曼在说道“形式与功能的二重性”时，主张应该综合某种“介乎中间”的东西。他说：“建筑学能够开始在这些范畴‘之间’探索。这些‘介乎之间’的概念，变成了一种模糊不清的第三概念，或者是这个，或者是那个，或者两者都不是。”于是给那些什么都不是的“形式”开了一扇大门。

雅克·德里达的解构主义哲学原是一门严肃的学问，主要是研究当将语言系统作为符号来看待时，符号的差异决定了语言的意义。他在思想领域里，对已有的理论进行批判、消解、颠倒，有助于活泼思想、避免僵化。他的理论中心是对于结构本身的反感，认为符号本身的含义已经足够反映真理，对于单独个体的研究比对于整体结构的研究更加重要，更加能够反映出人类存在的真理。于是重视个体、部件本身，反对总体统一的解构主义哲学，开始被少数建筑设计师认同，认为它是具有强烈个性的新哲学理论。最早将理论变成实践的建筑师就是弗兰克·欧文·盖里。但把解构主义直接引用到建筑领域中来，就产生了问题。建筑作为一个实体，它有双重性，即它的物质性与它的艺术性（或叫思想性）。将建筑实体解构，到底是要去解构什么呢？物质的东西是无法解除的，例如，屋顶总要墙或支柱去支撑。那么只能解构掉属于思想性的那一部分了，换句话说，就是解构掉你感觉到的那一部分，这一部分可以随你的思想（或感觉）而任意拆解，所以，解构主义建筑主要在于它的形象。它们在形象上的共同点大致有如下几点：①散乱，形象上显得支离破碎、松散零乱，在形状、色彩、比例、尺度和方向的处理上极度自由，无程序与法则可言；②残缺，故意支离破碎；③突变，解构建筑中各部分的连接非常突然、生硬，没有预示、过渡，有的非常牵强附会；④动势，大量采用弯曲、扭转、倾倒、波浪形等有动态的形体，强调给人以失稳、错位、不安全感的视觉冲击；⑤奇艳，超越常规的标新立异，总想让人惊诧叫绝，叹为观止。

就1980年代出现的解构主义建筑来看大致可分为三种类型。一种是纯粹的解构建筑，如蓝天组（Coop Himmelblau）设计的维也纳一座办公楼的奇形怪状的屋顶。第二类是形式与思想吻合的建筑，典型的例子是丹尼尔·李伯斯金的柏林犹太博物馆，用扭曲的建筑来表现犹太民族过去一段时期扭曲的心灵和极为悲惨的历史，对参观者起到巨大的心灵震撼作用。

第三类就是设计方法上有一些解构主义的味道，或者说，擦了个边。这类作品近年来不少，一个典型的例子就是贝聿铭的美国克里夫兰摇滚名人堂，这件作品也擦了些解构主义的边，但总体设计仍然是新现代主义的。

那么，到底哪些人属于新现代主义建筑师？对这个问题，理论家的看法基本一致。一般认为理查德·迈耶、筱原一男（Kazuo Shinohara，1925—2006年）、桢文彦（Fumihiko Maki，1928年—）、彼得·埃森曼、雷姆·库哈斯（Rem Koolhass，1944年—）、约翰·海杜克（John Hejduk，1929—2000年）、弗兰克·欧文·盖里、伯纳德·屈米（Bernard Tschumi，1944年—）、汤姆·梅恩（Thom Mayne，1944年—）的墨菲西斯建筑事务所（Morphosis Architects）、约翰·赫迪克（John Hejduk）、丹尼尔·李伯斯金、蓝天组等，是新现代派的核心成员。而其中弗兰克·欧文·盖里、伯纳德·屈米、彼得·埃森曼、丹尼尔·李伯斯金、汤姆·梅恩则是解构主义建筑师的代表人物。

弗兰克·欧文·盖里1929年生于加拿大多伦多。1949—1951年在南加州大学取得建筑学士学位，并在哈佛大学设计研究所研习都市规划（1956—1957年）。在1962年建立自己的公司之前，他曾随着洛杉矶的维克多·格鲁恩（Victor Gruen，1953—1954年）与佩雷拉和卢克曼建筑事务所（Pereira & Luckman Architects，1957—1958年）及巴黎的安德烈·雷蒙代（André Remondet）等建筑师见习。他曾在南加州大学（1972—1973年）与加州大学洛杉矶分校（1988—1989年）担任助理教授，在哈佛大学（1983年）、莱斯大学（1976年）和加州大学（1977—1979年）担任客座评论师。1982、1985、1987、1988及1989年，他拥有耶鲁大学建筑系之Charlotte Davenport 教授的职位。1984年，担任哈佛大学Eliot Noyes讲座。

弗兰克·欧文·盖里早在1978年设计自己的洛杉矶寓所时就表现了他的解构主义设计思想，而他最具影响的成名之作是1994—1997年设计的西班牙毕尔巴鄂古根海姆博物馆。古根海姆博物馆一反传统博物馆的理念，整个建筑物狂放、飘逸，建筑的外表完全由弯曲的钛金属板覆盖而成，下面一层摞着上面一层；全部结构杆件采用了航空飞行器设计软件，由计算机完成计算，从而开创了一种新的设计手段。毕尔巴鄂古海姆博物馆以其布局复杂、风格特异把现代建筑推向一个新的高度。它从大的空间尺度与复杂的局部设计开始，以一个最为复杂的空间感受留在人间。从毕尔巴鄂古根海姆博物馆开始，在新旧世纪交替时期，弗兰克·欧文·盖里还先后设计了西雅图体验音乐工程博物馆（1996—2001年）、洛杉矶华特·迪斯尼音乐厅（2000—2003年）、麻省理工学院梅迪亚中心（2003年）和纽约IAC总部大楼（2004—2007年）。弗兰克·欧文·盖里重视结构的基本部件，认为基本部件本身就具有表现的特征，完整性不在于建筑本身总体风格的统一，而在于部件的充分表达。用局部表达整体，因而更加突出建筑局部的特征。虽然他的作品基本都有破碎的总体形式，但是这种破碎本身却是一种新的形式，是解析了以后的结构。他对于空间本身的重视，使他的建筑摆脱了现代主义、国际主义建筑设计的所谓总体性和功能性细节，从而具有更加丰富的形式感。弗兰克·欧文·盖里的设计代表了解构主义的精神精华。在解构主义建筑师中，弗兰克·欧文·盖里是唯一一位以其独特的建筑思维显示其特点的，因而与众不同。

伯纳德·屈米，1944年出生于瑞士洛桑。1969年毕业于苏黎世联邦理工学院。l970—l980年在伦敦建筑联盟学院（AA）任教，1976年在普林斯顿大学建筑城市研究所任教，1980—1983年在库伯联盟学院（Cooper Union）任教。1988—2003年一直担任纽约哥伦比亚大学建筑规划保护研究院的院长职务。他在纽约和巴黎都设有事务所，经常参加各国设计竞赛并多次获奖，其新鲜的设计理念给世界各地带来强大冲击。1983年赢得的巴黎拉维莱特公园国际设计竞赛奖，是他最早实现的作品。在拉维莱特公园的设计中，伯纳德·屈米采用了法国传统园林中的一些设计手法，例如巨大的尺度、视轴、林荫大道等，但是并没有按西方传统模式设计公园。相反，公园在结构上由点、线、面三个互相关联的要素体系相互叠加而成。“点”由120 m的网线交点组成，在网格上共安排了40个鲜红色的、具有明显构成主义风格的小构筑屋（folie）。

对于这种深受解构主义哲学影响，并且纯粹以形式构思为基础的公园设计，伯纳德·屈米认为是一种以明显不相关方式重叠的裂解为基本概念建立新秩序及其系统的尝试。这种概念抛弃了设计的综合与整体观，是对传统的主导、和谐构图与审美原则的叛逆。他将各种要素裂解开来，不再用和谐、完美的方式进行相连与组合，而相反采用机械的几何结构处理，来体现矛盾与冲突。这种结构与处理方式更重视景观的随机组合与偶然性，而不是传统公园精心设计的序列与空间景致。

美国建筑师彼得·埃森曼是解构主义的理论学家，1932年生于纽约，在康奈尔大学获建筑学学士学位，在哥伦比亚大学获建筑学硕士学位，在剑桥大学获博士学位。曾先后在剑桥大学、普林斯顿大学、耶鲁大学、哈佛大学等校任教。1957年加入格罗皮乌斯建筑设计事务所，在那里他形成了对于现代主义更为直接和深刻的认知。1967年，他在纽约成立著名的建筑与都市研究所，该所成为新现代主义理论和后现代主义理论的研究中心。他在这个研究中心担任负责人直到1982年。

彼得·埃森曼是当今国际上著名的前卫派建筑师，美国建筑界对他的评价很高。他的代表作品有辛辛那提大学设计、建筑、艺术和规划（DAAP）学院与俄亥俄州立大学韦克斯勒视觉艺术中心。彼得·埃森曼自称是后现代主义建筑师，他的设计理论早期受结构主义哲学影响，作为著名的“纽约白色派”（New York Five）五人之一，彼得·埃森曼1970年代开始在建筑界崭露头角。1988年在参加了菲利普·约翰逊主办的“解构建筑七人展”之后，彼得·埃森曼再一次成为建筑界的焦点人物。七人中弗兰克·欧文·盖里、扎哈·哈迪德（Zaha Hadid，1950—2016年）日后先后获得了普利策建筑奖。虽然彼得·埃森曼作品数量上大大少于他们，但是他在学术上的地位更胜一筹。彼得·埃森曼的作品具有浓厚的学术气息，在设计上讲究理论依据。他以深厚的学术造诣为解构主义摇旗呐喊，对于解构主义登上历史舞台起了重要的推动作用。多年来，他一直从事教学研究工作。因此，他具有建筑师少有的书卷气和知识分子味道，自然也就有了一份一般意义上的建筑师所没有的清高。

彼得·埃森曼说：“我们必须重新思考在一个媒体化世界中建筑的现实处境。这就意味着要取代建筑通常所处的状况。”他大胆地提出，“建筑必须有功能，但并不要看起来似乎有功能。建筑必须竖立，但不必看起来像是竖立着。当建筑看起来不像竖立着、不像有功能时，那么，它就以不同的方式耸立起来，或者显示出独特的功能。”这样，新现代建筑又表现出了另一个与现代主义乃至后现代主义极为不同的特征：反建筑特征。

彼得·埃森曼设计的韦克斯勒视觉艺术中心是一幢典型的反建筑。它本来是一幢艺术展览建筑。彼得·埃森曼在设计这个建筑时的设计指导思想是一种逆反思想，与通常的展览建筑设计恰恰相反。这是一种既具有挑衅性又富有创造性的设计思想。他说：“我们不得不展览艺术，但是，难道我们一定要以传统的艺术展览方式，即在一个中性的背景中，展览艺术吗？……难道建筑一定得为艺术服务，换句话说，一定要作艺术的背景吗？绝对不是，建筑应该挑战艺术，应该挑战这种认为建筑应该作背景的观点。”彼得·埃森曼在这个设计里要使建筑本身也成为展览的一部分。在这里，彼得·埃森曼实际上是在鼓吹以虚化功能的形式追求功能，他以这幢建筑为武器，将传统的建筑观念打翻在地。“我要说的是，我们需要取代这样一种建筑概念，即作为服务、人们居住和供给系统的建筑概念。居住的观念仅仅意味着——日益变得习惯（to grow used to），而习惯的东西正是人们希望从建筑师那里得到东西。换言之，只要建筑满足于人们的习惯，建筑就是好的，但是，一旦你对习惯提出质疑，即对博物馆管理员展览作品的方式和艺术批评家评论博物馆作品的方式提出质疑，你就会搅乱平衡，你就会引起动乱。艺术批评家痛恨我的韦克斯勒视觉艺术中心建筑，博物馆的管理员也痛恨它。为什么？因为这幢建筑使得他们不得不重新思考绘画与绘画空间之间的联系。因为他们不能在我设计的建筑的墙上悬挂画架。但是，让我们感到愉快的是，艺术家们正在谈论的重建文脉的艺术（recontextualizing art）。”

然而上面提到的几位解构主义建筑师的风格却迥然不同。伯纳德·屈米的拉维莱特公园并没有破坏公园的正常的平面布置，它所解构的是公园内的小筑屋。如果这些小筑屋，例如亭子、雕塑，是完整的，就与普通的公园毫无二致。但这些小筑屋都是被扭曲、裂解、倒装的机器零件样的东西，没有一个具有实在的意义，观众看了后很难产生具体的联想。而弗兰克·欧文·盖里的作品则是对整个作品的重新排列、布置，以至于墙面和屋顶都完全变了样，一切都是扭曲的、杂乱无章的拼合，就像是一个小孩用积木胡乱堆积成的屋子。只有彼得·埃森曼的作品有一些所谓的解构主义味道，例如他设计的韦克斯勒视觉艺术中心，将烟囱剖开再让半个烟囱错位，其他墙面也是不完整的。在丹尼尔·李伯斯金的作品里，除了柏林犹太博物馆形式与内容有内在的深刻联系，其余许多作品，例如皇家安大略博物馆扩建工程、曼彻斯特帝国战争博物馆、丹佛艺术博物馆等建筑只是创新了一种建筑结构形式而已。在当代建筑作品里面，结构的形式变化更是多种多样，但像上面提到的“绝对”的解构的建筑形式反而并不多见；最明显的例子就是雷姆·库哈斯设计的北京CCTV新大楼，一个巨大的空间变形环状大厦，你可以说它属于解构主义，但它更像是新现代主义和解构主义融合而成的东西。总之，解构主义思潮虽然在建筑界风行一时，但其建筑作品在很大程度依然是一种十分个人的、学究味的尝试，一种小范围的试验，具有很大的随意性、个人思想表现的特点，并未像“包豪斯”那样形成一种运动，一种时代潮流。

新现代主义另一位代表，白色经典的创造者，理查德·迈耶也是20世纪后20年具有特殊贡献的著名建筑师。理查德·迈耶于1934年出生在美国新泽西东北部的纽华克，曾就学于纽约州伊萨卡城康奈尔大学，接着先后在SOM建筑设计事务所和布劳耶事务所任职。1963年，理查德·迈耶成立了属于自己的工作室，1965年，理查德·迈耶接到了一项委任，这就是今天位于康涅狄格州的史密斯住宅。史密斯住宅可算是理查德·迈耶成功的开山之作，此后其他的住宅项目委任书也随即而来。早年的理查德·迈耶颇受现代主义大师勒·柯布西耶的影响。随着不断地学习和工作，理查德·迈耶逐步形成了自己独有的设计风格。正如他自己所说：“勒·柯布西耶有着非常大的影响力。但是也存在着许多别的影响，而且这些影响会不断地变化。我们都会被勒·柯布西耶、弗兰克·劳埃德·赖特、阿尔瓦·阿尔托，还有密斯·凡·德·罗等大师所影响。当然，多纳托·布拉曼特（Donato Bramante，约1444—1514年）、乔凡尼·洛伦佐·贝尼尼（Gianlorenzo Bernini，1598—1680年）也会给我们很大的影响。建筑是一种传统，一种连续，不论我们是打破传统还是将其发扬光大，都会和过去有所联系并不断发展。”理查德·迈耶认为，白色包含了红橙黄绿青蓝紫所有的颜色，是一种可扩展的颜色，而不是一种有限的颜色。迈耶从1961年到被人们称为“纽约五”之一；从被贴上“新现代主义”标签，到成为“白色经典”的代表人，一直不改初衷，坚持着自己的建筑理念。他曾经说：“建筑学是一门具有相当思想性的科学，它由运动的空间和静止的空间组成，但是我所指的不是抽象的空间概念，而是直接与光、空间尺度以及建筑学文化等方面有关系的空间结构。”理查德· 迈耶的设计一直执着追求空间和光线之间的和谐与平衡，每个作品都体现出他对建筑与环境之间如何和谐共处的独到理解。

理查德·迈耶说：“白色是一种极好的色彩，能将建筑和当地的环境很好地分隔开。像瓷器有完美的界面一样，白色也能使建筑在灰暗的天空中显示出其独特的风格特征。雪白是我作品中的一个最大的特征，用它可以阐明建筑学理念并强调视觉影像的功能。白色也是在光与影、空旷与实体展示中最好的鉴赏，因此从传统意义上说，白色是纯洁、透明和完美的象征。”

理查德·迈耶一生中最大的作品就是1997年建成的洛杉矶盖蒂中心。它经历13年，耗资10亿美元，被认为是前无来者、后无古人的伟大的博物馆。盖蒂中心建筑群规整而具有现代感，理查德·迈耶选用方、圆为母题来处理空间和建筑造型，并在其中穿插了特有的钢琴曲线形式。博物馆一组以7.5 m×7.5 m的模数为基础，组合成不同的正方体和长方体。博物馆主体部分的轴网与城市的街道网络保持一致，理查德·迈耶将钢琴曲线应用在建筑的两侧，使造型显得生动活泼。他说，他在这个建筑群里努力地回到了古罗马哈德良离宫的精神中，回到这些建筑的空间序列、它们厚重的墙体表现和秩序感中，回到它们关于建筑和场地互为依存的方式中去。

伊拉克裔英国女建筑师扎哈·哈迪德，于2004年获得普利策建筑奖。对扎哈最直接的影响是伦敦的建筑联盟学院（AA）。她在那里就学时，该学院可说处于黄金时期，堪称全世界的建筑实验中心。学院继承“建筑图像派”的传统，学院的多位师生——彼得·库克、雷姆·库哈斯、伯纳德·屈米，将现代世界的快速发展转化为他们作品的主题与造型。他们勇于作为全新的现代主义者，尝试捕捉不断变化的能量，增加新视点，企图为现代性提出新视点。不管是屈米的趣味狂笑、库哈斯的神秘拼贴，还是库克的宣示性，他们都将多维度透视、快速移动而强烈的造型和科技性的架构，整合为意象——这些意象的表现乃是描述多于定义。她设计的大型综合建筑建成后，创造力更能充分地展现其与屈米、埃森曼等解构主义大师的区别。哈迪德本人不认为她是一位解构主义建筑师。虽然建筑形式相似，但是屈米的思想源自雅克·德里达，而哈迪德则受到卡西米尔·赛文洛维奇·马列维奇（Kazimir Severinovich Malevich，1878—1935年）至上主义的影响。屈米和埃森曼解构主义的共性是在于对现代主义建筑的批判，对现代主义建筑和传统建筑二元对立的瓦解。她的设计多以曲线来表达建筑的内涵，尽管她脾气火暴，但柔美的曲线仍然表现了这位自称不是“解构主义”的建筑师对美丽建筑的深刻的理解。到她2016年3月最后一天在纽约去世时，她留在世上的作品仍是许多建筑师无法企及的。

事物在经历了一段蓬勃的发展之后，当人们开始重新进行反思时，往往又会走到另一个极端。在20世纪后期，建筑界在解构主义思潮引起了一阵轰轰烈烈的冲击波之后，又开始注意回归现代主义的“简约”，形成了所谓的“新简约”“极少主义”或“极简主义”的潮流。该潮流在建筑形式上尽可能地除去一切多余的元素，让简洁的形式来反映建筑的本质。其中许多建筑作品又返回到密斯·凡·德·罗的“少就是多”的框架中去，不过这一次是采用现代技术与现代材料来体现这个设计理念。其中比较著名的建筑师例如瑞士建筑师彼得·卒姆托（Peter Zumthor，1943年—），他设计的瓦尔斯温泉浴场（1990—1996年）和布里根茨美术馆（1990—1997年）堪称现代简约设计的典范作品，它们创造了一种远离城市的超凡感受，人们从参观经历的过程里，会体验到宗教的禅意。在另一些建筑师的作品里，采用“表皮”的变化来表达其艺术性，在这方面有系统成就的可数雅克·赫尔佐格（Jacques Herzog，1950年—）和皮埃尔·德·梅隆（Pierre de Meuron，1950年—）。从他们早期作品慕尼黑戈兹美术馆（Goetz Collection，1992年）、德国埃伯斯沃德理工学院图书馆（Eberswalde Polytechnic Library，1996年）到21世纪的东京青山普拉达旗舰店（Prada Store，Aoyama，1999—2003年）、德国勃兰登堡科技大学IKMZ图书馆（Cottbus IKMZ University Library，2004年）、旧金山德·杨博物馆（De Young Museum，2005年）和慕尼黑的安联球场（Allianz Arena，2005年），建筑的外形相当简洁明了，变化的是建筑外表的“皮”。例如德国埃伯斯沃德理工学院图书馆，外墙上印的是托马斯·卢夫（Thomas Ruff，1958年—）的摄影作品，用丝网印刷在墙面上，或者像德·杨艺术博物馆，用多孔钢板来做墙面，通过对建筑外表的处理，给人以新的视觉冲击。近几年来，对于建筑表皮的处理愈来愈受到建筑界的重视，例如日本建筑师妹岛和世（Kazuyo Sejima，1956年—）、美国建筑师汤姆·梅恩的作品，都对建筑的表皮进行了全新的探索，逐渐成为一种新的建筑风格。

新世纪开始不久，当2001年7月萨马兰奇在莫斯科宣布北京将举办2008年第29届奥运会后，在北京的几个前卫的新建筑：由保罗·安德鲁设计的国家大剧院、雅克·赫尔佐格和皮埃尔·德·梅隆设计的主体育场“鸟巢”、澳大利亚PTW建筑事务所和中国建筑总公司赵小均设计的水立方游泳馆以及由大都会建筑事务所（Office for Metropolitan Architecture，OMA）雷姆·库哈斯和奥雷·舍人（Ole Scheeren，1971年—）设计的CCTV新大楼在中国的建筑界掀起了一阵不小的波澜，特别是国家大剧院、鸟巢和CCTV新大楼。关于建筑理念的争论让人们在困惑中感到异常兴奋。几十位院士、教授、建筑师联名向中央上书，要求改变这几个设计。可以说这是一场后现代主义的最新的建筑设计理念与中国传统的（或者更加精确地说是滞后了的后现代主义）建筑设计理念的一次较量，鸟巢和国家大剧院逐渐被广大群众接受，建成后受到了普遍的赞许，但对于设计理念过于前卫的CCTV新大楼，直到主体工程完工的2008年底，人们仍有非议，似乎很难理解这个“自成体系的空间城市网络结构建筑（即类似有许多四合院小单元构成的一个立体城市）”在北京中央商务区具有的标志性意义。

从罗伯特·文丘里的《建筑的复杂性与矛盾性》发表到现在已经50多年了，建筑的多元化发展愈来愈快，以至于建筑史家都来不及将新出现的建筑加以分类。每个建筑师，今天的作品还是典雅主义的倾向，过不了多久，就会有高技派的特征；而更多的建筑表现出明显的地域主义（也被称为批判地域主义）特征。新材料、新技术、新思维、新观念使建筑师的思想在实践中飞快地变化，新的表现形式目不暇接，大大地丰富了城市的内容。在本节无法将当代各种新建筑一一进行介绍，作者尽可能地将各种风格、各种类别的典型建筑介绍给大家，不周全之处请读者见谅。

图1 母亲住宅 美国费城

罗伯特·文丘里 1962—1964

□Robert Venturi □Vanna Venturi House

母亲住宅具有罗马山花墙、罗马拱券的符号特征，并在三角形中间开口，形成了一种戏谑特点，是后现代主义最早的作品之一。

图2 普林斯顿大学巴特勒学院胡应湘会堂

罗伯特·文丘里 1963—1966 美国普林斯顿

□Robert Venturi □Gordon Wu Hall，Butler College，Princeton University

图3 中央银行 奥地利维也纳

冈特·多米尼希 1980

□Günther Domenig □Zentralsparkasse Bank

维也纳中央银行是多米尼希最重要的作品之一，也是一个造型极为奇特而夸张的建筑。建筑物正面凹陷扭曲的入口犹如剑客脱落的铠甲，而室内红色和银色弯曲缠绕的设备与通风管道，宛如生物体的血管与组织；墙壁也不平整，呈波浪式起伏状，一只具象的巨手雕塑赫然凸现在2层墙面上，遮挡了排水槽。该建筑的外观和室内空间均呈现出强烈的生物有机形态特征。它不仅突破了简单的几何规则形式的束缚，同时也为维也纳单调乏味的城区景观增添了情趣。

图4 堤岸广场 英国伦敦

特里·法雷尔 1980

□Terry Farrell □Embankment Place

堤岸广场位于堤岸上的一所新办公楼，利用复原环境的契机，形成克劳斯车站具有制空权的主要新建项目。这座技术新颖的大楼将7~9层办公室悬于铁路之上，形成了弓弦式半圆顶，特殊的技术确保办公楼与铁路相隔，大楼在泰晤士河上的重要地点构架成一个重要的新的滨水区标志。

图5 干城章嘉公寓大楼 印度孟买

查尔斯·科利 1970—1983

□Charles Correa □Kanchanjunga Apartments

图6 宝洁公司总部双塔大楼 美国辛辛那提

科恩·福克斯 1982—1985

□Cohen Fox

□Procter & Gamble Twin Towers

图7 詹姆斯·R.汤普森中心大厦 美国芝加哥

赫尔穆特·扬 1980—1985

□Helmut Jahn

□James R. Thompson Center Building

设计方案创造了一种雄伟庄严、威风八面的垛堆式建筑类型。建筑物斜坡式立面的布局形式在它的东南角豁然大开，成为出入建筑物的通道。建筑物西立面保持了形式上的连续性，表现为圆垛形，但有所收分，因而赋予整座建筑非同寻常的圆形外貌特征，使它在芝加哥北环新区摩天大楼群中独树一帜。该建筑无论在高度、建筑规模，还是在它的外部拱廊的花岗岩上都与周围城市建筑和北环新区其他建筑保持一致，但它与芝加哥的市政中心建筑理查德·詹姆斯·戴利中心（Richard James Daley Center）相比显得低调，不具备与后者一争高下的气势。

图8 抽水站 英国伦敦

约翰·乌特勒姆 1983—1985

□John Outram □Storm Water Pumping Station

建筑师使用古典主义符号来增加建筑的趣味性，这里的立面使用了粗壮的砖柱，柱头使用了类似中国古建筑里“斗拱”似的支撑结构，主入口设计成三角形山花形式，产生了一种模糊的古典和传统混合的特征。

图9 螺旋体大厦 日本东京

桢文彦 1985

□Fumihiko Maki □Spiral Building

外部简单的几何体组合好像表现了内部的结构，但实际上不是。建筑师从一个很古典有些像教堂的立面构图开始，让立面在螺旋转动中变化，形成富有活力的形式，而这个过程正好使各种功能包含在设计之中。

图10 米西索加市政厅 加拿大多伦多

爱德华·琼斯 + 迈克尔·柯克兰 1982—1986

□Edward Jones + Michael Kirkland

□Mississauga City Hall

建筑师灵感的获得不仅依靠乡村风情浓郁的建筑式样，而且还借鉴了多伦多的城市建筑手法。与农业有关的几何图形在建筑物中随处可见：圆柱形的会议大厅似盛放稻谷的筒仓或储水罐，具有斜坡顶部的人字山墙形似畜舍，钟塔像一台风力发电机，而办公楼则像农舍。外表有农村特色的市政厅不仅具有宏伟的建筑规模，还带有古典市政建筑的特色，比如正立面的山墙具有明显的古典建筑风格。

图11 罗马古迹遗址保护用房 意大利罗马

彼得·卒姆托 1985—1986

□Peter Zumthor □Protective Housing for Roman Archeological Excarations

图12 洛杉矶当代艺术博物馆 美国洛杉矶

矶崎新 1986

□Arata Isozaki

□MOCA-Museum of Contemporary Art

图13 劳埃德保险公司大厦 英国伦敦

理查德·罗杰斯 1979—1986

□Richard Rogers □Lloyd' s Building

劳埃德保险公司大厦是后现代主义潮流中典型的和夸张的高技派风格的代表作品。

图14 东京技术学院百年纪念馆 日本东京

筱原一男 1985—1987

□Kazuo Shinohara □Centennial Hall, Tokyo Institute of Technology

百年纪念馆具有强烈的高技派、构成主义和日本传统动机的特点。虽然百年纪念馆拥有引人注目的雄伟壮丽的外表，但它使很多日本观众感到迷惑，他们看到了在和谐的城镇景观里，高耸着一个巨大的机器怪物。当技术的概念被包含在设计的理念中时，即建筑的结构是由包含3 180个等式的计算机矩阵计算出来的，没有比这种高技派的象征物或者说是流行的钢铁怪物偏离建筑师意图更远的了。在百年纪念馆周年纪念大会上发表的名为“混乱的美”的演讲中，筱原一男强调了我们在电子时代经历的一切：“机器的本质对肉眼来讲，再也不是显而易见的了。”百年纪念馆就是筱原一男认为在“混乱的城市”中找到了“我们本土本国的东西”。筱原一男说：“我的机器将不是国际的。它会有一个鲜明的名字和国籍。”

图16 皇宫旅馆和餐饮综合体 日本福冈

阿尔多·罗西 1987

□Aldo Rossi □Hotel Il Palazzo

图15 斯图加特大学太阳能研究所 德国斯图加特

冈特·贝尼施 1987

□Günter Behnisch

□Hysolar Institute, Stuttgart University

图17 Torri中心商务中心 意大利帕尔马

阿尔多·罗西 1985—1988

□Aldo Rossi

□Centro Torri Department Store

图18 东京巨蛋 日本东京

日建设计事务所 + 竹中工务店联合设计 1988
□Nikken Sekkei, ltd + Takenaka Corporation
□Tokyo Dome

图19 大联盟步道住宅与塞恩斯伯里超市

尼古拉斯·格雷姆肖 1989 英国伦敦
□Nicholas Grimshaw
□Grand Union Walk Housing & Sainsbury' s Supermarket

图20 韦克斯勒视觉艺术中心 美国哥伦布

彼得·埃森曼 1985—1989
□Peter Eisenman
□Wexner Centre for the Artsy

图21 加拿大文明博物馆 加拿大加蒂诺

道格拉斯·卡迪那尔 1986—1989
□Douglas Cardinal
□Canadian Museum of Civilization

加拿大文明博物馆是一处连接过去、现在与未来之间桥梁的博物馆，它的外形充分体现了这一点。其外形独特的现代化设计，流畅的波浪形曲线，除了广受喜爱之外，更激发出参观者不同的创造与想象力，再加上此地隔着渥太华河与壮观又古典的国会大厦遥遥相望，更是令人散发出思古悠情。

图22 办公楼屋顶扩建 奥地利维也纳

蓝天组 1983—1989
□Coop Himmelblau
□Rooftop Remodeling

这个像昆虫一样吸附在屋顶上的房子是若干框架系统的叠合，是建筑师采用钢材、玻璃和钢筋混凝土结构建造的一个十分复杂的形式。设计综合了桥梁和飞机的结构系统原理，通过游戏式的“解构”，构筑了一个全新而明亮的浮游空间。这个坐落在维也纳一幢19世纪老建筑的屋顶上，用一个绷紧的弓作为脊柱，形成发亮、扭曲、具有穿刺感的构筑物。

该中心是若干套不同系统的相遇和重置，即一组砖砌体、一组白色金属框架、一组重叠断裂的混凝土块以及东北角上的植物平台。它们之间看似互相冲突，但实际上是在两套互成12.25° 的平面网格中各自定位的。这里埃森曼用网格系统重组了原有会堂空间。

图23 哈斯大楼 奥地利维也纳

汉斯·霍莱因 1985—1990

□Hans Hollein □Haas-Haus

哈斯大楼的对面是137 m高、建于300年前的著名圣斯特凡大教堂（Stephansdom），是一座现代化商厦大楼。这座具有玻璃外墙的购物中心与古老的教堂相对而立，体现了维也纳新旧并存的特色。

图24 拉德方斯凯旋门 法国巴黎

约翰·奥拓·冯·斯普莱克尔森 1982—1990

□Johann Otto von Spreckelsen

□Arche de la Défense

保罗·安德鲁设计了“云”。该建筑是蓬皮杜总统为纪念法国大革命200周年的十大建筑之一，被称为“新凯旋门”，它与老凯旋门在一条中轴线上，与之遥相呼应。

图25 加利集团办公大楼 美国洛杉矶

艾瑞克·欧文·莫斯 1988—1990

□Eric Owen Moss □Gary Group Office Building

加利集团办公大楼采用了混凝土、混凝土砖、工业用金属构件组合成强烈的表现形式。

图26 派拉蒙洗衣房 美国洛杉矶

艾瑞克·欧文·莫斯 1988—1990

□Eric Owen Moss □Paramount Laundry

图27 拉斯维加斯儿童发现图书馆和林德博物馆

安托内·普雷多 1986—1990 美国拉斯维加斯

□Antoine Predock □Discovery Children' s Museum in Las Vegas

图28 波奈方特博物馆 荷兰马斯特里赫特

阿尔多·罗西 1990

□Aldo Rossi □Bonnefanten Museum

在这个建筑里，阿尔多·罗西将来自当地公共建筑、教会建筑和工业建筑的意象融为一体，高耸的砖墙可联想到工厂厂房或街道，中心处外包锌板的穹顶塔楼，似乎在暗示着洗礼堂或钟楼，充分展现了阿尔多·罗西新理性主义的设计理念。

图29 数寄屋村 日本冈山

石井和纮 1990

□Kazuhiro Ishii □Sukiya Village

数寄屋村在设计中引用了五个日本建筑师的设计方式，恢复日本建筑的传统精神。

图30 冰川博物馆 挪威弗加兰

斯维勒·费恩 1991

□Sverre Fehn

□Norsk Bremuseum

冰川博物馆是挪威建筑师斯维勒·费恩1989年设计的，该作品是建筑师利用本土景观而非强行引入外来物进来的一个典范。博物馆通体灰色，犹如一个冰川裂缝正处于弗耶兰（Fjærland）的两座大山的底部，且所在位置非常切合逻辑，与周围的环境相辅相成。此外，冰川博物馆的设计充分考虑了地形、地貌和季节的因素，融合了包括古朴的摩洛哥风格和现代的纽约风尚等多种风格的元素。特别是，建筑师斯维勒·费恩通过对挪威本土元素的应用，如北欧的光线、灰色的石头、苍翠的森林等，将现实和虚幻协调一致，创造出堪称时代经典的作品。2002年，博物馆决定扩建时同样由斯维勒·费恩设计。斯维勒·费恩，挪威人，生于1924年。2009年2月23日在奥斯陆逝世，终年84岁。1997年获得普利策建筑奖，他是同时代挪威建筑师中的佼佼者，也是在国外名气最大的挪威建筑师。

图31 东京市政厅 日本东京

丹下健三 1985—1991

□Kenzo Tange □Tokyo City Hall

图32 波恩新议会大厦 德国波恩

冈特·贝尼施 1972—1992
□Günter Behnisch
□Bonn Bundestag Plenarsaal Building

图33 戈兹艺术画廊 德国慕尼黑

雅克·赫尔佐格 1992
□Jacques Herzog □Goetz Gallery
在这栋建筑中玻璃与混凝土以特殊的方式结合。

图34 联邦德国艺术画廊 德国波恩

古斯塔夫·派因切 1990—1992
□Gustav Peichl □Kunst und Ausstellungshalle der Bundesrepublik Deutschland

图35 玉名天望馆 日本玉名

高崎正治 1992
□Takasaki Masaharu
□Tamana City Observatory

图36 军情六处总部 英国伦敦

特里·法雷尔 1992
□Terry Farrell □MI6 Vauxhall Cross

图37 海登大道3535号 美国斑鸠

艾瑞克·欧文·莫斯 1988—1993

□Eric Owen Moss □3535 Hayden Avenue

图38 滑铁卢国际车站 英国伦敦

尼古拉斯·格雷姆肖 1988—1993

□Nicholas Grimshaw

□The Waterloo International Railway Station

滑铁卢国际车站的设计受到广泛的赞誉，也因此赢得了一个建筑设计奖。最令人印象深刻的是400 m长的玻璃屋顶，包括37个类似棱镜、由3条绳索所组成的拱所分割成大小不一的区块，这是由安东尼·亨特（Anthony Hunt）与他的伙伴设计的。

图39 怀俄明大学美国遗产中心 美国拉勒米

安托内·普雷多克 1993

□Antoine Predock □American Heritage Center, University of Wyoming

建立在10 hm^2土地上的这个综合楼包括美国遗产中心和美国博物馆，中央熠熠生辉的铜圆锥体既跟附近的圆形篮球场相呼应，又使人们联想到不明飞行物——建筑师一再重复的主题之一，同时也同样容易使人想起巨大的火山形状或是一个奇特的战士的头盔。这个例证说明了安托内·普雷多克善于把既是地质学的又深深固定在民俗文化中的灵感泉源予以融合的能力。

图40 桁架住宅 日本东京町田

中田英作 1993

□Ushida Findlay

□Truss Wall House

桁架住宅位于闹市区，内部空间与建筑外观几乎毫不相干，墙体被浇筑成连续变化的断面，折叠环绕形成蚕茧状小屋，内有斜坡通往小小的屋顶平台。内部空间和外部空间之间形成一个连续拓扑的表面，而不是传统的“一层包裹一层”的关系。

图41 新梅田空中大厦 日本大阪

原广司 1989—1993

□Hiroshi Hara □Umeda Sky Building

图42 马那瓜大都会教堂 尼加拉瓜马那瓜

里卡多·列戈瑞达 1993
□Ricardo Legorreta
□Cathedral Metropolitana de Managua

图43 阿尔勒考古博物馆 法国普罗旺斯

亨利·希哈尼 1993
□Henri Ciriani
□Musée de l' Arles Antique

博物馆通过一个三角形的围墙将中心的美术馆包围起来，这些墙体的轮廓高度和宽度给人一种庇护的安全感，全然没有防御性和敌意。

图44 乌尔姆市政厅 德国乌尔姆

理查德·迈耶 1993
□Richard Meier □Stadthaus Ulm

图45 里昂歌剧院 法国里昂

让·努维尔 1989—1993
□Jean Nouvel □Lyon Opera House

这是1754年索夫洛特（Soufflot）设计的具有标志性的建筑，让·努维尔对该剧院进行了成功的改造，最显眼的是剧院圆桶状拱形屋顶的设计，这一改造设计将原来的剧院功能与建筑艺术融为一体。

图46 侯赛因多西画廊 印度艾哈迈达巴德

巴克里西纳·多西 1993
□Balkrishna Doshi □Husain Doshi Gufa

多西更加致力于探索一种特殊的印度式的建筑表达，侯赛因多西画廊就是多西摇曳不定的风格转变的一例。这是他在艾哈迈达巴德的早期作品，位于艾哈迈达巴德建筑学院的校园中。用白色马赛克包裹的屋顶是一种有机的莲蓬形状的景观，其灵感来自印度神话。它既奇特又滑稽，看上去更具有英国建筑师凯瑟琳·芬德利（Kathryn Findlay）作品的特点。而建筑内部圆或椭圆的平面特征借鉴了佛教寺庙洞窟，并通过钢筋网喷涂混凝土形成了塑性建筑空间和曲线以及雕塑式的形态。

图47 江户博物馆 日本东京

菊竹清训 1993

□Kiyonori Kikutake □Edo-Tokyo Museum

图48 波尔图大学建筑学院 葡萄牙波尔图

阿尔瓦罗·西扎 1993

□Alvaro Siza

□Faculty of Architecture University of Oporto

图49 格罗宁根博物馆 荷兰格罗宁根

蓝天组 1994

□Coop Himmelblau □Groningen Museum

建筑师运用计算机驱动数控机床去切割锈红色钢板来包裹整个建筑，形成了具有强烈视觉冲击力的建筑形态。

图50 里昂机场TGV车站 法国里昂

圣地亚哥·卡拉特拉瓦 1989—1994

□Santiago Calatrava

□TGV Station，Lyon Airport

TGV车站由混凝土结构和钢结构联合组合，上部钢结构像腾飞的双翅，充满动感。TGV车站是卡拉特拉瓦早期作品之一，建成后为建筑师赢得巨大声誉。

图51 福冈ACROS县立国际大厅 日本福冈

埃米利奥·阿姆伯兹及合伙人 1994

□Emilio Ambasz & Partners □ACROS Fukuoka Prefectural International Hall

图52 路德维希·艾哈德会堂 德国柏林

尼古拉斯·格雷姆肖 1994

□Nicholas Grimshaw □Ludwid Erhard Haus

15个巨大的拱形肋成为建筑的主体结构，建筑沿纵向稍有弯曲，当从上面看去，很容易明白为什么柏林人起了绰号“犰狳”。

图53 东京电讯中心 日本东京

HOK 1991—1995
□Hellmuth, Obata & Kassabaum
□Tokyo Telecom Center

图54 菲尼克斯中央图书馆 美国菲尼克斯

威廉·布鲁德 + DWL建筑事务所 1995
□William Bruder + DWL Architects
□Phoenix Central Library

菲尼克斯中央图书馆基本是现代主义的长方形结构，而两侧面则采用突出弧形的有机形态，两端的立面使用了全部玻璃幕墙结构，外部设计了金属线材和三角形帆布片拉成的遮阳板，不但减少了亚利桑那炙热的日照，同时还有明显的高技派特征。

图55 欧洲人权法庭 法国斯特拉斯堡

理查德·罗杰斯 1989—1995
□Richard Rogers
□European Court of Human Rights

图56 音乐博物馆 法国巴黎

克里斯蒂安·德·波特赞姆 1984—1995
□Christian de Portzamparc
□Cité de la Musique

设计师把建筑作为周围城市街区的有机片段来处理，通过内部街道、长廊和大厅等空间，把“开放式街坊”的理论付诸实践，创造了一种重新诠释城市街道、塑造都市空间的方式。东侧包括巨大的音乐厅、博物馆和许多办公空间，具有动感的几何形和流动的空间象征着“自由飞翔”的主题。西侧是国立音乐学院，它拥有80个练习室、1个多功能中心、3个对外演奏厅以及学生宿舍等，各部分组合成一部庞大的建筑交响曲。

图57 温哥华公共图书馆 加拿大温哥华

摩西・赛弗迪及合伙人 1995

□Moshe Safdie & Partner

□Vancouver Public Library

温哥华图书馆位于市中心乔治亚街、耶鲁镇附近。图书馆主楼高7层，还有一个螺旋式的4层楼。全馆总面积31 150 m²，设置了1 200个阅读座位。图书馆的建筑看似罗马竞技场，风格独特。室内天窗采光良好，是一幢现代建筑艺术的代表作。图书馆外的广场是温哥华市民聚集的场所。馆内的回廊有咖啡店、比萨店、寿司店、礼品店与便利商店。

图58 LVMH大厦 美国纽约

克里斯蒂安・德・波特赞姆 1995

□Christian de Portzamparc

□LVMH Building

图59 尼泰罗伊当代艺术博物馆 巴西里约热内卢

奥斯卡・尼迈耶 1996

□Oscar Niemeyer

□Niterói Contemporary Art Museum

图60 埃伯斯瓦尔德应用科学大学图书馆

雅克・赫尔佐格 + 皮埃尔・德・梅隆 1996 德国埃伯斯瓦尔德

□Jacques Herzog + Pierre de Meuron

□Fachhochschule Library, Eberswalde

外墙表面上印的是托马斯・卢夫的摄影作品，用丝网印刷在墙面上。

图61 马赛区政府总部办公项目（大蓝）

威尔・艾尔索普 1990—1996 法国马赛

□Will Alsop □Hôtel du Département des Bouches-du-Rhône（The Big Blue）

图62 瓦尔斯温泉浴场 瑞士瓦尔斯

彼得・卒姆托 1990—1996

□Peter Zumthor □Thermal Baths at Vals

进入瓦尔斯的温泉浴场就如同进入一场宗教祭礼。从一座1970年代建造的普通旅馆的底层进入，穿过一条昏暗的甬道之后，人们就会进入一条静谧的长走廊，那里仅靠屋顶的一线裂缝采光。走廊一侧排列着流淌着温泉的喷管，另一侧是更衣室和储物间。更衣室和储物间的墙体面饰材料采用了绿色条纹石。从这一刻开始，旅客就能感觉到死一般的静谧和奉献自我的召唤。除了对水温的标注外，其他的空间没有任何标记，游客、虔诚的献祭者，在不同的洗浴体验中寻找着迷宫中的道路。

图63 阿洛诺夫设计与艺术中心 美国辛辛那提

彼得・埃森曼 1988—1996

□Peter Eisenman

□Aronoff Center for Design and Art

该建筑为两座平行分布的、形状为长方体的行政大楼，两者由一个中庭连接，包括议事厅和会馆在内的附属建筑呈雪茄状，并通过电梯和人行道和其他建筑组成部分相连接。建筑物外立面采用了醒目的颜色做外部装饰，这使之更具有公众标志性建筑的气势。

图64 老人公寓 荷兰阿姆斯特丹

MVRDV建筑事务所 1997

□MVRDV Architects □WoZoCo

这是阿姆斯特丹市少有的高密度建筑，因为政府希望保留市内的绿化地带，因此打破成规，引入高密度的建筑，但同时要考虑日照的要求，让新建的建筑物不会完全阻挡现有建筑物的阳光。因此，新建的建筑物的长、宽、高都会受到限制，以确保现有建筑物的采光状况。向北的住宅单元很难被公众所接受，因为向北的单元长年没有阳光直射入室内。最后受限于法规， 老人公寓上下两层共四个单元悬挂在北面，从而使得公寓形成如此独特的外形。

图65 代尔夫特理工大学图书馆 荷兰代尔夫特

梅卡诺建筑事务所 / 弗朗辛・侯本 1997

□Mecanoo Architects / Francine Houben

□The Library of Delft University of Technology

该大学图书馆新馆建筑设计奇特，被誉为目前世界上最具有未来派艺术特征，最为现代化的图书馆之一。屋顶上面披着草皮的图书馆被认为是一种粗犷的风格，因为它是一个无奈的选择，梅卡诺的设计就像一只巨大而笨拙的青蛙。这个建筑的特点是将锥形塔伸出草皮坡外，从图书馆内可以通过锥塔窥看蓝天。

图66 明尼阿波利斯联邦储备银行

贡纳尔·伯克兹 1997　　美国明尼阿波利斯
□Gunnar Birkerts
□Federal Reserve Bank of Minneapolis
办公室楼高100 m。

图67 香港会展中心　　中国香港

SOM 1997
□Skidmore, Owings and Merrill（SOM） □Hong Kong Convention and Exhibition Center

图68 UFA水晶宫电影院　　德国德累斯顿

蓝天组 1993—1997
□Coop Himmelblau
□UFA-Kristallpalast Cinema

图69 凡·高艺术馆新馆　　荷兰阿姆斯特丹

黑川纪章 1990—1998
□Kisho Kurokawa
□van Gogh Museum（New Building）

新馆位于主馆入口的对面，为了减少新楼地面上部分的体量，75%的建筑面积被放在地下，而地上高度只有两层楼高。新馆采用了里特维尔德（Rietveld）的直线和格构的抽象几何形式，但是圆形和椭圆形曲线的引用又使新楼别具特色。主馆与新馆由地下的通道连成一个整体。新馆的外观采用了新月形，展厅的轴线有些微微偏移，它对着院子的正立面有轻微的倾斜。一个半圆形的地下庭院形成一座水上花园，这是对日本庭院抽象的引用。

图70 奇亚斯玛当代艺术博物馆　　芬兰赫尔辛基

斯蒂芬·霍尔 1998
□Steven Holl
□Museum of Contemporary Art Kiasma

奇亚斯玛当代艺术博物馆位于赫尔辛基市中心的一个三角地带上，西面是国会大厦，东面是埃利·沙里宁设计的赫尔辛基火车站。这是一座极富曲线美感的纯白色建筑，本身就是一件经典的展品。奇亚斯玛当代艺术博物馆的概念涉及建筑物的形状和质量与城市及景观几何的相互关系，是一座隐含着新旧文化和谐衔接的建筑物。

图71 吉隆坡国际机场 马来西亚吉隆坡

黑川纪章 1998

□Kisho Kurokawa

□Kuala Lumpur International Airport

吉隆坡国际机场巨大的规模和完美的对称布局令人惊叹。在机场的总体规划中共设计了四条跑道，两个中心航站楼通过停机坪下面的通道与四个“十”字形卫星楼相连。

图72 桑尼伯格大桥 瑞士克劳斯特

克里斯蒂安·梅恩 + 库伯·布兰德里及合伙人 1998

□Christian Menn + Bänziger Köppel Brändli & Partners □Sunniberg Bridge

图73 英国国家图书馆 英国伦敦

科林·威尔逊 1998

□Colin Wilson □The British Library

新馆占地5.1 hm^2，总面积20万 m^2，地上9层，地下4层，建筑高度47 m，地下室深23 m。主建筑像一艘海船，建筑外表的橘红色与周边建筑十分协调。

图74 吉隆坡石油双塔 马来西亚吉隆坡

西萨·佩里 1998

□Cesar Pelli

□Petronas Twin Towers, Kuala Lumpur

吉隆坡石油双塔共88层，高442 m，为钢玻璃结构。建成后成为当时世界第一高楼。它有两个独立的塔楼并由“K”字形横桥相连，独立塔楼的外形像两根巨大的玉米，故又名双峰大厦。基于佛教信仰，建筑师西萨·佩里采用宝塔的层层收分的做法。此外双塔的外部呈白色，造型和细部设计明显吸收了伊斯兰传统几何图案。

图75 大西洋展览馆 葡萄牙里斯本

SOM 1994—1998

□Skidmore, Owings and Merrill

□Pavilhão Atlântico Lisbon

大西洋展览馆位于里斯本的一个新兴地区，曾作为世界博览会1998年的主会馆，为纪念葡萄牙航海家发现印欧海上航线五百周年而建。内部结构呈巨轮形，悬挂了长达119 m的木檀条。屋顶用橡胶制成。巨大的展台置于低凹处，与周围的建筑物相得益彰。展览馆包括17 500个座椅、多功能展台和200 m的标准跑道，适合举办各类体育赛事。该展览馆还可用作音乐厅、会议厅。该工程被EC2000热力委员会评选为"环保型建筑"。

图76 库尔萨尔音乐厅和会议中心

拉斐尔·莫内欧 西班牙圣塞瓦斯蒂安

1991—1999

□Rafael Moneo

□Kursaal Auditorium and Congress Center

库尔萨尔文化中心是一年一度的圣塞巴斯蒂安国际电影节的举办地。两座方正的玻璃幕墙建筑，在阳光下像水晶宫一样晶莹透明，而在夜晚则用变幻的灯光制造出璀璨夺目的效果。

图77 葡萄牙展览馆 葡萄牙里斯本

阿尔瓦罗·西扎 1997—1998

□Alvaro Siza □Pala do Pavilhão de Portugal

图78 新海关大院 德国杜塞尔多夫

弗兰克·欧文·盖里 1994—1999

□Frank Owen Gehry □Neuer Zollhof

图79 巴士底歌剧院 法国巴黎

卡洛斯·奥特 1982—1999

□Carlos Ott □Bastille Opera

这是蓬皮杜总统的十大建筑之一。

图80 阿拉伯塔 阿联酋迪拜

阿特金斯顾问公司 / 汤姆·赖特 1999

□Atkins Consultants / Tom Wright

□Burj Al Arab

图81 伯吉瑟尔滑雪台 奥地利因斯布鲁克

扎哈·哈迪德 1999

□Zaha Hadid

□Bergisel Ski Jump

伯吉瑟尔滑雪台长达90 m、高近50 m的滑雪台由一塔一桥组成，依山而建。该雪台集专业设备场地和公共空间于一体，既是比赛的绝佳场所，也是旅游的观光胜地，建筑物本身包含了一个咖啡馆和一个观景平台。两座电梯可将游客带至距伯吉瑟尔山顶峰40 m高处的咖啡厅。在此，游客可以俯瞰阿尔卑斯山脉壮观的风景，同时欣赏运动员划破长空的奋力一跳。

图82 国家通俗音乐中心 英国谢菲尔德

奈杰尔·科茨 1999

□Nigel Coates

□National Centre for Popular Music

英国国家通俗音乐中心由四个冰壶状的单体构成。冰壶的手把是通风口，可以随着风向而转动，是一种低能耗的通风系统。奈杰尔·科茨将它说成是“一首摇摆着的、节奏明快的爵士歌曲”。虽然奈杰尔·科茨的作品时常招人喜爱，但这并非科茨建筑的全部。作为“英国建筑界的坏孩子”，他置身于古板而正统的大不列颠却无拘无束、行为乖张，并闯入了流行时尚的商业设计世界。

图83 钟路大厦 韩国首尔

拉斐尔·维诺里 1999

□Rafael Vinoly □Jongro Tower

图84 亚瑟和伊冯博伊德教育中心 澳大利亚

格伦·马库特 1996—1999

□Glen Murcutt

□Arthur and Yvonne Boyd Education Centre

建筑综合体包括了一个礼堂和同时给32个学生提供的宿舍。它的场地非常优美，四周青山环抱，向前可以俯瞰宽广的河流。建筑师通过窗户、遮阳板和隔断，分解了建筑的尺度。这座建筑成为这个场所的一个框架，就像画家的景框一样。它静静地传达了一种类似修道生活的概念。格伦·马库特是世界上最优秀的并独具风格的建筑师之一。他利用人造光、水、风、阳光、月光来设计完善各种细部，使建筑能对环境做出反应。2002年他获得了普利策建筑奖，2009年获得美国建筑师协会（AIA）金奖。

图85 柏林北欧五国大使馆 德国柏林

贝尔格+帕康纳建筑事务所 / 阿尔弗雷德·贝格尔 1999

□Berger + Parkkinen Architekten / Alfred Berger □Nordic Embassies, Berlin

挪威、瑞典、芬兰、丹麦和冰岛五国联合使馆区共由六栋建筑组成，各国使馆之间用浅浅的水池隔开。虽然建筑仍是各自独立，但整个使馆区给人一种浑然一体的感觉。

图86 泰晤士河上的千禧年桥 英国伦敦

诺曼·福斯特 1999

□Norman Foster

□Millennium Bridge over the River Thames

千禧年桥是连接圣保罗大教堂和南岸泰特美术馆的一座步行桥，它的特点是桥面是水平的。建成后开放通行的第一天，桥上人山人海，当时建筑师发现桥在晃动，显然是桥的稳定性有问题：在竖直和水平方向会发生耦合振动，就像塔科马桥一样。随即将人流驱出桥外。设计师对桥的吊索重新设计，在水平和竖直两个方向上面都增加了阻尼器，加强了拉索的刚度，从而解决了横向稳定与共振问题。

图87 贝克汉姆图书馆 英国伦敦

威尔·艾尔索普 / 斯托默建筑事务所 1999

□Will Alsop / Stormer Architects

□Peckham Library

曾经获得2000年英国斯特林（Stirling）大奖的贝克汉姆图书馆成为低收入居民收发电子邮件的地方，是当地最受人们欢迎的建筑。

图88 GSW总部大厦　　德国柏林

马蒂亚斯·绍尔布鲁赫＋路易莎·胡特恩 1999
□Matthias Sauerbruch + Louisa Hutton
□GSW Headquarters Building

该项目是对一座建于1950年代柏林重建时期的建筑的改扩建。新建筑尝试用高层板式办公楼插入柏林巴洛克式的街道中，作为连接过去与未来的元素。

图89 “鬼太郎”车站　　日本境港

高松伸 1999
□Shin Takamatsu □Nimatosakai Ferry Terminal

图90 索尔福德码头劳里中心　　英国曼彻斯特

迈克尔·威尔福德及合伙人 2000
□Michael Wilford & Partners
□Lowry Center, Salford Quays

图91 沃尔索尔新艺术馆　　英国沃尔索尔

卡鲁索·圣·约翰 1999—2000
□Caruso St. John □New Walsall Art Gallery

图92 京都新车站　　日本京都

原广司 2000
□Hiroshi Hara □New Kyoto Railway Station

图93 科伦巴博物馆　德国科隆

彼得·卒姆托 2000

□Peter Zumthor □Kolumba Museum

新的德国科隆科伦巴博物馆坐落在第二次世界大战中被炸毁的哥特式教堂圣科伦巴的旧址上。在赋予现存遗迹和历史应有的尊严方面科伦巴博物馆非常成功，从而成为人们反思的地方。在这里漏光的砖墙使空气和光像一幕镂空的纱帐；精心选择的材质所散发出的美深深打动着访客；光和暗为博物馆各个房间提供场景。在这些曼妙的场景下，宗教和世俗的艺术作品均被赋予了精致的展示空间。

图94 地球和空间玫瑰中心　美国芝加哥

詹姆斯·斯图尔特·波尔谢克+托德·谢里曼 2000

□James Stewart Polshek+Todd Schliemann

□Rose Center for Earth and Space

地球和空间玫瑰中心位于纽约自然历史博物馆，其设计灵感来源于一个可以阐明太空经历的“宇宙教堂”。人们可以通过参观，从中学习科学知识，并对无穷的宇宙产生敬畏。这座建筑是一个暗喻性的建筑，通过戏剧化地展现人类对太空研究的成果，达到教育青少年儿童的目的。

图95 欧洲被谋杀犹太人纪念馆　德国柏林

彼得·埃森曼 2000

□Peter Eisenman

□Memorial to the Murdered Jews of Europe

图96 保得利大厦　英国伦敦

迈克尔·霍普金斯 1989—2000

□Michael Hopkins

□Portcullis House

保得利大厦采用一个简单的方形庭院的平面设计，一共7层高，包括2层阁楼。在整个方形建筑的屋顶上，耸立着14个巨大的烟囱，起着节能和环保的作用。地下是威斯特敏斯特地区新的立体交通枢纽站。保得利大厦中央大厅是伦敦城令人印象最深刻的一个当代空间，有一条地下通道与威斯特敏斯特宫相连。

图97 洛迪人民银行总部大厦 意大利洛迪

伦佐·皮亚诺 2001
□Renzo Piano □Banca Popolare di Lodi
赤色外皮的圆柱体坐落在钢铁基础上。

图98 维多利亚艺术学院思想中心

米尼菲·尼克松 2001 澳大利亚墨尔本
□Minifie Nixon □VCA Centre for Ideas

建筑师尼克松应用计算机软件在建筑的门面上设计了几个圆锥形。正规的圆锥形与平面的交线是一个圆，有趣的是在这里几个圆锥形以直线相交，而且这些锥形的轮廓大致为五边形。看上去的确有些不可思议，然而仔细观察会发现所有的圆锥形中都有放射状的褶皱；进一步的观察可以发现有的褶皱是向外凸的，有的褶皱是向内凹的，这样通过褶皱的变形，让圆锥形与平面的交线由曲线变成为直线。这是一个相当复杂的数学问题，一个可展圆锥面的形成相对比较简单，几个不同大小的圆锥形以直线相交成五边形就复杂多了；好在尼克松利用计算机的Tessellation细分曲面技术中的Voronoi（泰森多边形）软件，利用圆锥形凹盘中心的移动，达到了这个目的。

早在1990年代，弗兰克·欧文·盖里设计毕尔巴鄂古根海姆博物馆时，就利用了设计飞机曲面的软件，当时是将支撑曲面的钢架变成了几千个杆件。博物馆建成后，盖里高兴地说："没想到，曲面与料想的一样！"现在用计算机设计复杂曲面已经没有什么困难，但像维多利亚艺术学院思想中心这样的表皮还是第一次。这个门面让维多利亚艺术学院出够了风头。

图99 蒂特根学生宿舍 丹麦哥本哈根

伯杰·伦佳德+勒纳·特兰伯格 2001
□Boje Lundgaard + Lene Tranberg
□Tietgen Student Housing

蒂特根学生宿舍呈圆环形，有6层。设置在12个区块的客房共360套、4种套型。5个出入口将这个圆形的"碉堡"分成5段，将建筑在外观与功能上分成若干部分，各部分之间由廊桥连接，并提供了从外部到中央庭院的不同的通道。底层公共设施有咖啡厅、礼堂、学习和计算机房、车间、洗衣房、音乐和会议室、自行车停车场。环形建筑的内部是一个大花园，可供休闲散步；内部的房间好似柜子向外突出，以保证有充分的光照。设计在于鼓励住宿学生个人融入社会之中；院子和公共区域，增强了社区的概念。

图100 狭山池博物馆 日本大阪

安藤忠雄 2001
□Tadao Ando □Sayamaike Museum

图101 鲁昂音乐厅和展览中心　法国鲁昂

伯纳德·屈米 1998—2001
□Bernard Tschumi
□Concert Hall and Exhibition Center, Rouen

这个项目的初衷旨在带动整个鲁昂地区21世纪初的经济和文化的双重发展。项目用地位于进入鲁昂地区的一个废置的机场里。在138国道上，拥有70 000个座位的音乐厅尤为引人注目，音乐厅被用来举办摇滚音乐会、政治会议和其他各种各样的活动，广场和6 500 m²的展览中心以网格的方式布局在28.3万 m²的基地内。鲁昂音乐厅和展览中心独特鲜明的造型使得人们在进出鲁昂的高速公路上都可以一眼望见它。

图102 煤气罐住宅　奥地利维也纳

蓝天组 + 让·努维尔等 1995—2001
□Coop Himmelblau + Jean Nouvel, etc.
□Gasometer Town

原煤气罐楼建于1896—1899年之间，所有4座煤气罐大楼都被砖墙包围起来并且盖上了玻璃顶。考虑到它们颇为壮观的轮廓——62 m直径，72 m高，还有拱形的窗户和构造细部，人们会不由地猜测这到底是什么样的建筑。蓝天组保留了原有的围合作为时代的一种标志，并设计了一系列的片段，内部的建筑和原有的墙略微分开，从而提供了竖向的交通空间。连接4座煤气罐的购物中心被盖上一个玻璃的穹顶，看上去似乎是被透明的世界包围着。很明显内部空间才是主要的立面：每个部分都可以通过砖墙上的窗户看到外面的景观。

图103 汉诺威2000年世界博览会天棚　德国汉诺威

托马斯·赫尔佐格及合伙人建筑事务所
2000—2001
□Thomas Herzog & Partner Architekten
□Hannover EXPO 2000 Ceiling

图104 圣雅克布公园球场　瑞士巴塞尔

雅克·赫尔佐格 + 皮埃尔·德·梅隆 1998—2001
□Jacques Herzog + Pierre de Meuron
□St. Jakob Park Station

图105 现代艺术博物馆扩建 奥地利维也纳

奥尔特纳和奥尔特纳 2001

□Ortner & Ortner □MUMOK Extension

维也纳现代艺术博物馆采用玄武岩饰面，坐落在作为展览空间使用的冬季马术学校（Winter Riding School）旁边，建筑师将简洁严谨的现代建筑风格成功地融入巴洛克式建筑环境之中。

图106 瓦莱塞隆教堂 西班牙雷亚尔城

孙·马德里尧斯+胡安·卡洛斯·桑丘·沃辛纳迦 1997—2001

□Sol Madridjos +Juan Carlos Sancho Osinaga □Capilla de Valleacerón

建筑师描述瓦莱塞隆教堂为“裸体设计”，尽管其外形复杂尖锐，不过是一个建筑表皮的结构设计。石块和混凝土处理得犹如折纸平板的作业，设计明显表达出建筑不同寻常与不规则形状之间的良好比例。建筑师说：“我的灵感来自探索将‘天花板和墙壁连成一体的可能性’。”

图107 卢克索剧院 荷兰鹿特丹

博尔斯 + 威尔逊 2001

□Bolles + Wilson □Luxor Theater

卢克索剧院坐落在马斯河和莱茵港之间，透过巨大的伊拉斯谟大桥（Erasmus Bridges）和荷兰电信大厦之间可以看到它的一抹红色。卢克索剧院被水面包围着，呈现出一种海滨的景色与情调。流动的马斯河和忙碌的莱茵港，分别赋予它坚强和活泼的性格。当人们站在桥上或在公路上朝着某个方向漫步行走时，可以感受到在荷兰电信大厦与伊拉斯谟大桥的灯光闪烁中，卢克索剧院在扭曲着。扭曲的外壳像一条中国传说中红色的龙一样，从屋顶开始盘旋，在转弯处转身向下，然后又升上去，在又拐了一个弯之后回到屋顶与自己的尾部汇合。

图108 模糊建筑 瑞士

迪勒、斯科菲迪奥 + 伦弗洛 2001

□Diller Scofidio + Renfro □Blur Building

迪勒和斯科菲迪奥的许多建筑方案很难说是建筑，没有明确的使用功能，没有内外的围合，常常源于建筑师自己界定或假想的命题：具体的场地激发了简单的观念。这个观念虽然是独立于功能以外的东西，是建筑师个人感性的出发点，但它们运用建筑师的思维、手段或方式再把观念表达出来，最后的形式本身就是观念直接呈现的产物。这种建筑创作和实践方式的典型例子便是2002年在瑞士博览会上的“朦胧”临时展示建筑。

图109 格拉斯哥科学中心、全景立体影院

BDP 1995-2001 英国格拉斯哥
□Building Design Partnership（BDP）
□Glasgow Science Centre & IMAX

左侧为福斯特设计的克莱德礼堂（Clyde Auditorum）。

图110 丰田体育馆 日本丰田

黑川纪章 2001
□Kisho Kurokawa □Toyota Stadium

丰田体育馆主要用于球类运动，它是为丰田建市50周年而建的，并且作为2002年世界杯的比赛场馆。主体结构为钢筋混凝土结构与钢结构。

图111 伊甸园项目 英国圣奥斯特尔

尼古拉斯·格雷姆肖 1995—2001
□Nicholas Grimshaw □The Eden Project

伊甸园犹如七个大小不一的水晶球：有的相连；有的分开，散落在山谷之间。水晶球的温室表面，是由一片片的六角形玻璃纤维组成的，从远处看起来就像蜂巢，外貌相当独特。

图112 体验音乐工程博物馆 美国西雅图

弗兰克·欧文·盖里 1996—2001
□Frank Owen Gehry
□Experience Music Project Museum

图113 纽约西时代广场酒店 美国纽约

阿奎泰克托尼克建筑事务所 2002
□Arquitectonica Architects
□Westin Times Square Hotel in New York

阿奎泰克托尼克建筑事务所是由一对夫妻建筑师创立。劳琳达·斯皮尔（Laurinda Spear）1950年出生于美国的迈阿密，她的丈夫伯纳多· 福特· 布莱斯卡（Barnardo Fort Brescia）1951年出生于秘鲁首都利马。该建筑突出了美国通俗文化和一些解构主义的因素，使建筑设计显得非常有趣味性和色彩性，与时代广场和第42大街的特性相符，表现了建筑师时尚的先锋派风格。

图114 滨海艺术中心 新加坡

迈克尔·威尔福德＋DP建筑事务所 2002

□Michel Wilford + DP Architects

□Esplanade–Theatres on the Bay

滨海艺术中心外观呈独特的双贝壳形，表面铺满了折叠的三角形金属板。滨海艺术中心坐落在新加坡市区内的新加坡河入海口，与滨海湾毗邻，拥有2 000个席位的多功能剧院和音乐室、表演室、户外剧场和边缘剧场。

图115 波尔图音乐厅 葡萄牙波尔图

雷姆·库哈斯 2002

□Rem Koolhaas □Casa da Musica

波尔图音乐厅被《纽约时报》建筑评论家尼古拉·奥罗索夫（Nicolai Ouroussoff）誉为与柏林音乐厅和洛杉矶迪士尼音乐厅齐名的百年来最重要的三个音乐厅之一。波尔图音乐厅的形体犹如一个方块体或上或下被削去了多个角，不规则、不对称的外观既鲜明又神秘，颠覆一般人对建筑的视觉印象。有人觉得它怪异，有人则觉得它像一块切割完美的宝石。对这样一个特殊造型，库哈斯的说法是："很多音乐厅设计师都尝试设计一个精彩的方盒子，或者巧妙地把方盒子隐藏起来，但我们却放弃方盒子。"音乐厅更大的挑战在于玻璃材料的使用，过去从没有一个建筑师敢在音乐厅内采用大量玻璃。为了将户外街景及自然光线引入室内，库哈斯巧妙地运用双层波纹玻璃做成帘子般的隔墙，给音乐厅的使用者带来一种独特的视觉体验，最重要的是，它的隔音效果非常好。

图116 石屋 奥地利施泰因多夫

冈特·多米尼格＋阿尔文·波雅尔斯基＋彼得·库克 2002

□Günther Domenig + Alvin Boyarsky + Peter Cook □Stone House

这个被称为石屋的建筑，是在偏远山区景观的概念下设计的建筑师的家和工作室。在这座建筑物的基本要素中，冈特·多米尼格回归自然：水在那里作为一切事物的精魂、土地[还有石块，卡林迪亚（Carinthian）山的巨石]、空气（那间隙，那开阔的空间）和最终的火焰，准备就绪的火箭（在现实中是投射物状的作为用来捕捉水的盆）直接指向家人在费尔德基兴（Feldkirchen）的墓穴。

图117 赫尔河畔金斯顿水族馆 英国赫尔

特里·法雷尔 2002

□Terry Farrell □The Deep，Kingston-upon-Hull

这是英国为迎接千禧年的一个建筑。

图118 伦敦市政厅 英国伦敦

诺曼·福斯特 2002

□Norman Foster □London City Hall

诺曼·福斯特设计的英国伦敦市政厅是一座倾斜的螺旋状的圆形玻璃建筑，位于泰晤士河南岸，与古老的伦敦塔隔河相望，成为泰晤士河畔的标志性建筑之一。新颖的设计使该建筑的象征意义不言而喻：透明办公，民主政府。在广场游览的公众可以直接看到市政厅大楼里的每一个细节。十层大楼仅高45 m，建筑面积12 000 m^2，为500~600名办公人员提供了办公空间。出于环保的考虑建筑南倾3°，以最小的建筑立面接受太阳光照，从而使保持大厦内部温度所用能耗降到最低。

图119 邮政大厦 德国波恩

赫尔穆特·扬 2002

□Helmut Jahn □Post Tower

德国邮政大厦，高162 m，代表了一个新的办公楼设计理念。大厦分为南北两个半壳，中间错开了7.2 m，并通过九层与以玻璃为地板的空中花园相连。这个项目获得了2004年度美国建筑师协会（AIA）国家荣誉奖。"于风中呼吸"形象地比喻了大厦幕墙空隙和楼内空间的平衡的空气流动。大厦通风系统基于大厦的双层幕墙系统和整体能源概念，通过两个半壳之间的空隙实现通风，不用额外补充。办公楼层利用这个空隙作为进气口并以内部空中花园作为排气口，从而省去了送风井，提高大厦的效率。

图120 北德意志银行 德国汉诺威

冈特·贝尼施及合伙人 2002

□Günter Behnisch & Partner

□Norddeutsche Landesbank

图121 帕特里亚尔卡广场 巴西圣保罗

保罗·门德斯·达·洛查 2002

□Paulo Mendes da Rocha

□Praca do Patriarca

巴西建筑师保罗·门德斯·达·洛查（1928—2021年）以设计粗犷开放且与环境融为一体的结构而闻名，也正是这种风格，使他获得了2006年度普利策建筑奖。普利策建筑奖评委的评语是："保罗·门德斯·达·洛查受到现代主义的影响，他同时也大胆运用简单的材料营造出诗意的空间。"

图122 美国民俗艺术博物馆 美国纽约

托德·威廉姆斯 + 比利·齐恩 2002

□Tod Williams + Billie Tsien

□American Folk Art Museum

美国民俗艺术博物馆坐落在谷口吉生设计的奢侈而又高雅的纽约现代艺术博物馆新馆的一侧，虽然它最终将会被这个比它大得多的建筑物所压倒，但是直到目前，这座8层的塔楼一直备受瞩目，这主要是因为它那令人吃惊的金属立面。托德·威廉姆斯说：“我们喜欢把我们的建筑比作现代艺术博物馆腹部纽扣上的一颗宝石，但是我想他们并不一定这么看。”

图123 帝国战争博物馆 英国曼彻斯特

丹尼尔·李伯斯金 2002

□Daniel Libeskind □Imperial War Museum

帝国战争博物馆的灵感来自一个打破的瓷壶的三块碎片，隐喻战争的破坏性。

图124 尤比斯博物馆 英国曼彻斯特

伊恩·辛普森建筑事务所 1996—2002

□Ian Simpson Architects

□Urbis Exhibition Centre

尤比斯博物馆用于企业接待、展览、研讨会及私人宴会等。

图125 布朗利博物馆 法国巴黎

让·努维尔 1996—2002

□Jean Nouvel □Musee du Quai Branly

图126 圣母教堂 美国洛杉矶

拉斐尔·莫内欧 2002

□Rafel Moneo

□The Cathedral of Our Lady of the Angels

图127 塔科马玻璃艺术博物馆 美国塔科马

亚瑟·埃里克森 2002

□Arther Erickson □Tacoma Museum of Glass

图128 罗马音乐厅 意大利罗马

伦佐·皮亚诺 1992—2002

□Renzo Piano □Auditorium Parco della Musica

罗马音乐厅包括四个不同规模的音乐厅，并配置了大量的排演和可换设备，还有一个综合音乐图书馆、一个音乐器械博物馆、CD和活页乐谱商店以及咖啡厅、酒吧和餐馆。第四个音乐厅是露天剧场，造型像碗，这样使得整个布局如同三只甲虫（指室内音乐厅）在一个碗里吃东西而得到统一。

图129 ING集团总部大楼 荷兰阿姆斯特丹

罗伯特·迈耶＋杰罗恩·冯·苏藤 1998—2002

□Roberto Meyer + Jeroen van Schooten

□ING Group Headquarters Building

建筑师巧妙地运用平坦狭长的地势，竖立一座修长而不高的庞然巨物。整座建筑以“自升式钻塔”托起，意喻太空母舰空降地面。配合“V”字形倾向的全玻璃帷幕墙身及圆角钢板包围设计，造型确实大胆奇特。建筑师声称只运用了现代建筑材料去完成这个设计。为方便管理者，开发一条贯通大厦的主线通道，通道以透光玻璃包围，一边隔绝北向高速公路的噪音，另一边阻隔南面的阳光与热能。透过中央电脑自动控制，将自然微风从南边渗入并贯通大厦的室内空间，彻头彻尾打造一个空中花园，并将空中花园搬到大厦顶部的“天台”，空中花园里面包括高级餐厅、休息间、会议间及职员饭堂。

图130 横滨国际港口码头 日本横滨

FOA 1995—2002

□Foreign Office Architects（FOA）

□Yokohama International Port Terminal

横滨国际港口码头是横滨海岸的一处新景观。它的屋顶是一个地形自然起伏的公园，出入口则位于地形的凹陷处。这座让人耳目一新的建筑既没有墙，也没有柱子，所有围合空间的界面全部互相连接——地面延伸之后与屋顶相连。人们从室内可以不知不觉地走到屋顶，又可以登上一个人工的缓坡，眺望横滨港的迷人风景。

图131 莫斯科国际音乐厅 俄罗斯莫斯科

优格·格尼多夫斯基及合伙人 2003
□Yurg Gnedovskiy & Partner
□Moscow International House of Music

图132 华特·迪斯尼音乐厅 美国洛杉矶

弗兰克·欧文·盖里 2000—2003
□Frank Owen Gehry
□Walt Disney Concert Hall

华特·迪斯尼音乐厅位于美国加利福尼亚洛杉矶，是洛杉矶音乐中心的第四座建物，主厅可容纳2 265席。华特·迪斯尼音乐厅是洛城交响乐团与合唱团的团本部。其独特的外观，使其成为洛杉矶市中心南方大道上的重要地标。华特·迪斯尼音乐厅落成于2003年，造型具有解构主义建筑的重要特征和强烈的弗兰克·欧文·盖里扭曲金属片状屋顶风格。

图133 水晶大教堂国际思想中心 美国洛杉矶

理查德·迈耶 2003
□Richard Meier □Crystal Cathedral International Center for Possibility Thinking

水晶大教堂国际思想中心设置了有300个座位的礼堂，广场中有下沉式咖啡馆，中庭巧妙地带来了圆锥形灯笼般的自然光。理查德·迈耶在大部分设计中，采用纯白色的内饰，特别好地把握住天光的本色。但这一次他放弃了白搪瓷板，相反，使用压花不锈钢板，创造了非常精美的外观。

图134 彼得·B. 路易斯大楼 美国克里夫兰

弗兰克·欧文·盖里 2002—2003
□Frank Owen Gehry
□Peter B. Lewis Building

彼得·B. 路易斯是进步保险公司的执行官和主席。这栋大楼造价6 200万美元（路易斯先生支付了3 700万美元），建筑面积1.4万 m^2。路易斯和弗兰克·欧文·盖里交情很深，路易斯曾要盖里为他自家设计住宅，但始终未建成。盖里在毕尔巴鄂的古根海姆博物馆给了这个工程很多灵感，就像在毕尔巴鄂一样，这栋建筑也运用了很多曲线，呈典型的盖里风格。

图135 阿姆斯特丹建筑中心 荷兰阿姆斯特丹

勒内·凡·朱克 2003

□René van Zuuk □Architectuurcentrum Amsterdam（ARCAM）

阿姆斯特丹建筑中心位于纳姆科普博物馆（Nemo Science Museum）与荷兰航海博物馆之间。新的建筑中心是阿姆斯特丹的建筑宝库。狭窄低洼的东码头为建筑师创造了灵感。在这座建筑物面临城市的那一面最壮观的就是它的铝制外壳。它折叠在建筑物之上，形成极其壮观的入口。尽管体积有限，风格含蓄，雕塑般的外形仍使这座建筑成为东码头区地标。

图136 穆尔河之岛 奥地利格拉茨

维多·艾肯西 2003

□Vito Acconci □Mur Island

穆尔河之岛为庆祝“格拉茨2003文化之都”而建立，由美国纽约设计师维多·艾肯西设计，主结构以粗细的银色钢管和玻璃交织成网状，两边各有桥梁串联河岸。从河岸俯瞰，整个螺旋状的小岛就像一个巨大的银色贝壳，被认为是艺术与建筑、梦幻与现实融为一体的经典之作。岛内有室外半圆形剧院（露天表演场）、儿童娱乐场所与咖啡馆。咖啡馆以银、蓝色系搭配不规则状的金属桌椅，相当前卫，是当地人的时髦去处；晚上咖啡馆就成为气氛迷离的酒吧，加上灯光从帷幕透出，使整座建筑光彩夺目。更神奇的是，穆尔河之岛还可以随水位高低而升降，看起来就像一颗在河上游动的闪闪发亮的大贝壳，绚丽灿烂。

图137 玛塔美术馆 德国黑尔福德

弗兰克·欧文·盖里 2003

□Frank Owen Gehry

□Marta Museum

玛塔美术馆造型十分复杂，有多重不同弯曲的白色波浪形钢屋盖，建筑主体的红砖是该地区的典型材料。它有四个不同的建筑空间：博物馆、论坛、中心和咖啡厅，所有这些都是建筑师用雕塑语汇表达出来的。博物馆本身就在这个中心的前面。它包括一个22 m高的屋顶和五个带天窗的画廊。所有的画廊只有一层，让游客能够畅通地在博物馆中观看。游客除了可以观赏艺术品，还可以仰望天空。

图138 快步公园公寓 荷兰布雷达

扎维尔·德·盖迪埃建筑事务所 2001—2003

□Xaveer de Geyter Architects

□Chasse Park Apartments

扎维尔·德·盖迪埃是雷姆·库哈斯的学生。这里原来是一处军事基地，它由五座高层公寓组成，每一栋建筑的不同立面在色彩、材料和设计手法上都截然不同：显露交叉支撑的建筑正立面兼有芝加哥商业建筑的风范与公寓建筑的特征，一面镶贴白色面砖的墙面在阳光照射下熠熠生辉，也与镶贴了绿黑色混凝土板的其他墙面形成了强烈的色彩与质感对比。这座具有雅努斯（古罗马神话的两面神）式外观的建筑随着视线的转移，在外观上呈现出不同的景色，可谓步移景异，引人入胜。

图139 麻省理工学院梅迪亚中心 美国剑桥

弗兰克·欧文·盖里 2003

□Frank Owen Gehry □Ray & Miria Stata Center, MIT

波士顿环球报专栏作家罗伯特·坎贝尔（Robert Campbell）2004年4月25日写道："梅迪亚中心看上去总是没有完成，好似就要倒塌。可怕的倾斜角度，墙在摇动，并随机地随着曲线和角度碰撞。各种不同材料堆积，砖、镜面不锈钢、拉丝铝、鲜艳的涂料、金属波纹，一切都是即兴拼凑的，仿佛要在最后时刻将它抛弃。"梅迪亚中心的出现是对自由大胆的比喻，其中有不少创造性的研究。该中心也被视为"最热门的建筑"。

图140 罗马朱比利教堂 意大利罗马

理查德·迈耶 1996—2003

□Richard Meier □Jubilee Church in Rome

21世纪来临之际，为了纪念耶稣基督的第2 000个生日，罗马教区牧师协会决定在距离罗马市中心9.6 km的托特莱特斯特区建设一座新的天主教堂，教会决定这个教堂将由国际竞赛决定设计方案。在6位国际顶级建筑师的方案中，理查德·迈耶赢得了胜利，他的方案像由许多风帆围抱着母亲的乳房。也许这个方案是别人从来没有提出过的，他赢得了竞赛：教堂表现了对信众们热情的拥抱和接待，有一种回家的感觉。这就是典型的表现主义设计手法。

图141 联邦广场 澳大利亚墨尔本

实验建筑工作室 + 贝茨·司麦特 1997—2003

□LAB Architecture Studio + Bates Smart

□Federation Square

联邦广场是整个墨尔本城新鲜活力的展示中心，11栋建筑似乎可用诡异奇特来形容；大面积不规则、不平行的构图，突兀的外观让人产生错觉，它像是没完工或者是随意搭建的积木。

图142 塞尔福瑞吉百货大楼 英国伯明翰

未来系统 / 简·凯普里奇 + 阿达曼·莱维特 1999—2003

□Future Systems / Jan Kaplicky + Amada Levete □Selfridges Building

作为一栋位于闹市区的商业建筑，塞尔福瑞吉百货大楼外观呈流线形，波浪般起伏的外墙由15 000片铝制碟片覆盖，仿佛银光闪闪的鳞片，前卫奇异的造型吸引了大批顾客。

图143 青山普拉达旗舰店 日本东京

雅克·赫尔佐格 + 皮埃尔·德·梅隆 1999—2003

□Jacques Herzog + Pierre de Meuron

□Prada Store, Aoyama

图144 格拉茨文化馆 奥地利格拉茨

彼得·库克 + 科林·福涅尔 2002—2003

□Peter Cook + Colin Fournier □Kunsthaus Graz

库克是阿基格拉姆的主要倡导者之一，格拉茨文化馆形象地表现了阿基格拉姆中“非建筑”的设计理念。奥地利古怪的新艺术中心，以蓝色的塑料玻璃拼贴而成，当地人亲切地称之为“友善的外星人”。坐落在格拉茨市中心的超现实主义建筑与红顶尖塔的古堡、钟楼形成强烈的反差，成为格拉茨最经典的标志景观。

图145 矿业同盟设计管理学院 德国埃森

SANAA建筑事务所 2003

□SANAA Architects

□Zollverein School of Management and Design

大小不一随机分布的窗户是该建筑的特点。

图146 表参道TODS名牌服装店 日本东京

伊东丰雄 2004

□Toyo Ito □TOD' S Store Omotesando

图147 西雅图公共图书馆 美国西雅图

雷姆·库哈斯 +约书亚·普林斯－拉默斯 2004

□Rem Koolhaas + Joshua Prince-Ramus

□Seattle Public Library

西雅图公共图书馆是美国西雅图公共图书馆系统的旗舰馆。它位于市中心，是一幢由11层（56 m高）的玻璃和钢结构组成的建筑。建筑的外皮既是现代建筑的象征，又具有未来派建筑的风格，内部还有一些秘密的读书区域。 游人可以在建筑中一睹皮吉特海峡的风采。

图148 纽约现代艺术博物馆新馆 美国纽约

谷口吉生 2002—2004

□Yoshio Taniguchi

□New Museum of Modern Art in New York

在1929—1939年间，纽约现代艺术博物馆就迁移了三次，直到1939年5月10日才正式在目前馆址安居。纽约现代艺术博物馆的主体建筑，在当时是由建筑师菲利普·葛文（Philip Goodwin）和爱德华·德雷尔·斯顿（Edward Durrell Stone）设计的，外观具有典型国际风格的水平与垂直线条。新馆成为纽约市中最昂贵的博物馆之一，然而批评声不断：新馆的外观不过是一个中规中矩的现代建筑。

图149 欧盟总部新贝尔莱蒙大楼 比利时布鲁塞尔

皮埃尔·拉勒曼德 + 史蒂芬·贝克斯 + 维尔弗里德·凡·康本霍特 2004

□Pierre Lallemand + Steven Beckers + Wilfried van Campenhout □New Berlaymont Building, European Commission Headquarters

欧盟总部设在比利时首都布鲁塞尔法律大街200号一座“十”字形的大厦内。呈“X”字形的贝尔莱蒙大楼是比利时首都布鲁塞尔最具象征意义的建筑物，1967年落成，由于贝尔莱蒙大楼在建筑时大量采用了石棉这种危害健康的材料，1990年7月，比利时政府和欧盟共同决定对贝尔莱蒙大楼进行彻底去除石棉和整体翻新工程。1991年4月，开始对贝尔莱蒙大楼进行翻新。2004年9月，欧盟总部新贝尔莱蒙大楼的主体工程、外部装饰、内部装修全面完成。该大楼是在原欧盟总部大楼基础上改建而成的。欧盟总部新贝尔莱蒙大楼与布鲁塞尔现址欧盟总部隔路相对。2004年11月1日，欧盟委员会主席及25位委员开始在这里办公。

图150 斯波伦堡-博尼奥大桥 荷兰阿姆斯特丹

West 8 / 艾德里安·古兹 1998—2004

□West 8 / Adrian Geuze

□Sporenburg-Borneo Bridge

斯波伦堡-博尼奥大桥在阿姆斯特丹向人们表明如何在最不讨人喜欢的地方营造出浪漫温馨的景观。它利用一组高架桥下被人遗忘的消极空间来营造公园，灯光照亮了高架桥的底面，一块块的绿地编织成抽象的图案，共同创造出一个神奇的都市公园。

图151 太阳塔楼 瑞士苏黎世

马克思·杜德勒 2004

□Max Dudler □Sunrise Tower

图152 科特布斯大学图书馆 德国科特布斯

雅克·赫尔佐格 + 皮埃尔·德·梅隆 2004

□Jacques Herzog + Pierre de Meuron

□Cottbus University Library

将各种不同文字印在玻璃外皮上是该建筑一大特色。

图153 安联球场 德国慕尼黑

雅克·赫尔佐格 + 皮埃尔·德·梅隆 2001—2004

□Jacques Herzog + Pierre de Meuron

□Allianz Arena

图154 麻省理工学院西蒙思大厦 美国剑桥

斯蒂芬·霍尔 2004

□Steven Holl □Simmons Hall, MIT

像一栋墙上有许多孔洞的麻省理工学院西蒙斯大厦，据说是建筑师斯蒂芬·霍尔某天早晨洗澡时从海绵得来的灵感。海绵上有许多孔洞把水吸了进去再释放出来，形体又回复原状。麻省理工学院西蒙斯大厦“吸”的可不是水而是光，白昼将自然光引进，夜里室内光得以外放，夜以继日，形体不曾改变，也无一分损耗，但却滋养着每一位使用者和过往行人。

图155 圣何塞市政中心 美国圣何塞

理查德·迈耶 2004

□Richard Meier □San Jose City Hall

圣何塞市政中心是一个包括7个街区的新旧建筑混合的开发区的核心建筑。新、旧建筑通过街道、人行道、广场、庭院和喷泉相互连接成一个整体。该市政中心工程包括一个主体市政圆形大厅和外部广场以及一座高18层的内含接待中心、城市公寓和地下停车场的办公大楼。广场的焦点是一个拥有透明玻璃拱顶的通道走廊，它足有8层楼高，成为市政府建筑最醒目的标志。虽然玻璃圆形大厅采用现代建筑形式和建筑材料，但它依然让人联想到传统市政建筑的穹顶。圆形大厅里能够举办大型公众活动，例如讲座、音乐会和展览会。界定公众广场的曲形墙与圆形大厅共同把建筑各部分连成一体。

图156 乌得勒支大学图书馆 荷兰乌得勒支

威尔·阿瑞兹 2003—2004

□Weil Arets □Utrecht University Library

在外观上，图书馆的公共空间由半透明印花玻璃所包围，而同样花纹的黑色混凝土部分则是藏书区。选用印花玻璃，除了将自然光引进增加室内的明亮度外，也可减少阳光的直接渗透影响阅读，并塑造出一种木纹质感以增加空间的舒适度。

图157 西商业广场 韩国首尔

UN工作室 2004

□UN Studio □Galleria Hall West

西商业广场外观与伯明翰塞尔福瑞吉百货大楼相似。

图158 安大略艺术设计院扩建 加拿大多伦多

威尔·艾尔索普 2000—2004

□Will Alsop □Ontario College of Art and Design Extension

图159 T移动中心 奥地利维也纳

冈特·多米尼格 2002—2004

□Günther Domenig □T-Mobile Center

T移动中心不仅是一栋办公楼，还是一个大型雕塑。建筑师冈特·多米尼格希望建立一个280 m长的水平摩天楼，于是它成为维也纳最独特的办公楼。

图160 千禧年公园肾形豆 美国芝加哥

阿尼什·卡普尔 2003—2004

□Anish Kapoor □Kidney Bean, Millennium Park

千禧年公园肾形豆是最典型的标志之一。

图161 联合利华办公楼 荷兰鹿特丹

JHK 2004

□James Howard Kunstler（JHK）

□Unilever Building

联合利华办公楼的设计概念源于业主的一个要求：新办公楼要与左侧的联合利华工业园区联系起来，且具有时代性和创新性。设计试图创造一个独特的漂浮的办公建筑，使其本身成为城市网格的一部分。

图162 圣盖茨黑德音乐中心 英国盖茨黑德

诺曼·福斯特 1997—2004

□Norman Foster

□The Sage Gateshead Music Center

由福斯特设计的圣盖茨黑德音乐中心，已经成为泰恩河边的新地标。螺蛳般起伏的圆弧外形和环境相呼应，表面的金属和玻璃幕墙使它在泰恩河畔十分耀眼。建筑内部设备先进，主要分为三个大厅。第一个大厅具有先进的技术设备，提供民族音乐、爵士与蓝调表演场地，并可以容纳1 650人。第二个大厅为民族音乐、爵士乐和室内乐提供非正式的表演场地，不超过400人的座位安排灵活。第三个大厅是一个大排练厅，含咖啡厅、酒吧、商店及一个信息中心和售票厅。大堂是一个重要的公共空间，可以作为休息室等空间使用。

图163 苏格兰国会大厦 英国爱丁堡

RMJM + EMBT 1999—2004

□RMJM + EMBT

□Scottish Parliament Building

图164 米兰新交易会 意大利米兰

马西米利阿诺·福克萨斯 2005

□Massimiliano Fuksas

□Nuova Fiera di Milano

米兰新交易会是欧洲最大的建筑之一。该项目由一个巨大的覆盖屋顶结构，连接起服务中心、办公室和各个展厅，形成了展览会的中轴线。整个网格是起伏的轻质结构，表面积超过46 000 m²，有32 m宽，1 300 m长。菱形钢片网状结构通过球形节点和通过下面附加夹层玻璃覆盖将展览场地连成一片，好似在自然景观中出现的“陨石坑”“波”和“沙丘”。

图165 哥本哈根剧院 丹麦哥本哈根

海宁·拉尔森 2005

□Henning Larsen □Copenhagen Opera

这个临海的庞然大物基本呈正方形，四面都是玻璃幕墙，巨大轻盈的挑檐十分显眼；屋檐正面是一个鼓出来的圆形结构，赞助商摩勒要求海宁·拉尔森在这个玻璃方盒子的立面，加上横向的金属线条，效果却很有争议。对于挑出的大屋顶，批评的声音也非常强烈，说这个大屋顶好像是法国建筑家让·努维尔设计的巴黎爱乐音乐厅（Philharmonie）的屋顶。

图166 苏格兰会展中心 英国格拉斯哥

诺曼·福斯特 2004—2005

□Norman Foster

□Scottish Exhibition & Conference Centre

苏格兰会展中心毗邻克莱德河，是苏格兰举办大型公众活动的官方场所，也是整个英国最大的综合性展览会议中心。此建筑于1997年竣工。苏格兰会展中心拥有5个展厅，面积从700多 m²到1万 m²不等，可以举办各类展览。更让组展商和参展商满意的是，各展厅之间的隔离墙是可移动的，只要客户提出要求，展厅面积可以随意调整，最大可以“扩容”到近2万 m²，为展会组织者提供了极大的便利条件。苏格兰会展中心在许多世界级的设施之上，2005年又增加了一个广受好评的克莱德礼堂（Clyde Auditorium）。克莱德礼堂可容纳3 000人集会，是格拉斯哥市现代建筑的重要标志之一。克莱德礼堂的绰号“犰狳”（The Armadillo），可以比较好地从一个层面反映设计者的灵感来源。

图167 保罗·克利博物馆 瑞士伯尔尼

伦佐·皮亚诺工作室 1999—2005
□Renzo Piano Studio □Paul Klee Museum

保罗·克利博物馆在高速公路旁边的中心更像一座连接在一起的厂房。中心顶部由三个巨浪形顶盖组成，给人以强烈的视觉冲击，而中心主体则全部“镶嵌”在坡内并向下延伸，与绿草茵茵的山坡浑然一体。中心从这位不折不扣的“瑞士艺术家”的10 000件作品中精选出4 000幅展出。光线、虚浮及自然是保罗·克利作品中的三大元素，也正是这三个元素启发了建筑师伦佐·皮亚诺。他认为，每一座博物馆都是用来保护艺术品的。在体现庄重的同时，还要创造出一个让人沉思的环境，因为博物馆是一个欣赏艺术品内在关系的地方。

图168 朗根洛伊斯路易希姆酒店 奥地利维也纳

斯蒂芬·霍尔 2005
□Steven Holl □Loisium Visitor Centre and Hotel in Langenlois

像地球一样的颜色，融入周围的环境，有良好的自然采光、特殊的几何形状、穿孔铝墙壁天花板和玻璃面板。“私人园地暨公共场所设计”（Private Plots & Public Spots）是当代花园设计界的一项国际性活动，它是由下奥地利州的生活质量联盟协会“花园中的自然”[Nature in Garden，托马斯·尤伊贝尔（Thomas Uibel）、托马斯·巴拉切（Thomas Balluch）]和政府代表马格·沃尔夫冈·索泊卡（Mag Wolfgang Sobotka）发起的。2007年，第二届设计竞赛在奥地利朗根洛伊斯地区的路易希姆酒店举行。朗根洛伊斯（Langenlois）是下奥地利州的一个迷人小镇，位于维也纳西北方向约100 km的地方。它非常符合发起人的要求：与维也纳相邻，拥有由美国建筑师斯蒂芬·霍尔设计的路易希姆酒店葡萄酒和温泉度假村；在那里人们可以品尝瓦豪地区的葡萄美酒，享受乡村景观的休闲惬意。

图169 柯梅尔表演艺术中心 美国费城

拉斐尔·维诺里建筑事务所，2005
□Rafael Vinoly Architects
□Kimmel Center for the Performing Arts

图170 瓦尔克艺术中心扩建 美国明尼阿波利斯

汤姆·梅恩 2005
□Thom Mayne
□Walker Art Center Extension

图171 惠特尼水净化厂和公园 美国纽黑文

斯蒂芬·霍尔 2005
□Steven Holl □Whitney Water Purification Facility and Park

惠特尼水净化厂采用不锈钢外观、地源加热和冷却系统、可回收材料、自然通风。

图172 奥都诺博物馆扩建 丹麦哥本哈根

扎哈·哈迪德 2005
□Zaha Hadid
□Ordrupgaard Museum Extension

图173 诺华校园3号办公楼的遮阳玻璃

迪纳建筑事务所 2005 瑞士巴塞尔
□Diener Architects
□Forum 3 Office Building at Novartis Campus

迪纳建筑事务所1942年由马库斯·迪纳（Marcus Oiener）创立，1980年由他的儿子罗杰·迪纳（Roger Diener）所继承，并在后者的手中大放异彩。年轻的罗杰·迪纳运用严谨、朴素的建筑语言，将一个不知名的事务所变为一个受人尊重的建筑设计机构，其在国内的声望仅次于大名鼎鼎的雅克·赫尔佐格和皮埃尔·德·梅隆。

图174 卢森堡爱乐音乐厅 卢森堡

克里斯蒂安·德·波特赞姆 2005
□Christian de Portzamparc
□Philharmonie Luxembourg

建筑师构思了这幢椭圆形的建筑。在其外围密布着的832根钢柱构成了柱廊式的屏风外立面，并支起了一个圆形屋顶。在建筑物的正面，建筑师扩大了立柱间的距离，使之成为与肯尼迪大道并行的音乐厅入口。两个壳状的金属复合板矗立在主体结构两侧。其中一个正切曲线外壳，用于指导来客从地下停车场进入内庭；另一个向上的外壳，则是室内音乐厅的顶棚。音乐厅长宽分别为126 m和109 m。音乐厅已成为卢森堡欧洲广场的一栋标志性建筑。

图175 美丽都大厦 西班牙马德里

MVRDV 2005

□MVRDV □Edificio Mirador

美丽都大厦的高度为63.4 m（21层楼住房）。建筑最引人注目的一点是在正中央36.8 m的高度，开辟了一个社区花园。正面9个区域色彩和建筑材料的多样性给建筑带来了后现代主义的勃勃生机。

图176 智利天主教大学连体塔楼 智利圣地亚哥

亚历杭德罗·阿拉维纳 2005

□Alejandro Aravena □Siamese Towers of Universidad Católica de Chile

连体塔楼位于智利圣地亚哥的圣华金校区，其功能为大学教室和办公用。连体塔楼在外层利用了玻璃的优点，虽然这种做法在能源上非常无益，但能很好地抗风化。然后再在内层设计一座高效节能的楼宇，楼宇的表皮是一层非常节能的纤维水泥，与外表皮之间形成空气层，让空气在两者之间自由流动。热空气对流形成了一股垂直的风，并由文丘里效应在建筑物“腰部”形成加速，不良热增益在到达里面的内层建筑物之前就被清除了。建筑师亚历杭德罗·阿拉维纳（1967年—）荣获2016年度的普利策建筑奖。

图177 VM住宅 丹麦哥本哈根

PLOT（BIG + JDS）建筑事务所 2005

□PLOT（BIG + JDS） Architects

□VM House

VM住宅是两幢相邻而独立的住宅楼，从平面看他们好似字母“V”和“M”。VM住宅位于哥本哈根的新城区奥雷斯塔德（Orestad）。玻璃和钢筋组成的大楼、酷的外形配合冷色调的外观，让人完全不能想象这是一座住宅大楼。住户全部都拥有全面式落地窗、挑高的空间，让住户充分享受阳光和空气。VM住宅设计了一个个倾斜尖锐的三角形阳台，更让人诧异的是每一户的宽度和高度都不完全相同，住户可以设计自己风格的房子。建筑不一定规规矩矩，也可以是一座雕塑品。

图178 菲诺科学中心 德国沃尔夫斯堡

扎哈·哈迪德 2000—2005

□Zaha Hadid □Phaeno Science Center

菲诺科学中心作为现代建筑史上的一大成就，其造型与结构在德国几乎可以说是史无前例的。整个中心就像一艘漂浮在沃尔夫斯堡上空巨大的宇宙飞船。船头两侧的墙体形成了挺拔的锐角，笔直地扬上天际，又像破冰船，异常尖锐，气势凌人。6.7万 m^{2}的甲板、2.7万 m^{3}的混凝土块、2 000根钢梁、600 km长的钢索，共同成就了这艘举世闻名的“天外建筑”。

图179 普拉特建筑学院希金斯厅 美国纽约

斯蒂芬·霍尔 2005
□Steven Holl □Higgins Hall，Pratt Institute School of Architecture

希金斯厅采用混凝土框架结构。木板框架结构围合的玻璃、透明玻璃地板、自然采光天窗、半透明绝缘体在夜间照明中发光。

图180 宾兹穆勒住宅楼 瑞士苏黎世

贾斯特斯·达辛登 2005
□Justus Dahinden □Binzmuehle House

图181 宝马汽车公司中央大楼 德国莱比锡

扎哈·哈迪德 2003—2005
□Zaha Hadid □BMW Central Building

图182 柏林中央火车站 德国柏林

挪威建筑事务所空间组 + 冯·格康 2006
□Norway Architects Space Group + von Gerkan □Berlin Central Station

柏林中央火车站占地1.5万 m^2，目前是欧洲最大的火车站，每天有超过1 100列火车进出，可接送30万旅客。5层钢玻璃结构构成车站的主体，但造型轻巧别致，半透明屋顶由9 117块玻璃面板拼成。该建筑继帝国议会大厦和勃兰登堡门后成为柏林第三座地标性建筑。火车站有如机场航站楼，地面轨道长320 m，地下月台长450 m，拥有80多家商店。连接巴黎和莫斯科的东西线列车从高出地面12 m处进出，而连接哥本哈根和雅典的南北线则在地下15 m深处通过。

图183 赫斯特大厦 美国纽约

诺曼·福斯特 2003—2006

□Norman Foster □Hearst Tower

赫斯特大厦位于纽约曼哈顿西57街和第8大道交界处，是美国最大的综合媒体集团之一——赫斯特集团（Hearst Corp）的总部大楼，是纽约第一座在启用时获得美国绿色建筑委员会能源与环境设计认证（Leadership in Energy and Environment Design, LEED）黄金级别认证的写字楼，也是“9·11”事件后纽约第一座破土动工的摩天大楼。赫斯特大厦高182 m，是在赫斯特集团下属传媒集团采编大楼旧建筑的基础上修建而成。所以底部保持历史旧貌，成为建筑的方形底座。而主体则极具现代气息，建筑轮廓线明晰而且极具表现力，在纽约市中心的地平线上勾勒出了一道亮丽的风景。

图184 格斯里剧院 美国明尼阿波利斯

让·努维尔 2006

□Jean Nouvel □Guthrie Theater

图185 布朗克斯艺术博物馆 美国纽约

阿奎泰克托尼克建筑事务所 2006

□Arquitectonica Architects

□Bronx Museum of the Arts

布朗克斯艺术博物馆采用不规则的玻璃和金属板折叠幕墙，其中玻璃为半透明玻璃。

图186 美洲杯帆船赛馆 西班牙巴伦西亚

大卫·奇普菲尔德 2006

□David Chipperfield □America' s Cup Pavilion

图187 阿尔梅勒时装中心办公楼和军火市场大楼

KOW 建筑事务所 2006 荷兰阿尔梅勒

□KOW Architecten □Almele Fashion Center Office Building and Arms Market Building

图188 莫旦姆现代艺术博物馆 卢森堡

贝聿铭 2006

□Ieoh Ming Pei □Mudam Museum of Modern Art

贝聿铭设计的卢森堡新的莫旦姆现代艺术博物馆从来没有遭到非议。但是这座优雅的几何形状的博物馆项目已经进行了17年，保守的公爵领地国还是没有接受它。起初是博物馆选址问题，直到1997年才定下在廷根堡（Fort Thüngen）修建，并和旁边的要塞博物馆连接。施工从1999年开始。但博物馆的麻烦没有完，博物馆的石料问题浮出表面。贝聿铭坚持用蜜色的法国石料，但招致了4年的法律纷争，项目被一再推延。贝聿铭说："原先的想法是推陈出新，但后来变成保留一切，在原本设计为背面的地方开了一个入口。"19世纪的要塞废墟得到了保护，从某种角度看，博物馆的外部本身就像一座城堡。顶部有一个棱角分明的100 ft（约33.22 m）高的玻璃炮塔，它使得主楼层充满光线。底层有一个大会堂和两个小型画廊，二层的较大的画廊顶部透光。2007年卢森堡获得"欧洲文化首都"的荣誉，博物馆为它增色不少。

图189 香榭丽舍大街雪铁龙专卖店 法国巴黎

曼纽勒·戈特德 2006

□Manuelle Gautrand

□Espace Citroen，Champs Elysées

结合创新的架构，引人注目的风格和大胆的设计方法，不但体现了雪铁龙品牌丰富的历史和当代的愿景，也为巴黎香榭丽舍大街增添了一栋新的地标性建筑。

图190 马德里巴拉加斯机场 西班牙马德里

理查德·罗杰斯建筑事务所 + 拉梅拉建筑事务所 2006

□Richard Rogers Architects + Lamela Estudio

□Aeropuerto de Madrid Barajas

马德里巴拉加斯机场除新建两条飞机跑道外，将宽广的航站楼终端建筑一分为二，由地铁相互联系。建筑内一片透明，传统的墙壁均由玻璃落地窗取代，人们可以在机场内从任何角度看到外面的景象。贴着竹片的屋顶有数十个天窗，能让自然光透射进来。

图191 曼哈顿天镜 美国纽约

阿尼什·卡普尔 2006

□Anish Kapoor □Sky Mirror, Manhattan

暂时安放在洛克菲勒中心的“天镜”，将曼哈顿的摩天大厦收在镜中。阿尼什·卡普尔一直勤勉地发展着自己的公共艺术语言，天镜内的城市建筑语汇创作的伦纳德大街（Leonard Street）变了形体，还反映和排斥着它的环境，将天空拉低至地面，同时其边缘又荒诞地扭曲着运动中的城市画面。

图192 当代艺术研究所 美国波士顿

伊丽莎白·迪勒 + 里卡多·斯科菲迪奥 2006

□Elizabeth Diller + Ricardo Scofidio

□Institute of Contemporary Art

大楼梯置于建筑外部，室内剧场包裹在三面玻璃之中，画廊像个华盖架浮动在主体结构之上。来自纽约的这对夫妻建筑师组合游弋在建筑与艺术、工程营造与概念设计之间的灰色地带。由于早期热衷于空虚体量、装置艺术和表演，他们被称为杜尚主义建筑师，他们的作品也只能流于概念和想象。当代艺术研究所想要进行新尝试的胆量与野心为造就一个与众不同的当代博物馆提供了契机。在设计中，公共部分自地面向上而建；艺术空间则自上而下而建。如建筑师所言：“博物馆想要内向，而基地想要让建筑外向。这幢建筑必须有双重视景。”因此，最终的建筑是“一个自我意识很强的想要被看的物体”，同时也是一架“机器”。这与2002年为瑞士世界博览会设计的“朦胧建筑”（Blur Building），已不可同日而语

图193 新梅塞德斯-奔驰博物馆 德国斯图加特

UN工作室 2005—2006

□UN Studio □Mercedes-Benz Museum

新梅塞德斯-奔驰博物馆称得上是建筑业的又一杰作，它由世界著名建筑师本·凡·伯克尔（Ben van Berkel）和卡罗林·博斯（Carolirle Bos）夫妇创立的UN工作室设计，运用了最新的建筑技术，从而实现了极为复杂的博物馆几何结构。从草案初稿到完工，建筑设计图都基于三维数据模型。据了解，这个三维数据模型在施工阶段更新了50多次，共制作了35 000张施工图。建筑亮点包括能够承载10辆载重车、33 m宽的无柱空间，以及“螺旋结构”。外窗使用了各不相同的1 800块三角形窗格玻璃。

图194 超级电脑塔楼 西班牙巴塞罗那

EMBT建筑事务所 / 安瑞克·米拉莱斯 + 拜内带特·塔格梁布 2006

□EMBT Architects / Enric Miralles + Benedetta Tagliabue □Mare Nostrum Tower

超级电脑塔楼高86 m，共22层楼，外观完全由玻璃覆盖。它设计独特，建成后立即成为巴塞罗那市最壮观、最典型的标志之一。

图195 丹佛艺术博物馆 美国丹佛

丹尼尔·李伯斯金 + 奥维·阿勒普 2001—2006

□Daniel Liebeskind + Ove Arup

□Denver Art Museum

图196 俄罗斯塔 俄罗斯莫斯科

诺曼·福斯特及合伙人 + 霍尔沃森及合伙人 2007—2012

□Norman Foster & Partner + Halvorson & Partners □Russia Tower

俄罗斯塔是欧洲最高的绿色建筑。这是一个未完成的超高层摩天大楼，用于莫斯科国际商务中心，计划高度为612 m，为欧洲最高的摩天大楼。2007年9月开始建设，并计划于2012年完成。俄罗斯塔的结构总面积52万 m^2，其中38%（约20万 m^2）位于地下。俄罗斯塔有118层、101部电梯，地下停车场可容纳3 680辆汽车，零售商店设在大厦的基础部分。因财政困难，该项目于2008年11月停工；2009年2月，宣布暂停，现在看来不大可能建成原来的形式的塔。

图197 卡米诺皇家酒店 墨西哥蒙特雷

里卡多·列戈瑞达 2007
□Ricardo Legorreta □Camino Royal Hotel

图198 大急流城艺术博物馆 美国大急流城

WHY建筑事务所 2007
□WHY Architecture
□Grand Rapids Art Museum

大急流艺术博物馆的巨大的遮阳篷、自然光、百叶、灯笼天窗、独特的几何形状是它的特点。

图199 波尔塔美洲饭店 西班牙马德里

让·努维尔等 2006—2007
□Jean Nouvel, etc. □Puerta America Hotel

图200 GYRE表参道购物中心 日本东京

MVRDV 2007
□MVRDV
□GYRE Omotesando Shopping Centre

环流，也被称为涡流。5个相同的矩形板块绕着垂直轴旋转，再进行修剪，以配合表参道街头的场地景观。

图201 2008年世界博览会西班牙馆阿拉贡亭子

奥拉诺和门多建筑事务所 2007 美国芝加哥
□Olano & Mendo Architects □Aragon Pavilion，Spanish Pavilion, EXPO 2008

2008年世界博览会的申办主题为“水和可持续发展”，主要展出与水以及与可持续发展有关的产品，如水力发电设备、节约用水设备、净化水设备以及有利于城市可持续发展的淡水处理和循环利用设备等。西班牙馆外表像一个篮子，展览名称为“水与未来”，展示阿拉贡地区与水之间关系的演变。

图202 代尔夫特理工大学地理系大楼

珍妮·迪克尔斯 2007　　荷兰代尔夫特

□Jeanne Dekkers □Department of Geography Building, Delft University of Technology

代尔夫特理工大学地理系大楼的一端，建设了一座外形怪异的新大楼。大楼的外墙被刻成槽型，并采用了新式玻璃幕墙，上面印有图案，好似一种烙印。

图203 南华街蓝鳍大厦　　英国伦敦

埃利斯 + 莫里森建筑事务所 2007

□Allies & Morrison Architects

□Blue Fin Building, Southwark Street

蓝鳍大厦外观有300种超过2 000片的蓝色的铝翅片，这些金属片在波兰生产。在一天不同的时段，随着阳光的变化，金属片会反射出不同的色彩。

图204 BCN论坛大楼　　西班牙巴塞罗那

雅克·赫尔佐格 + 皮埃尔·德·梅隆 2005—2007

□Jacques Herzog + Pierre de Meuron

□BCN Forum Building

BCN论坛大楼采用独特的三角形造型和结构。侧面反光材料影响了空间，水覆盖的屋顶是该建筑的特点。

图205 阿戈拉剧院　　荷兰阿姆斯特丹

UN工作室 2007

□UN Studio □Agora Theater

UN工作室是由本·凡·伯克尔和卡罗林· 博斯夫妇组成的荷兰建筑师组合，它于1988年成立。他们有影响的作品是鹿特丹著名的伊拉斯莫大桥（Erasmusbrug）。

图206 新卫城博物馆　　希腊雅典

伯纳德·屈米 2000—2007，2009正式开馆

□Bernard Tschumi

□New Acropolis Museum

新卫城博物馆由100多根混凝土柱支撑，柱子上面则是由若干三角形和长方形的立面组成的三层建筑。整个建筑内部结构与帕特农神庙的内殿完全相同。伯纳德·屈米此前表示，他的设计理念是赋予博物馆光感、动感和层次，用最先进的现代建筑技术还原一座朴素而精湛的古希腊建筑。

图207 奥斯汀市政厅 美国奥斯汀

安东尼·普雷达克等 2007

□Antoine Predock etc. □Austin City Hall

新的奥斯汀市政厅和公共广场坐落在奥斯汀市中心镇湖（Town Lake）的仓库区边角上。这个项目用石灰石、铜、玻璃、水和遮阳板搭配景观，设计出城市的起居室。圆形剧场用光电板格架遮挡太阳，并提供给建筑10%的能源。此外保证地下停车场通风系统的风量能够及时排除CO_2和CO。该建筑节约了大量能源，以其创新特点赢得了美国LEED黄金级别认证。

图208 蓝塔住宅大楼 美国纽约

伯纳德·屈米 2004—2007

□Bernard Tschumi □Blue Residental Tower

位于纽约下东城的蓝塔住宅大楼，插入周围比较低矮的建筑物中，以一个折中的姿态形成一道似乎有些孤独凄凉的天际线。

图209 曼哈顿新现代艺术博物馆 美国纽约

SANAA建筑事务所 2007

□SANAA Architects

□New Museum of Contemporary Art

这座带有闪耀网格外墙的建筑被戏称为“奶酪磨碎机”，由条形金属带编织层的网状建筑表皮创造了一种现代文化艺术新语汇、富有个性的新场所。新艺术博物馆将不仅是一座博物馆，还是一个文化中心，一个进行讨论和娱乐的地方，其他机构也可在此举办活动。

图210 北京SOHO尚都办公楼 中国北京

实验建筑工作室 / 彼得·戴维森 2007

□LAB Architecture Studio / Peter Davidson

□SOHO Shangdu Office Building

表面玻璃和铝板结构以4 m悬臂的倒三角进行热控。

图211 联邦大厦 美国旧金山

汤姆·梅恩 2003—2007

□Thom Mayne □Federal Building

旧金山联邦大厦以节能、环保、绿色著称，70%以上的面积可以依靠自然通风而不需要空调。这一切主要依靠大楼的表皮，大楼表皮为特制钢网结构，不仅可以遮蔽阳光，还可以折叠。大楼通过计算机控制特定的遮阳技术来改善室内环境，减少温度变化以及对空调的需要。大楼还利用自然通风，调整楼内气温。

图212 IAC总部大楼 美国纽约

弗兰克·欧文·盖里 2004—2007

□Frank Owen Gehry □IAC Headquarters Building

IAC总部大楼有9层高，将绝缘及特殊的涂层和图案植入混凝土结构的玻璃幕墙中，具有提高能源效率的作用。

图213 苏州博物馆 中国苏州

贝聿铭 2002—2007

□Ieoh Ming Pei □Suzhou Museum

贝聿铭在建造这座现代建筑的同时，有意识地通过博物馆设计将中国民族精神细微地表现出来。在整个博物馆的外部，白墙灰顶不仅仅被视为苏州城市建设使用的传统色系，而且暗示强调了园林的重要程度。贝聿铭希望他设计的博物馆能够促进和激励新一代的有关于中国特有的现代建筑设计思潮。贝聿铭在苏州市所选取的五处基地中，坚持要将博物馆建在拙政园边上，这体现了他对保护文物的战略眼光。

图214 奥斯陆歌剧院 挪威奥斯陆

索赫塔建筑事务所 2004—2008

□Snøhetta Architects □Oslo Opera House

索赫塔建筑事务所包括三个事业上的搭档：美国的克雷格·戴克斯（Craig Dykers）、克里斯托夫·卡普勒（Christoph Kapeller）和克雷蒂尔·索尔森（Kjetil Thorsen）。新的歌剧院在设计上考虑到其所在的海湾位置，倾斜的边缘看上去像冰山一样。歌剧院有1 000间房间，其立面用3 500块意大利卡拉拉大理石覆盖，主大厅中的装饰灯用了17 000块玻璃。耗资8亿美元的奥斯陆歌剧院建成后立即取代著名的悉尼歌剧院成为世界最高档的一流歌剧院，被誉为自19世纪以来全球最佳歌剧院，2008年10月在世界建筑节开幕式上赢得文化类大奖。

图215 斯派克尼瑟剧场 荷兰斯派克尼瑟

UN工作室 2008

□UN Studio □Theater Spijkenisse

图216 萨拉戈萨桥亭 西班牙萨拉戈萨

扎哈·哈迪德 2008

□Zaha Hadid □Zaragoza Bridge Pavilion

鲨鱼形状的桥亭是萨拉戈萨世界博览会的一大景观。桥亭几个空间的连接处理是建筑设计的亮点。建筑的每一部分都有自己的空间特性。由不同内部空间所扩展出的外部空间，展示从埃布罗河到展览馆的强烈的视觉连接。在设计桥亭时，鲨鱼的比例在视觉效果和性能上都是完美的范例。对于定义建筑与周围环境和大气变化来说，建筑的表面是一个至关重要的因素。一些墙面板能围绕曲轴旋转，使部分外墙能打开或者关闭。这种简单重叠的墙面板模式，拥有几个孔径尺寸，对自然光线有着尽可能多的选择。

图217 巴林世界贸易中心 巴林麦纳麦

阿特金斯设计工作室 2008

□Atkins Design Studio

□Bahrain World Trade Center

双塔通过三个天桥相连，每个天桥上都有风力发电机，建筑呈帆船形，双塔之间的流线型表面可以使风加速从大厦的缝隙中穿行，得到最大的发电效果。

图218 宝马世界 德国慕尼黑

蓝天组 / 沃尔夫·普瑞克斯 2007—2008

□Coop Himmelblau / Wolf Prix □BMW Welt

图219 奈杰尔·佩克中心 澳大利亚墨尔本

约翰·沃德尔 2008

□John Wardle □Nigel Peck Centre

图220 MyZeil购物中心 德国法兰克福

马西米利阿诺·福克萨斯 2008
□Massimiliano Fuksas
□MyZeil Shopping Center
福克萨斯善于在其作品中使用波浪形钢格玻璃网曲面，米兰的新博览会也使用了这样的设计。

图221 科学院的屋顶 美国旧金山

伦佐·皮亚诺 2008
□Renzo Piano □The Roof of the California Academy of Sciences
加利福尼亚科学院的屋顶模仿山势起伏，共有7个隆起的山丘。起伏的姿态实际上是经过测算的，根据冷空气下沉、热空气上升的原理，可形成大楼内空气的自然流通，并起到绝缘作用，减少了对空调的依赖。

图222 MUMUTH音乐厅 奥地利格拉茨

UN工作室 / 本·凡·伯克尔 2008
□UN Studio / Ben van Berkel
□MUMUTH Music Theatre
建筑师希望这座建筑让人们不但能听见音乐，还能看到音乐。这种体验还可以从装饰性的正面、玻璃上的丝绢网印花、模糊的乐符形状得到。由于其透明性，建筑内外都可让人感受到音乐带来的愉悦感，好像在观众周围建立起一种音响空间的“万花筒”。建筑外侧由金光闪闪的编织网围封，内部有巨大的螺旋楼梯。

图223 伯纳姆亭 美国芝加哥

UN工作室 / 本·凡·伯克尔 2009
□UN Studio / Ben van Berkel □Burnham Pavilion
伯纳姆亭有流畅的线条和飘浮的造型。

图224 沃斯堡市科学和历史博物馆 美国沃斯堡

里卡多·列戈瑞达 2009

□Ricardo Legorreta

□Fort Worth Museum of Science and History

室外空间包括了一个被部分阴影淹没了的阳台和一组包括圆顶、金字塔、钻石、矩形等的几何形。

图225 交织大楼 新加坡

大都会建筑事务所 2009

□Office for Metropolitan Architecture（OMA）

□The Interlace

交织大楼是新加坡最大和最雄心勃勃的住宅发展项目之一。它出现在茂密的热带环境中，是全新现代生活方式的建筑群，将完成9 km长的公园和带康乐设施的绿化带，拥有约17万 m^2建筑面积，提供1 000多种不同形式的具有广泛室外空间和环境美化的公寓单位。

图226 牛仔体育场 美国阿灵顿

HKS Architects / 瓦尔特·P. 莫尔 2009

□HKS建筑事务所 / Walter P. Moore

□Cowboys Stadium

牛仔体育场是目前美式足球最大的体育场，建筑面积约21万 m^2，最多可容纳10万人。

图227 林肯中心爱丽丝杜利音乐厅 美国纽约

伊丽莎白·迪勒 + 里卡多·斯科菲迪奥 2009

□Elizabeth Diller + Ricardo Scofidio

□Alice Tully Hall, Lincoln Center

建筑师没有拆除原有的建筑物，而用3层楼高的玻璃幕墙作为装修，封闭了前厅的一部分。

图228 连楼 中国北京

斯蒂芬·霍尔 2009

□Steven Holl □Linked Hybrid

连楼是全球最大的LEED黄金级别认证绿色住宅项目，有地热井和屋顶花园。

图229 MAXXI博物馆 意大利罗马

扎哈・哈迪德 2009

□Zaha Hadid □MAXXI Museum

MAXXI博物馆是一座用钢铁和玻璃搭建的现代建筑，但样子很像是一座曲折繁杂的迷宫，看上去不像是美术馆，更像一件艺术品。这座建筑像是一个“城市的嫁接部分”，是场地的第二层皮肤。建筑高低起伏，时而俯冲地面成为新的“地面”，必要时又高耸成为厚重的实体。道路藤蔓般地与开放的空间交错重叠，使它与周围城市环境的人来车往交汇缠绕，与城市共享公共尺度。除了交通流上的关系，建筑的构成元素还与进出城市的路网相平行。博物馆和周边的弗拉米尼亚（Flaminia）社区保持着和谐的关系，临街的立面采用了较为传统的手法。

图230 山形公寓 丹麦哥本哈根

雅各布・兰格 2009

□Jakob Lange

□Mountain Dwellings

该设计不像其他房子一样把住宅区和停车场分开建成两栋独立的建筑，而是把停车和住宅两种功能结合到了一个建筑体上。公寓的最大亮点是到了夜间建筑体不同层楼之间会散发出颜色各异的光线，如同一个色彩斑斓的世界。公寓既靠近哥本哈根市中心，还可以享受到郊区的宁静。

图231 盛宝银行新总部 丹麦哥本哈根

3×尼N 2009

□3×Nielsen

□Saxo Bank New Headquarters Building

建筑设计是基于盛宝银行最尖端的形象和品牌实现的，建筑的线条在与当地环境对话的同时，也定义了可信赖感和动态表现力之间的平衡。该建筑的造型就像两个建筑体块通过立面连在一起，立面源于两个体块的端墙，端墙正对运河。建筑物的每个立面都呈双曲形，由玻璃构成，其波纹状像一片丝织物。

图232 墨尔本演奏厅和MTC剧院 澳大利亚墨尔本

艾西顿・雷加特・麦克杜加尔 2009

□Ashton Raggatt MacDougall

□Melbourne Recital Hall and MTC Theatre

左侧是MTC剧院，右边则是墨尔本演奏厅。MTC剧院的鲜明特点在于外观由白钢管组成了三维形式几何管网结构。在夜间观看，可以看见简单的黑白色调与鲜艳的红色装饰碰撞的效果。大堂空间延续了几何图案。右边的墨尔本演奏厅是一座较大的建筑，包括两层演奏厅和一间小型表演厅。该大楼的门面为白色，装饰了蜂窝玻璃窗。设计运用了最好的音质体系，力求带给听众高品位的享受。

图233 哈里发（迪拜）塔 阿联酋迪拜

SOM / 艾德里安・史密斯 + 比尔・拜克 2004—2009

□SOM / Adrian Smith + Bill Baker

□ Khalifa（Dubai）Tower

迪拜塔高828 m，为世界第一高楼，2004—2009年完工，2010年1月5日正式使用，并被命名为“哈里发塔”。迪拜塔的设计为伊斯兰教建筑风格，楼面为“Y”字形，并由三个建筑部分逐渐连贯成一核心体，以螺旋的方式从沙漠升起，向上逐渐收缩大楼剖面，直至塔顶中央核心逐转化成尖塔，“Y”字形的楼面也使旅游者对迪拜有极辽阔的视野享受。

图234 上海环球金融中心 中国上海

KPF建筑事务所 / 威廉・路易 2003—2009

□Kohn Pedersen Fox Associats / William Louie

□Shanghai World Financial Center

上海环球金融中心总高度492 m，为世界第三超高层建筑，原设计顶部中央是一个圆孔，以防止强风的影响。该方案在社会上引起强烈反映，有人认为这是“马刀加太阳旗”，于是方案改成了现在的梯形。

图235 阿布扎比亚斯酒饭店 阿联酋阿布扎比

渐近线组合 / 哈尼・罗士德 + 琳西・安妮・考特瑞 2009

□Asymptote / Hani Rashid + Lise Anne Couture

□YAS Hotel, Abu Dhabi

亚斯酒店的外表由一个217 m长的大型曲线网构成，主要材料是钢筋和5 800个钻石形玻璃板。网格式外壳让建筑看起来像是大气层，“大气层”下面是酒店的两个主楼，两个主楼之间由桥相连，这个桥给人的感觉就好像赛车正从F1赛道上经过，然后打算穿过大楼。网格式外壳把两个主楼合为一体，而由它产生的光学效果和光谱反射所组成的景象可以媲美周围的天空、大海和沙漠风景。

图236 皇家安大略博物馆扩建 加拿大多伦多

丹尼尔·李伯斯金 2006—2009
□Daniel Liebeskind
□Royal Ontario Museum Extension

加拿大皇家安大略博物馆扩建的草图最初是在餐巾上形成的，建筑师用多棱形的蓝白相间的巨型几何形体与维多利亚时期的古典建筑形成鲜明的对照。

图237 2010年上海世界博览会中国馆 中国上海

何镜堂等 2010
□He Jingtang etc.
□China Pavilion, 2010 Shanghai EXPO

被称为"东方之冠"的中国馆，通体红色，重点体现中国特色、时代精神，特别要反映出中国人从古至今都在追求的"天人合一、万物和谐"的理念。

图238 太平洋设计中心红楼 美国洛杉矶

西萨·佩里 2007—2010
□Cesar Pelli □Red Building，Pacific Design Center

图239 南京紫峰大厦 中国南京

SOM 2005—2010
□Skidmore, Owings and Merrill □Nanjing Greenland Financial Center（Zifeng Tower）

南京紫峰大厦建筑高度达到450 m，接近上海环球金融中心的492 m，建成时位居大陆第二，中国第四，世界第七（前六为迪拜塔、台北101大楼、上海环球金融中心、香港国际金融中心、西尔斯大厦、吉隆坡石油双塔）。建筑用地面积为18 721 m^2。A1地块总建筑面积约26万 m^2，基地内设一高一低2栋塔楼（主楼和副楼），用商业裙房将2栋塔楼连成一个整体建筑群；主楼地上89层，屋顶高度389 m。

图240 深圳万科中心 中国深圳

斯蒂芬·霍尔 2010

□Steven Holl □Shenzhen Vanke Center

高架结构最大限度地保证了绿地，让海风通过。

图241 伯明翰新街火车站 英国伯明翰

FOA建筑事务所 2010

□Foreign Office Architects

□Birmingham New Street Railway Station

设计模仿多普勒效应的知觉扭曲，窗户将反射伯明翰天空而不是周围建筑物的景象。

图242 太平洋设计中心"蓝鲸""绿楼""红楼"

西萨·佩里 1975、1989、2010 美国洛杉矶

□Cesar Pelli □Pacific Design Center "Blue Whale" "Green House" "Red House"

西萨·佩里为太平洋设计中心设计的"蓝鲸"大楼是三座建筑中的第一座，完工之日距今已有40多年。1989年，"绿楼"完成，增加了41 800 m^{2}的陈列室和办公空间。"红楼"的执行建筑事务所是格鲁恩（Gruen）设计公司，景观建筑事务所是伦敦的AREA公司。施工从2007年初开始，2010年开放。新"红楼"的名字来自它的由红色玻璃覆盖的立面，包括两座办公楼，分别为6层和8层，底下的7层是停车场。办公楼的内部庭院做了风景美化，陈列室进行了分类，面积从370～3 350 m^{2}不等。

图243 迪拜国际金融中心灯塔 阿联酋迪拜

阿特金斯设计工作室 2011

□Atkins Design Studio □Dubai International Financial Centre Lighthouse

迪拜国际金融中心灯塔希望成为LEED白金级低碳绿色环保商业建筑，致力于减少碳排放高达65%。建筑内设置150个太阳能热水收集装置，以满足整个建筑热水需求。3个225 kW的风力发电机和4 000个太阳能电池板将被用来发电。

图244 E8大厦 西班牙维多利亚

科尔-巴鲁建筑事务所 2011

□Coll-Barreu Arquitectos □E8 building

E8大厦基于一种内部的非常独立的防水性壳体和另一个外部的通风性的像阳伞一般的表皮，从而形成良好的气候控制策略。在冬季，中部的空间好似空气垫，将室外的冷空气隔离。而天气炎热时，这个系统能够通过压力的不同而自动降低室内表皮的温度，从而很大程度地节省了能源的消耗。

图245 布朗大学创意艺术中心 美国普罗维登斯

迪勒、斯科菲迪奥 + 伦弗洛 2011

□Diller Scofidio + Renfro

□Brown University Creative Arts Center

布朗大学创意艺术中心高三层，但有6个不同的相互错位的实际楼层。

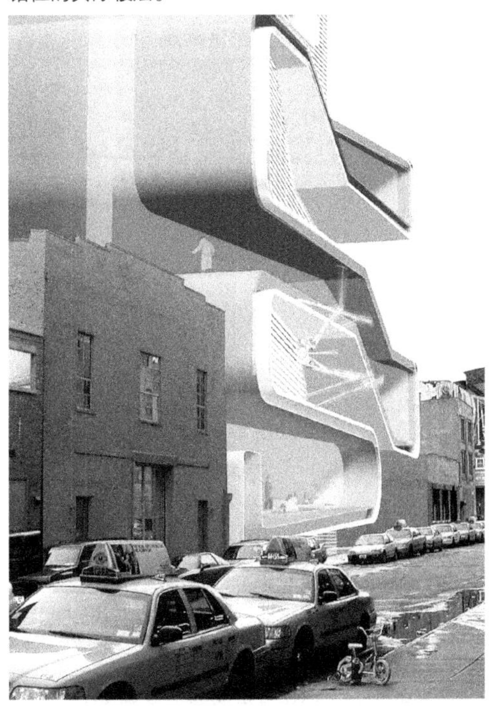

图246 瞳艺术与技术博物馆 美国纽约

伊丽莎白・迪勒 + 里卡多・斯科菲迪奥 2011

□Elizabeth Diller + Ricardo Scofidio

□Eyebeam Museum of Art and Technology

建筑师认为这是非常有趣的戏剧和建筑之间所具有的相似性，它们可以相互渗透。但建筑师也认为，在这个特殊情况下，这两种艺术形式有本质区别。

图247 阿卜杜拉国王金融区酒店 沙特利雅得

戈奇合伙人 2011
□Goettsch & Partners
□King Abdullah Financial District Hotel

图248 芝加哥螺旋塔 美国芝加哥

圣地亚哥·卡拉特拉瓦 2007—2012
□Santiago Calatrava □Chicago Spire

芝加哥螺旋塔建造在一块面积为8 900 m^{2}的濒水场地上。它是一个有7个螺旋面的锥形摩天楼，其高度为610 m，它下面有一个公共广场。芝加哥螺旋塔建成之后，成为北美最高的建筑物。它的建筑面积为27.87万 m^2，有1 200套公寓房间，并获得"绿色建筑最高认证"。整座大厦呈螺旋上升形状，每层楼旋转2°，并且随着大厦楼层的升高，楼层的宽度则随高度递减，整座大厦外形如同一把锥形的长剑。

图249 绝对塔 加拿大多伦多

贝卡建筑事务所 + MAD工作室 2010—2012
□Burka Architects + MAD Studio
□Absolute Tower

绝对塔是全曲线的住宅大厦，老百姓称其为"梦露大厦"，它是加拿大密西沙加市地标建筑。设计表达出一种更高层次的复杂性，来接近当代社会和生活的多样化、多层模糊的需求。连续的水平阳台环绕整栋建筑，传统高层建筑中用来强调高度的垂直线条被取消了，整个建筑在不同高度进行着不同角度的逆转，来对应不同高度的景观文脉。设计师希望绝对塔可以唤醒大城市里的人对自然的憧憬，感受阳光和风对人们生活的影响。绝对塔由一对双子楼组成，两座摩天大楼分别为50层和56层，56层大楼的高度为179.5 m，50层大楼的高度为161.2 m。整座大楼从底层开始共旋转了209°，共有6名建筑设计师参与了这个项目的设计。自2006年11月密西沙加市市长麦卡利恩宣布这项大型开发计划后，这个项目就受到了各方瞩目。从外观上看，这两座大楼很像美国昔日性感偶像玛莉莲·梦露苗条的身材，十分独特，因而也有人称它是摩天大厦中的玛丽莲·梦露。
莫斯科中央商务区的进化塔和名古屋摩登学园螺旋塔，尽管形式上稍有差异，都属于等截面旋转塔，绝对塔的扭曲特征表现在随高度的截面变化上，不仅在方向，在大小、形状上都有变化，这样施工难度就加大了。同时内部住宅的布置也有较大的变化。
MAD工作室的马岩松，是一位有视觉魔手称号的年轻设计师，1975年出生于北京，毕业于美国耶鲁大学建筑学院，获建筑学硕士学位，主修建筑设计。他先后在伦敦的扎哈·哈迪德建筑事务所、纽约埃森曼建筑事务所工作，2004年回国后与合伙人成立MAD工作室。绝对塔的形体设计是他的灵感。2012年，绝对塔被世界高层建筑与都市人居学会（CTBUH）评选为美洲地区高层建筑最高奖。2013年9月，一年一度的安波利斯摩天大楼奖全球排名揭晓，绝对塔在300栋全球各地的摩天大楼中脱颖而出，赢得了2012年最佳摩天大楼的称号。评委会在发表的声明中指出，绝对塔获奖的原因是这两座塔楼自底层开始每一层和下一层相比都在水平方向进行旋转，最多8°。这样的建筑结构创造了建筑技术上的不凡成就，同时也改变了以往高层摩天大楼的建筑常规。

图250 巴克莱中心 美国纽约

艾勒比·贝克特 + SHoP建筑事务所
2011—2012
□Ellerbe Becket + SHoP Architects（EBSA）
□Barclays Center

图251 柳州奇石展览馆 中国柳州

张华工作室 2012
□Zhang Hua Studio
□Liuzhou Qishi Exhibition Hall

图252 银峰SOHO 中国北京

扎哈·哈迪德 2012
□Zaha Hadid
□Wangjing SOHO

2012年12月17日原望京SOHO更名为银峰SOHO，朝阳区望京B29项目建设用地面积48 152 m^2，规划建筑面积39 2265 m^2，用地性质为商业金融。该项目定位为首都国际机场进京的首个“国门”标志性建筑，是望京第一高楼，规划高度为200 m。

图253 冰山屋 丹麦奥胡斯

JDS建筑事务所 2013
□Julien De Smedt Architects
□The Iceberg

建筑的复杂性是起初协商时最大的挑战——需要满足面积的需求、场地限高的要求，以及满足每户良好采光与景观等要求。最终建筑群的局部超出了最高限值，而大部分区域是远低于最高限值的。通过最终的努力让人们看到有峰有谷的美丽的“冰山住宅”，最重要的是使绝大部分住户得到了很好的采光以及美丽的窗外风景。

图254 吉宝湾映水苑 新加坡

丹尼尔·李伯斯金 2013

□Daniel Libeskind □Reflections at Keppel Bay

吉宝湾映水苑有6座玻璃塔楼和11座公寓。塔楼的高度为24~41层，而公寓的高度为6~8层。

图255 曼哈顿自由塔 美国纽约

丹尼尔·李伯斯金 + SOM 2006—2013

□Daniel Libeskind + SOM

□Freedom Tower, Manhattan

自由塔的天线高541.3 m，屋顶高417 m，最高楼层415 m，地上82层（含天线共108层），地下4层，钢筋混凝土玻璃幕墙结构。自由塔的设计高度是1 776 ft（约541.3 m），象征着美国通过独立宣言的1776年。从不同角度看，有的角度就像原来的双子塔楼呈长方形，有的角度则像个巨大的方尖碑。塔底和塔顶的墙面偏转45°，塔身有交错的三角形切面。

图256 阿里巴巴总部 中国杭州

哈塞尔事务所 2014

□Hassell Studio □Alibaba Headquarters

阿里巴巴是中国主要的网络商业公司，具有世界上最大的网上在线市场用以国际和国内贸易。杭州阿里巴巴总部建立了新的国际化工作园区，这是一个150 000 m^{2}校园风格的开放式办公空间，容纳了近9 000名阿里巴巴职员。阿里巴巴总部办公景观由中国美术学院风景建筑设计研究院设计，寓意网络。

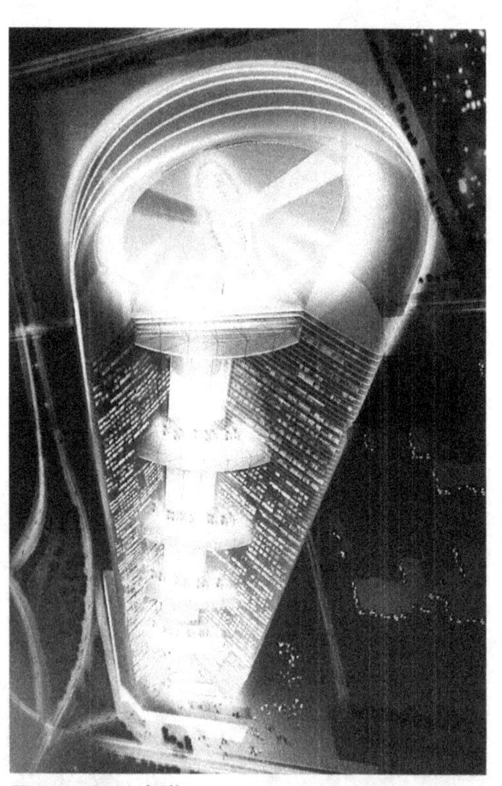

图257 阿纳卡塔 阿联酋迪拜

阿特金斯设计工作室 2009—2015

□Atkins Design Studio □Anara Tower

阿纳卡塔有两座塔楼与中央玻璃轴连接。

图258 巴黎爱乐音乐厅 英国伦敦

让·努维尔 2015

□Jean Nouvel □Philharmonie de Paris

巴黎爱乐音乐厅位于巴黎东北角的拉维特公园，是欧洲大陆最新一代的旗舰音乐厅，造型别致，外形酷似一艘宇宙飞船。由无数铝合金马赛克组成的外墙在坡度平缓的山坡山慢慢展开、包裹，天空的颜色映照在镜面外墙之上，有种边际模糊的视觉；外墙上抽象的鸟形马赛克图案在凝固的建筑中萌生出一种奇妙的动态。建筑外观镶嵌有7种形状的34万只鸟，共有4种色调，从浅灰色到黑色，象征着一次盛大的起飞。

让·努维尔邀请了极负盛名的新西兰声学设计大师哈罗尔德·马歇尔（Harold Marshall）爵士（广州大剧院的声学设计者）、日本声学大师丰田泰久（Yasuhisa Toyota）参与声学设计。其呈现的效果与传统鞋盒音乐厅和新派的山谷梯田厅都有差异。首先在声学特点上，设计师通过大胆的悬臂式外伸的露台和“浮云”吊顶，试图再现鞋盒音乐厅强有力的侧向反射和丰盈的包围感，同时又不失山谷梯田厅充沛的空间感。

音乐厅以一种主动的方式对它本身的各个功能部分进行协调来输出最好的音效，而不是像过去那样仅仅是依靠固定的先期设计来实现音效。其混响声的调节主要依靠在外腔以及反射板的背面放置最大面积可达1 500 m^{2}的吸声材料。吸收负荷的加减和上座率的变化可以使混响时间在1.2~2.3 s之间变化。早期反射声的调节主要依靠移动调整舞台与座席上方的反射板以及在靠近舞台的墙面上增加吸声材料来得到。其中反射板可以在9~15 m的高度范围内任意调节。池座的侧向反射声由侧楼座的墙面提供，楼座上的侧向反射声主要由悬挂的反射板以及反射板-墙面的二次反射来提供。另外，早期反射声效率这一概念被提出并应用到巴黎爱乐音乐厅的设计中以确保足够的早期反射声水平。

在视觉效果上，尽管巴黎爱乐音乐厅有2 400个座席之多，但出席过音乐会的观众都会有一种和台上音乐家异乎寻常的亲近感，这种感觉除了来自灯光的设计的影响外，也在于设计师巧妙地拉近了每个座位和舞台的距离。事实上，音乐厅最远端的座位离舞台仅有32 m，而同在巴黎，座位数大大少于爱乐大厅的普莱耶尔音乐厅最远端座位离舞台距离超过50 m。

图259 世贸中心交通枢纽 美国纽约

圣地亚哥·卡拉特拉瓦 2015

□Santiago Calatrava

□World Trade Center Transportation Hub

该建筑取代了原来因“9·11”事件而遭到破坏的PATH铁路系统。该建筑连接到纽约地铁及富尔顿街新交通中心。室内行人步道同时服务于布鲁克菲尔德广场以及世贸中心1~4号楼。该建筑使用钢铁肋架和玻璃建造，其核心是“眼睛”，一个椭圆形的无柱支撑结构，让人联想到从孩子手中被放飞的鸟儿形象。

图260 芬丘奇街20号 英国伦敦

拉斐尔·维诺里 2014

□Rafael Vinoly □20 Fenchurch Street Building

芬丘奇街20号外形独特，犹如对讲机，故有“对讲机大楼”（Walkie Talkie）的外号。2013年8月29日下午，一辆捷豹汽车停在大楼对面。约2 h后，由于玻璃幕墙反射的光和热度太大，车主林赛取车时发现，座驾一边的后视镜及车身外层的胶被热熔，且有一股烧焦气味。其他车主事后也陆续报称，自己的座驾曾有类似经历，自行车的座位也不例外。有车主称，其座驾左边的胶板及仪表盘上的所有东西都被热熔，放在上面的一瓶饮料看来更像被烤过。造成事故的原因是建筑上层的玻璃曲面变成一个“凹面镜”，然后将阳光集中聚焦到对面的广场上，于是停在那里的汽车被烤焦了。后来根据伦敦最热的时段（其实这个时段很短）对设计做了改动，使曲面的反射避开了这个地方。

图261 明日博物馆 巴西里约热内卢

圣地亚哥·卡拉特拉瓦 2015

□Santiago Calatrava □Museum of Tomorrow

明日博物馆位于马瓦港（Mauá）码头，该建筑将大大地改变这个地域的形象，也是迎接里约奥林匹克运动会的一个特殊项目。随着像艺术博物馆这类项目的开展，明日博物馆将促进人民对于历史的尊重和对未来美好展望。

图262 进化塔 俄罗斯莫斯科

RMJM + 托尼·凯特尔 2016

□RMJM + Tony Kettle □Evolution Tower

进化塔看起来就像两条彩带围绕中心彼此扭曲。每个楼层相对于下一层楼扭转了3°，整个大厦共计扭转了135°。世界高层于都市人居学会（CTBUH）的负责人安东尼·伍德（Anthony Wood）被引述说："在过去十年左右，世界上已经看到的扭动塔越来越多，但进化塔的扭曲最极端。

图263 上海中心大厦 中国上海

金斯勒建筑事务所 2016

□Gensler Architects □Shanghai Tower

美国SOM建筑设计事务所、美国KPF建筑事务所及上海现代建筑设计集团等多家国内外设计单位提交了设计方案，美国金斯勒建筑事务所的"龙形"方案及英国福斯特建筑事务所的"尖顶形"方案入围。经过评选，"龙形"方案中标，大厦细部深化设计以"龙形"方案作为蓝本，由同济大学建筑设计研究院完成施工图出图。上海中心大厦位于陆家嘴金融贸易区核心区内，建筑总高度632 m。

上海中心大厦依靠3个相互连接的系统保持直立。第一个系统是约合27 m×27 m的钢筋混凝土芯柱，提供垂直支撑力。第二个系统是钢材料"超级柱"构成的一个环，围绕钢筋混凝土芯柱，通过钢承力支架与之相连。这些钢柱负责支撑大楼，抵御侧力。最后一个系统是每14层采用一个2层高的带状桁架，环抱整座大楼，每一个桁架带标志着一个新区域的开始。

图264 奥斯陆条形码项目 挪威奥斯陆

MVRDV + Dark and A-lab 2016

□MVRDV + Dark and A-lab

□Oslo' s Barcode Project

奥斯陆跟许多欧洲城市一样，保存有大量比较复古的建筑物，充斥着欧式古典格调，弥漫着些许的童话色彩，是一个地道的北欧风情城市。在这样的一座城市里，猛然间出现一组现代色彩和个性化的建筑物，不禁让人眼前一亮。当细细品味之后，人们会发现它们并不显得另类，反而很贴合这座城市的性格。整个街块由12栋建筑组成，这些建筑由不同的建筑公司在总体规划的控制原则下设计建造，使得相对统一下有表现自己独特外观的可能。不同的建筑排在一起，产生了许多有趣的地方，如颜色、材质、窗户的大小和形状的差异化处理。理性与感性在这里相互碰撞。

图265 西57街集合住宅 美国曼哈顿

比亚克英格尔斯集团 2016

□Bjarke Ingels Group（BIG） □VIΛ 57 West

取这样的名字是因为开车途经这里去往市中心时，这里正好是一个下坡，于是将它看成曼哈顿57街的入口。建筑高142 m。完工后的建筑看起来就像一个扭曲的金字塔，从水面上看又像一艘巨大的帆船。该建筑获得了2016年安波利斯摩天大楼奖（Emporis Skyscraper Award）。

图266 斯特德里克博物馆 荷兰阿姆斯特丹

本特姆·克劳威尔建筑事务所 2018

□Benthem Crouwel Architekten

□Stedelijk Museum

阿姆斯特丹国家博物馆建于1876—1885年，由皮埃尔·库帕斯（Pierre Cuypers）设计；其中收集了诸如佛兰德斯时期画家的名画，同时也以收藏当代艺术品而闻名。这个地区是阿姆斯特丹的文化中心，在老馆边上新建的白盒子样的新馆十分醒目，与老馆形成了强烈的对比，一下子改变了该地区原先的建筑生态。航海是荷兰人民生活的主要内容，将这座新博物馆设计成飘浮在空中巨大的船形，有着深刻的历史和现实的含义；在建筑的底层，人们通过一个封闭的黄色“管子”中的两个自动扶梯，可以直接达到新馆的入口大厅，两个展览区域被连接了起来，参观者可以方便地在新老馆中穿行。老美术馆的入口现在关闭了（前面的大道上有电车通过），参观者要从新馆后面的入口进去，入口好像被旋转了180°。翼状悬臂式的屋顶一直伸到广场的上方，加强了从广场到建筑的开放式过渡，并消除了关于入口去向的疑问。光滑的白色墙面，由增强复合纤维材料制成。建于19世纪荷兰“风格派”的老馆和新馆之间的反差，反映了100多年来建筑美学的巨大变化；反差不仅让人们感到新鲜，感受到时代的进步，也表现了现代建筑思想的多元化。

图267 中国美术学院象山校区 中国杭州

王澍 2008—2016

□Wang Shu □Xiangshan Campus of China Academy of Fine Arts

中国美术学院象山校区位于杭州转塘镇，周围是青山绿水。新建一期工程建筑面积6.4万 m^2。校区总体规划十分注重校园整体环境的意境营造和生态环境保护，借鉴中、西方大学校园的发展模式，创造一个功能分区合理，融建筑、空间、园林绿化、自然环境于一体的校园总体布局，真正建成符合教育旅游要求的园林式、开放式的校园环境。总体布置从地势和环境特点出发，遵循简洁、高效的原则，分区明确，充分考虑未来发展的可变性、整体性。

象山地区风景充满诗性迷蒙，设计者从中国传统造园思想出发，对山水进行整理，这种思想隐含的一个重要意思是：人的房屋不应是最重要的，在江南的弱势山水中，房屋应该质朴而谦逊，避免过分夸张的建筑体量与造型表现，建筑首先应考虑隐退。

而“天人合一”的人文思想，也在其中体现。设计者建立起一个以“回”字形为基点的场所模式，“回”即合院，从此出发，遵循一种减法原则，所有校园建筑都是“回”的某种削减结果，如汉字的偏旁部首，而聚合的形态，直接来自对象山原有自发性山地建筑聚落形态的直觉把握。为保持这种文化上的连续性，规划方案中选择了两组旧农舍，建议迁而不拆，就地改造。人们可以看到的远处田野中的高压线铁架，成了视觉中的灭点。

建筑师王澍毕业于南京工学院（现东南大学），2012年获得普利策建筑奖。

图268 哥本哈根之门 丹麦哥本哈根

斯蒂芬·霍尔建筑事务所 2016—

□Steven Holl Architects

□Copenhagen Gateway

斯蒂芬·霍尔原先的方案是在城市的海港入口简单增加一个饰有褶边的雕像，现在改为建成包含住宅的、能为游客和居民提供壮丽景观的桥梁。哥本哈根之门的方案在诸多连接海港两岸的设计中脱颖而出。方案里描述到：两大色彩各异的桥跨，从不同的方向延伸过来，横亘在水面以上200 ft（约61 m）的高空，组成了“一次握手”。这座桥的高度足以让游艇和其他大型船只从下方通过，两座塔楼也足以容纳大量的居住和商业人口。该方案于2008年提出，直至2016年才正式通过审批，并于该年动工。

图269 奥柯特中心 俄罗斯圣彼得堡

RMJM建筑事务所　未完成

□RMJM Architects □Okhta Centre

奥柯特中心在设计时是欧洲最高的建筑物之一，高396 m。建筑采用双层玻璃外壳、钢筋混凝土核心筒和钢桁架组合结构、不锈钢包层，在阳光照射下会从不同角度改变建筑外观的颜色。

第二篇　现当代经典建筑赏析

2.1　卢浮宫改造及玻璃金字塔

法国巴黎

贝聿铭　1981—1989

□Ieoh Ming Pei　□Reconstruction and the Louvre Glass Pyramid

贝聿铭

卢浮宫的改建是密特朗（Mitterrand）总统巴黎“重大工程”（也称“十大工程”）中的一项，为的是纪念法国大革命200周年。1981年12月的一天，密特朗总统在爱丽舍宫接见了贝聿铭，没有通过投标与评选，总统亲自邀请贝聿铭到法国负责巴黎卢浮宫改建计划。贝聿铭提出让他思考3个月，再给出一个完整的方案。当时卢浮宫的功能布局已是非常不合时宜了。偌大的宫殿只有两个洗手间供游客使用。最糟糕的是走进卢浮宫让人如坠入云里雾中，人们在狭窄、标志不清的入口处涌动。卢浮宫每年有370万游客要在 224 间黑暗的屋子里为迷失方向而乱窜，试图寻找卢浮宫赫赫有名的三件绝世艺术珍品：普拉克西特列斯（Praxiteles）的大理石雕塑《尼多斯的阿芙洛蒂忒》（俗称《维纳斯像》）、雕塑《萨莫色雷斯的胜利女神》和透过防弹玻璃对着观众神秘微笑的达・芬奇绝世油画《蒙娜丽莎》。参观者来回奔波，结果大多是乘兴而来，败兴而归。

贝聿铭在接受设计邀请后，先后多次到卢浮宫考察。他第四次来时，曾对密特朗说：“当时我脑子里还没有金字塔，但有一点很明显，新卢浮宫的重心必须是拿破仑庭院——古老的由马蹄形厢房围合而成的砾石庭院。”贝聿铭对巴黎的历史了如指掌，从卢浮宫起，由香榭丽舍大街到凯旋门，再延伸至新建的德方斯大拱门，是巴黎城市的中轴线，也是巴黎历史的活教材。经过对巴黎历史的反复思考，最后在贝聿铭头脑里才有了拿破仑庭院的玻璃金字塔，一个现代的结构，却来自3 000年前古老的埃及文明。

当贝聿铭的改建方案呈给密特朗总统后，总统邀请了15位博物馆馆长对方案进行评定，结果有13人投了赞成票。当密特朗总统选中贝聿铭的消息公布后，整个巴黎一片哗然，尽管贝聿铭是声名卓著的美国建筑师，这项任命仍引起了法国建筑师的不满。他们没有想到，这样一个国宝级建筑的改造工程怎么由中国人来设计，东方人懂得法国文化吗？当然，也有支持者，贾克・朗（Jack Lang）说，如果想扭转第二次世界大战之后不断走下坡路的视觉艺术地位，法国必须重拾往日光辉，而贝聿铭可以说是集（东西方）两个世界的精华于一身；他可以引进新世界的光芒和效率，但中国人的血统又使它的设计不会过分美国化。

贝聿铭在卢浮宫博物馆的“U”字形广场中，设计了一个高21 m、底宽30 m的巨大的玻璃金字塔作为博物馆入口大厅的屋顶。卢浮宫金字塔入口理论上每小时可以吸纳15 000名参观者，它是贝聿铭依照典型的埃及金字塔的比例设计的。这个水晶般的金字塔富有现代的简洁美，它与古老的卢浮宫交相辉映。金字塔的外围用装饰性的水池和喷泉环绕，再配上几个带有采光天窗的小金字塔与主塔呼应，组成一个金字塔群，妙不可言。玻璃金字塔仅仅是卢浮宫的一个入口，通过地下大厅，有三个通道通向南北两翼的展馆与东面的主馆，小金字塔又是通道的天窗与通风口。贝聿铭还草拟了一个5英亩（约2 hm^2）的地下楼层，包含宽大的储藏间，运输艺术品的电车，拥有400个座位的视听室、会议室，一间书店及旧馆内气氛良好的咖啡厅。贝聿铭计划共增加82 000 m^2内部光线明亮的展览空间，重要的是这些全都设在卢浮宫古老的结构中，对原有的卢浮宫建筑群没有做一丝一毫的改动。参观的大众可以沿着辐射状的地下通道，走向展示收藏品的各个馆内。这个宏大的改造计划不但增加了展位面积，还大大地改善了卢浮宫内部的交通秩序。

正是这个玻璃金字塔引起了巴黎人的强烈反对，他们认为玻璃金字塔破坏了代表法国文化精髓的古老的卢浮宫的庄严形象，媒体与市民们施加了巨大压力，一直坚决支持贝聿铭的密特朗总统也无法阻止法国人发起抨击贝聿铭的运动。当时的法国文化部部长嘲笑贝聿铭的金字塔像一颗寒碜的钻石。反对者高喊“巴黎不要金字塔”“交出卢浮宫”等口号，他们认为在卢浮宫前建金字塔比拿破仑滑铁卢战败后英国人占领巴黎，企图从卢浮宫掠走艺术品的暴行更让法国人愤怒。作为法国往日光荣的象征，卢浮宫的历史就是法国的历史。它的象征意义远远不是其他建筑所能比拟的。当时一位法国评论家说：“擦亮眼睛，你以为是在做梦，回到远古的古堡时代。怎么可以由一个中国人修建一个吓人的金字塔呢？这是对法国国家风格的严重威胁。”那段时间里的评论都是针对贝聿铭和他的设计的。贝聿铭说，强烈的批评阵势使他难以承受，到了几乎招架不住的地步。

面对如此严峻的挑战，当时巴黎市市长希拉克建议，做一个与实物同样大小的模型，放在卢浮宫新入口前，让6万巴黎市民参观并进行投票，结果大多数市民赞成这个入口金字塔方案，密特朗总统终于批准了这个改造方案。

贝聿命设计的玻璃金字塔引起了巨大的轰动。金字塔构思惊人、形式壮观，令人震惊地提示：现代建筑具有赋予传统建筑以活力并使之再次传播流行的能力。在某种意义上，金字塔要比其他建筑更稳定，或者说更具有纪念意义——它是古代埃及金字塔的一种延续。贝聿铭设计的金字塔方案中起决定性的因素是用钢和玻璃结构形成的一种在视觉上令人振奋的透明效果——在某些方面，这种效果可以与其他壮观的现代建筑相媲美，例如埃菲尔铁塔。主金字塔基本上是一个复杂而又互相连接的、外部覆盖有反射玻璃的钢架玻璃结构，而更重要的是，它成了卢浮宫的入口门道，提供了一个博物馆期待已久的卢浮宫主要画廊的入口门廊。它沿着三个方向延伸到卢浮宫原建筑的翼楼，让一个原本地牢般的黑暗通道充满了明媚而柔和的光线。这个扩建工程完成后，卢浮宫的展出面积翻了一番。当人们向下走进门厅时，这种“介入”处理的戏剧性随之变得明显：主金字塔无疑打破了卢浮宫古老的庭院的平衡；而后又为两座较小的金字塔所抵消——后者为地下空间提供更多的采光与新鲜空气。

贝聿铭的玻璃金字塔有机地将古典建筑与现代建筑联系在一起，与卢浮宫的粗壮的石头相比，没有比贝聿铭这个玻璃金字塔反差更强烈的了；到卢浮宫参观的过程，就是一个从现代回到古代去体会、比较的过程。这提高了卢浮宫的历史价值，同时也为改建旧建筑提供了成功的范例。

贝聿铭说，卢浮宫的改造工程历时9年，是他一生里遇到的最大的挑战，历尽千辛万苦，终于建成，给法国人民交了一份满意的答卷。1988年，在卢浮宫玻璃金字塔落成典礼上密特朗总统授予他“光荣勋章”。这一年他还获得里根总统颁发的第四届美国“国家艺术奖”。1989年贝聿铭设计的卢浮宫地下改造工程竣工，由于玻璃金字塔的成就使他荣膺入选全美群英厅。

勒·柯布西耶在1923年《走向新建筑》一书里，针对建筑形式，赞美简单的几何形体。他说："原始的形体是美的形体，因为它使我们能清晰地辨识。"他又说："按公式工作的工程师使用几何形体，用几何来满足我们的眼睛，用数学来满足我们的理智，他们的工作是良好的艺术。"

在贝聿铭60多年的建筑设计生涯里，他的许多备受赞誉的作品的基本形式都是极为简单的几何体：方形、三角形、梯形、圆形等等。例如位于波士顿著名的约翰·肯尼迪图书馆的主建筑就是由一个三角柱与一个方形柱叠合构成的；香港著名的中银大厦是由四个长短不一样的45°直角等腰三角形组合成的；波士顿约翰·汉考克大厦是一个平行四边形截面；美国国家美术馆东馆、克里夫兰摇滚乐名人堂也都是由不同形式的简单几何形体构成的。卢浮宫入口的金字塔也是一个四面体。所有这些建筑设计全是最简单的几何形体。可以用密斯·凡·德·罗的著名教义"少就是多"来概括贝聿铭的建筑设计思想，但这里的"少就是多"，与密斯·凡·德·罗的原意是有区别的。贝聿铭的"少"表现的是匀称、和谐与强烈的环境对比和时代反差，这是贝聿铭最为成功的地方，可以说，作为最后一位现代主义建筑师，他的建筑给了密斯·凡·德·罗的"少就是多"做了现代意义上的全新的诠释。

30多年过去了，由于参观人数的剧增，卢浮宫已不堪重负，玻璃金字塔成了排列第三的展品，入口处拥挤不堪。贝聿铭看了也说，地下走道成了机场，人要在绳子里排队前进。卢浮宫的入口又要进行新的改建，贝聿铭想改成他最初设计的方案。法国人这次是义无反顾地将目光投向贝聿铭，他们相信贝聿铭会给他们带来更大的惊喜。

1983年，贝聿铭获得了建筑界的最高荣誉——普利策建筑奖，在颁奖典礼上他引述达·芬奇（da Vinci）的名言作为得奖感言："力量在限制中产生。"此后他的作品获得各国许多奖项，英国皇家建筑师协会（RIBA）于2009年10月9日宣布，于2010年2月11日授予他"皇家金质奖章"（Royal Gold Medal）。

图1　卢浮宫金字塔鸟瞰

图2　卢浮宫小金字塔

图3　卢浮宫玻璃金字塔内部的钢结构和拉杆

图4　卢浮宫下部过道里的四棱玻璃倒锥体

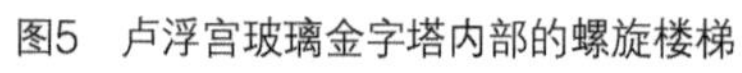

图5　卢浮宫玻璃金字塔内部的螺旋楼梯

2.2 国家游泳中心

中国北京

PTW建筑事务所 + 赵小均 2003—2008
□PTW Architects + Xiaojun Zhao
□Aquatics Centre

安德森·安德鲁–澳大利亚PTW建筑事务所

托比·王–澳大利亚PTW建筑事务所

2006年，美国的《大众科学》杂志首次把目光聚焦到了中国的首都北京。在此之前，《大众科学》杂志考察了来自全球的100个具有创新意义的建筑与发明，来自北京的一座建筑物战胜了所有对手名列第一，它就是中国的国家游泳中心“水立方”（Water Cube）。

国家游泳中心，位于北京奥林匹克公园内，是北京为2008年夏季奥运会修建的主游泳馆，也是2008年北京奥运会标志性建筑物之一。它的设计方案，是经全球设计竞赛产生的“水的立方”方案。国家游泳中心于2003年12月24开工，2008年1月竣工验收。方形的国家游泳中心与圆形的国家体育场（俗称“鸟巢”）分列于北京城市中轴线北端的两侧，共同形成了与北京历史文化名城相匹配的布局。国家游泳中心规划建设用地62 950 m^2，总建筑面积65 000 ~ 80 000 m^2，其中地下部分的建筑面积不少于15 000 m^2，长、宽、高分别为177 m、177 m、30 m。

国家游泳中心最初是由澳大利亚PTW建筑事务所投标，由于投标文件规定，国外的公司必须与国内有资质的建筑设计公司组合投标，这样曾设计过悉尼奥运会游泳馆、伦敦国家游泳馆、悉尼运动员公寓等著名建筑的PTW建筑事务所便找到了中国建筑总公司，由总工程师赵小均的团队与PTW建筑事务所合作投标。当时离投标时间已经很近了，赵小均等人到澳大利亚与PTW建筑事务所共同商量投标方案。PTW建筑事务所由安德森·安德鲁负责，他们提出了两个方案，水波浪方案和青蛙泡泡方案，青蛙泡泡方案一开始就被否决了。赵小均感到水波浪的方案在投标时是难以中标的，因为，游泳馆必须要与当时已经定案的国家奥林匹克中心“鸟巢”相匹配，根据中国古典文化里“天圆地方”的理论，中方工程师私下做了一个立方体方案，后来这个方案被称为“方盒子”。当他将为什么采用这个方案的原因告诉安德森·安德鲁时，安德森·安德鲁认真地考虑了大约20 min，断然决定放弃水波浪方案，而采用赵小均的立方体方案，并立即通知PTW建筑事务所的其他有关人员。尽管PTW建筑事务所的设计师很不高兴，接下来还是讨论这个立方体的各个细部，其中最重要的就是表皮采用什么形式。中方虽然提出了立方体方案，但赵小均对表皮的设计概念几乎是空白的。在共同的讨论过程中，又重新想到了青蛙泡泡方案，从2001年竣工的伦敦伊甸园的泡泡膜顶，他们想到了蜂窝的六边形所组成的结构是最为坚固的，但在一个平面上如何体现水泡泡的形象，成了另一个难题。这里有两个难点：膜材料与支撑结构。膜材料已经有了先例，如慕尼黑的安联球场的膜结构材料ETFE。支撑结构则是另一个大难题，例如尼古拉斯·格雷姆肖设计的伦敦伊甸园，顶棚是一个大球形，六方形的膜框是比较容易处理的。就在这时，结构工程师特里斯特·拉姆·卡弗雷（Tristram Carfrae）说利用计算机三维设计是可以完成平面膜框的支撑的。几天后，他拿出了设计方案，于是几个主要的问题都解决了。这种特殊的结构解决了一个被称为世界建筑界“哥尔巴赫猜想”的难题，自从英国数学家开尔文爵士（Lord Kelvin）从小孩吹的肥皂泡泡的稳定结构中提出“泡沫”理论，至今已经过去了100年，而只有国家游泳中心的设计者——澳大利亚的PTW建筑事务所将这种理论变成了真实的建筑，国家游泳中心的结构设计由PTW建筑事务所与阿勒普（ARUP）澳大利亚有限公司联合设计，约翰·鲍林（John Pauline）和托比·王（Toby Wong）作为国家游泳中心PTW建筑事务所的设计代表。

在评标的现场，当这个模型展示出后，在不到10 min内，评委们就几乎达成了一致的意见，接下来就是具体细节的答辩，例如关于ETFE材料的强度、耐用性和耐火性等等，这些都在答辩会上做了具体的演示。ETFE又称乙烯-四氟乙烯共聚物，最早用于固体润滑材料，具有极高的强度和极低的摩擦系数，当着火后，不会增加燃烧势头，而是在200多 ℃时成为液体，所以具有很好的防火性能。在评审会上同时还做了冰雹试验，证明它的强度和弹性对冰雹有极好的抵御能力。经过严格的审查，2003年7月该方案被批准作为国家游泳中心的方案，并于2003年12月正式动工兴建。

国家游泳中心的外形看上去就像一个蓝色的水盒子，而墙面就像一团无规则的泡泡。乙烯-四氟乙烯共聚物是一种新型建筑材料，耐腐蚀性、保温性俱佳，自清洁能力强。国外的抗老化试验证明，它可以使用15～20年。这种材料也很结实，人在上面跳跃也不会损伤它。同时由于自身的绝水性，它可以利用自然雨水完成自身清洁，是一种新兴的环保材料。犹如一个个“水泡泡”的ETFE膜具有较好的抗压性，厚度仅如同一张纸的ETFE膜构成的气枕，甚至可以承受一辆汽车的重量。气枕根据摆放位置的不同，外层膜上分布着密度不均的镀点，这些镀点将有效地屏蔽直接射入馆内的阳光，起到遮光、降温的作用。按照设计方案，国家游泳中心的内外立面膜结构共由3 065个气枕组成，其中最小的1～2 m²，最大的70 m²，覆盖面积达到10万 m²，展开面积达到26万 m²，是世界上规模最大的膜结构工程，也是唯一一个完全由膜结构来进行全封闭的大型公共建筑。

国家游泳中心的地下及基础部分是钢筋混凝土结构，地上部分是钢结构，钢结构与钢筋混凝土结构中的钢杆通过焊接连接，共同形成一个立方体的笼子。屋面上镶嵌、固定一块块充气枕的是槽形的钢构件，钢构件又宽又厚，与国家游泳中心四壁的钢网架焊接为一体，支撑着整个屋顶。雷雨天气时，这些钢构件不仅作为天沟，收集、排除屋面的雨水，又起到了避雷针的作用，及时将雷电引到地下的“笼式避雷网”，保护整个建筑物的安全。这是一个非常理想的“笼式避雷网”，完全依靠建筑物自身结构中的材料，无须单独架设避雷针、做引下线或接地体，屋面没有突出的避雷针或避雷带，既经济美观又安全可靠。

国家游泳中心的钢架安装焊接是施工中最大的难题，国家游泳中心共有两层钢网架，外层钢网架作为“膜”的骨架，而内层的钢架是结构刚度的保证，内外层之间还有许多斜杆构成蜂窝状结构将两层钢网架连接，从而形成一个刚度很大的桁架平板结构。虽然在电脑设计时，可以画出该三维钢结构每根杆件的剖面图，但3万多根杆件没有一根是相同的，因此在施工时，杆件既无法进行工厂批量生产，同也很难做到“严丝合缝”；如果按照开始作业时的进度计算，工程恐怕要到2012年以后才能完工。这时，操作工人根据火柴的搭接原理，对杆件在节点处的弧度，按实际磨合处理，从而大大地提高焊接的速度，结果，比PTW建筑事务所提出的进度提前了一年完成了焊接工作。

内外膜之间的空间充有一定的气压可以使外膜隆起，成泡泡状；而这个空间是最好的隔热空间，确保了游泳馆东暖夏凉，大大地节约了能源。ETFE膜既可以透光，又能够遮光，使游泳馆内始终有着温柔的光线，难怪PTW建筑事务所项目经理詹姆斯·佩多（James Peddle）先生说，游泳馆的内部比外部还要漂亮。

在设计中还充分考虑了环保的需要。为了减少CO_2的产生，在设计中减少了电的使用，利用太阳能电池提供电力，大幅地使用了新型材料，使空调和照明负荷降低了20%～30%。另外，国家游泳中心消耗掉的水分将有80%从屋顶收集并循环使用，这样可以减弱对于供水的依赖，并减少排放到下水道中的污水。系统对废热进行回收，热回收冷冻机的应用一年将节省600 000 kWh电量。为建筑量身定做的现代化消防装置，比常规设施节约74%的用水。

国家游泳中心的成功设计与建造是2008年北京第29届奥运会的一个亮点，是绿色奥运、科技奥运、人文奥运的真实体现；第29届奥运会游泳项目在这里共24次打破21项世界纪录，创造了历届奥运会之最，国家游泳中心完美的造型和优良的设施给运动员们添加了兴奋与激动，这无疑是最重要的原因之一。

图1　国家游泳中心全景

图2　国家游泳中心外表膜的近景

图3　国家游泳中心游泳馆内部

图4　国家游泳中心游泳馆内部的蜂窝状半透明天棚和侧墙

图5　内外膜之间的蜂窝钢架支撑

图6　外膜安装后的钢网架

2.3 法国国家图书馆

法国巴黎

多米尼克·佩罗 1988—1997

□Dominique Perrault □Bibliothèque Nationale de France

多米尼克·佩罗

被密特朗总统称为法兰西最高建筑艺术珍品的法国国家图书馆位于巴黎东南贝西区的塞纳河边，这仅是法国国家图书馆七处馆址之一。这座由法国前总统密特朗决定建造并于1997年建成的超级图书馆占地7.8 hm^2，总面积为35万 m^2。它以四幢直插云霄相向而立、形如打开的书本似的钢架玻璃结构的大厦为主体，四座大厦之间由一块足有八个足球场大的木地板广场相连。地板广场中央是一片苍翠茂盛的树林，围绕着这片浓密的树林是图书馆的两层阅览室，其中两个主阅览室分别有两个足球场大。这座图书馆造价80亿法郎（相当于100多亿人民币），规模远远超过了世界上任何一个国家图书馆。根据工作人员介绍，这个图书馆每年的运作经费需要12亿多法郎，占法国文化预算的十分之一。一年的经费几乎相当于一个非洲国家一年的预算，因此有人把它称为图书馆的巨人。但是法国国家图书馆的魅力，还不只在于它的雄伟和耗资，更在于它新颖的建筑艺术、高新技术的应用，高度的自动化、数字化程度，尤其是它所表达出的哲学内含和文化品位。

法国国家图书馆是密特朗总统的十大工程之一，密特朗总统于1988年7月14日的法国国庆日宣布“建造世界最大的最现代化的图书馆”计划。该工程被称为跨世纪的宏伟工程，工程设计是通过大型国际设计招标选定的。1989年，只有36岁的多米尼克·佩罗击败了雷姆·库哈斯等知名建筑师，赢得了法国国家图书馆设计竞赛的胜利。这个结果震撼了英吉利海峡两岸的建筑界和新闻媒体。

但该工程始终受到各方面的批评和指责，工程设计也反复修改调整，曾几次面临停顿状态。才华横溢的青年设计师多米尼克·佩罗深得密特朗总统赏识，密特朗总统顶住各方压力，始终热情地支持这一工程，直到工程竣工。密特朗总统还拖着重病亲自为工程竣工剪彩，这充分体现了密特朗为此工程所倾注的心血，因此雅克·勒内·希拉克（Jacques René Chirac）总统把该图书馆命名为密特朗总统国家图书馆。

现在回想起来，当时争论的焦点可归纳为三个方面：有人指责密特朗总统不顾法国经济现实而耗费巨资建造这样一个超级图书馆，将会起到加速法国经济危机的作用；另有人提出信息化、数字化、网络化时代，究竟还有没有必要建造一个巨大的图书馆；还有人对图书馆本身的构思设计以及对钢和玻璃结构是否适合图书的保护条件等提出质疑并抱怨：“这个巨大的钢玻璃怪物的出现会破坏巴黎建筑群体的和谐”。

结合1990年代世界图书馆所处的大背景来看，这些争论并非没有道理。美国著名的图书馆学家弗雷德里克·威尔福德·兰开斯特（Frederick Wilfrid Lancaster）曾预言："随着现代信息技术的应用和电子出版物以及机读文献的普及，传统的图书馆将完成使命走向消亡。"1990年代世界图书馆仿佛陷入时代的尴尬：一方面图书馆在欢呼"信息时代"的到来；另一方面却又需要设法维护自身的地位。对图书馆来说，这的确是一个喜忧参半的年代。地方公共图书馆因经费不足而衰败甚至关门已不是新闻；而一些大学的图书馆学系，不是改名就是停业，包括世界著名的哥伦比亚大学图书馆学院由于生源枯竭而不得不停止招收新生。1993年美国加利福尼亚大地震震塌了加州大学某分校的许多楼房，其他大楼后来都已修复了，唯独图书馆大楼没有重建。英国1994年一个地区的中心图书馆毁于火灾，这个图书馆后来未再重建却变成连接14个服务器的网络节点。也许就是基于这件事，1995年8月20日美国《洛杉矶时报》发表了一篇文章将公共图书馆的馆员列入"即将消失的职业"之中。

在这种背景下，经过多年思想、政治及建筑方面的辩论之后，对法国国家图书馆的建造意见逐渐趋于统一。这座图书馆的"巨人"终于站立起来，于1997年正式向公众开放，这对世界图书馆界无疑是巨大的鼓舞。不断修改后的方案不仅实现了图书保护和修复技术与先进的信息处理技术的统一，也实现了现有记忆与多种信息传播形式的统一，印刷文字与视听信息、多媒体文献及数字文献的统一。法国国家图书馆的竖立向世界图书馆郑重地发出了一个信号：信息时代不是图书馆的终结，而将是图书馆发展新纪元的开始。作为保存人类文化遗产的图书馆，将来也不会消亡，而是在传统图书馆的基础上逐步转换功能，形成新型的虚拟图书馆，使传统图书馆得到升华。可以说法国这座超级图书馆的出现对重振世界图书馆事业起到积极作用。

法国国家图书馆的外形具有很强的标志性。这四本打开的书如同城市的航标，鲜明地划定了神话般的具有象征意义的图书馆馆舍在巴黎的位置。无论你处在巴黎什么地方，在远处的天际线上，这四本打开的书似乎就开始与你对话，人们在进入法国国家图书馆之前就已经开始阅读这四本打开的"巨著"。这个象征主义建筑，被认为创造了某种类型的建筑地理学。

当人们走近它时，首先感到的是迷惑和惊讶。从塞纳河边先登上52阶木地板台阶，便来到一个巨大的木地板搭起的广场，广场四角是那四幢高入云端的玻璃大厦。法国国家图书馆没有围墙，没有大门，站在它面前你会感到自己十分渺小；从木地板广场中央向下看，是一片绿色的树林，围绕这片绿色树林是二层阅览室，那里便是图书馆的下半身，如不亲自走近它，读者是看不到的，而这一部分才是图书馆真正的艺术灵魂。需要乘露天电梯向下走才能抵达这片阅览区，这可算是阅览区的入口，进入这里首先要接受保安人员的安全检查。

乘电梯深入阅览区后，人们可获得最美好的视野，可以看到整个建筑群内浓密的树林，那里栽有从诺曼底森林移来的松树、白桦、橡树等。这片被阅览楼包围着的树林创造了一种最理想的阅读环境。任何人不能进入这片树林；阅览室的玻璃将树林和读者分隔，读者可以看到它，但又接触不到它；它像是人造的，却可望而不可即，似乎是一个蜃景；在静谧的阅读中，读者看得到眼前的树林，却听不到树叶摇曳的声音。这是法国国家图书馆的又一建筑特色，既具体又高度抽象化。

法国国家图书馆在喧闹的巴黎中创造了一片幽静之地。阅览室似乎与世隔绝，在这里读者好像感到远离喧嚣嘈杂的闹市区，四周一片寂静，安宁、舒心。读者在排排书架边坐下，面对窗外的绿色树林，头脑里充满对古希腊的哲学思考，冥冥之中如入幻境。它创造了这样一种环境，可以大大地激发人们的创造性思维。再往下深入一层是供研究人员使用的阅览室，读者的文化水平到一定程度才能进入这里。在那里读者可以看到树林的底部，看到树根和土壤，它们象征着人类文化的沉积。读者可以阅读文化典籍、声像资料，进行专题研究。

如果说露在外面亮丽透明、高耸入云的四本打开的书向高空伸展是在追求它的方位和标志性，那么深入木地板广场下的图书馆底部，就是在寻觅寂静、沉思，象征着人类漫长的永无止境的文化积淀。在这片积淀中心区的绿色树林则是在追求抽象和本真，从而结束了这座建筑的标志性，使读者忘记了自己在城市的位置，而沉浸在书的世界里。这便是这座图书馆建筑设计本身所表达的内涵。

该馆的建筑设计和室内装饰、家具的配置均由同一家公司承包，采用了先进的科学技术，实现了内外和谐。该馆的建筑设计同时体现了法国人很强的环保意识，它的最早构思就是从两片树叶开始的。走遍图书馆，从外表到室内见不到水泥、瓷砖、石灰、塑料、壁纸、油漆、涂料等材料，能看到的只有四种：玻璃、金属、木板、红地毯。所有的墙壁均由铝合金和玻璃构成，室外到室内的地面全为木质材料，家具也大都是木质的。玻璃及金属材料给人以强烈的现代意识，木地板和树林则使人有返璞归真之感。为了保护图书，避免阳光辐射，四座大厦外表玻璃内增加了一层活动木板墙。因此，当阳光照射时，大厦就变成了木材的本色，没有阳光时则亮丽透明。大厦表面的木质活动墙所用木材全部从加蓬进口，广场和室内的木质地板所用木材全部从巴西进口。

在室内空间的组合方面，有许多地方采用了先进的透气钢丝纺织墙，使空气流通，丝毫没有憋闷感。由于大面积采用玻璃和金属材料，产生许多反射光，但这些从钢化墙壁上反射出的冷色，又似乎在与无所不在的本色的木质材料和深红色地毯的暖色相互映衬，通过光的作用使室内空间变得柔和协调。馆内的每一件家具和装饰都非常考究，做工精良，设计独特。例如，各阅览室的落地灯灯柱的外皮使用的价格昂贵的软管，是由为战斗机进行空中加油使用的金属软管做成的，看上去非常别致。

图书馆的四栋玻璃大厦均为书库，大厦之间由玻璃回廊从底部相连，回廊内侧是宽敞明亮的阅览大厅，从每个阅览室都可以从玻璃回廊看到那片绿色树林。通过几十条累计有8 km长的轨道，在电脑的控制下，书库的图书10 min内就可以被送到读者手中。这座规模巨大而没有大门、没有围墙的图书馆的内部却是纵横交错的各种通道。馆内共有5 600扇门，17 000把钥匙，有4名专职人员管理这些钥匙，创下了图书馆的最高纪录。它不愧是图书馆的“巨人”。但这个巨人的管理问题也使该馆馆长感到不安和忧虑，设备的维修、馆内的联络、各部门的协调、读者流通的管理等诸多问题摆在馆长面前。

法国国家图书馆出人意料的成功证明世人判断的失误，也为法国建筑树立了新的前卫形象。即使设计竞赛中的强有力对手——雷姆·库哈斯也对多米尼克·佩罗的才智表示敬佩。作为最后一批密特朗总统钦定的国家级工程，法国国家图书馆在完工的同年，就获得了密斯·凡·德·罗大奖。

图1　巴黎塞纳河边上的法国国家图书馆

图2　在木地板回廊大平台上看图书馆的主楼

图3　图书馆高高竖起的一角的玻璃墙面

图4　图书馆的中央绿化区

图5　迪埃特马尔·费契汀格尔设计的塞纳河上靠近图书馆的西蒙娜·德·波伏瓦步行桥（1999—2006）

2.4 拉维莱特公园

法国巴黎

伯纳德・屈米　1999

□Bemard Tschumi　□Parc de la Villette

伯纳德・屈米

拉维莱特公园位于巴黎东北部，占地约50 km^2，基地曾经是一个大型的牲口市场，公园东南角附近为19世纪的市场大厅。乌尔克运河几乎恰好将基地一分为二。运河东端南岸是一座大型的流行音乐厅，北岸是刚建成的具有高技派建筑风格的科学城，科学城前有一个巨大的不锈钢球形的全景电影院。作为为纪念法国大革命200周年而建造的巴黎十大工程之一，1982年法国文化部向全球设计师征集设计方案，希望建立一个不同凡响的21世纪的城市公园，它应该完全突破以往传统的庭院公园模式，而成为像建筑师贝聿铭设计的卢浮宫玻璃金字塔一样的“大手笔”。当代不少著名建筑师，例如黑川纪章、理查德・迈耶、迈克尔・格雷夫斯、查尔斯德・莫尔和雷姆・库哈斯等都参加了角逐。在472份入围竞赛方案中，建筑师伯纳德・屈米带有解构主义色彩的方案脱颖而出，成为中选方案。伯纳德・屈米采用了法国传统园林中的一些手法，例如，巨大的尺度、视轴线、林荫大道等，但是并没有按西方传统模式设计公园。相反，公园在结构上由点、线、面三个互相关联的要素体系相互叠加而成。“点”由120 m的网格交点组成，在网格交点上安排了鲜红色的、具有明显构成主义风格的小构筑屋（亭子）“伏利耶”（“folie”法文原意是“疯狂”）。这些构筑物以10 m边长的立方体作为基本形体加以变化，有些是有功能的，如作为茶室、临时托儿所、询问处或者作为附属建筑物或庭院，还有一些并没有什么实际功能。最早建成的系列于1987年正式落成。现在，在这片一度设有巴黎的屠宰场、并且最终要提供35 hm^{2}公园用地的基地上，已规划建设了大约42个彩色的“伏利耶”。虽然它们包括许多潜在的可能性，但这些并无具体功能的“伏利耶”，体现了“解构主义”建筑和哲学家雅克・德里达的设计思想，雅克・德里达（Jacques Derrida）支持“伏利耶”所体现的文化含义。“伏利耶”的细部采用了机械或工业设施的式样。伯纳德・屈米写道：“每一个‘伏利耶’都是多种空间、运动和事件交叉的结果。”所有这些都与埃得利安・费因斯伯（Adrien Fainsilber）设计的球形全景电影院“若德”（Geode）——一座用于新电影体系（IMAX）、并且高耸于公园基地之上的影院——形成鲜明的对比。

“线”由空中步道、林荫大道、弯曲小径等组成，其间没有必然的联系。一条空中步道位于运河南岸，另一条位于公园西侧贯穿南北。有的林荫大道利用了现有的道路，有的则按照构图需要安排，如科学博物馆前的圆弧大道。在规整的建筑与主干道体系之中还穿插了另一种线型节奏：弯曲的小径。小径将一系列娱乐空间、庭院、小游泳池、野炊地、教育社团等联系起来。“面”是指地面上大片的铺地、大型建筑、大片草坪与水体等。面的要素由十个主题园构成，包括镜园、恐怖童话园、风园、雾园、竹园等。其中的沙丘园、空中杂技园、龙园是专门为孩子们设计的。沙丘园把孩子按年龄分成了两组，稍微大点的孩子可以在波浪形的塑胶场地上玩滑轮、爬坡等，波浪形的侧面有攀爬架、滚筒等，有些地方还设置了望远镜、高度各异的坐凳等游玩设施。

对于这种深受解构主义哲学影响，并且纯粹以形式构思为基础的公园设计，伯纳德·屈米认为它是一种以明显不相关方式重叠的裂解为基本概念建立新秩序及其系统的尝试。这种概念抛弃了设计的综合与整体观，是对传统的主导、和谐构图与审美原则的叛逆。他将各种要素裂解开来，不再用和谐、完美的方式相连与组合，而相反采用机械的几何结构处理，以体现矛盾与冲突。这种结构与处理方式更注重景观的随机组合与偶然性，而不是传统公园精心设计的序列与空间景致。

今天，拉维莱特公园不仅是一种新公园的模式的图示，也是一个时期的文献，在这个时期中，人们求助于当代哲学，以找出一条摆脱传统陈词滥调束缚的道路，它同时也是建筑的媒体效果重于实际建造的时代的一个见证。今天，拉维莱特公园设计所采用的“解构”手法正在通过不同方式的变化，为现代公园的设计提供有价值的参考依据，其核心思想就是主题元素与普通元素的相关、非对称和整体协调。解构不是目的，而是为一个大目标作整体协调的综合。例如2008年北京奥运会公园和中华民族园的布局就在一定程度上吸收了拉维莱特公园布局的经验。因此可以说伯纳德·屈米的拉维莱特公园在公园布局与整体设计上对此后的公园设计具有开拓性和里程碑意义。

图1　拉维莱特公园的“伏利耶”、球形全景影院和科学城

图2　拉维莱特公园的遮阳篷

图3　拉维莱特公园的“伏利耶”之一

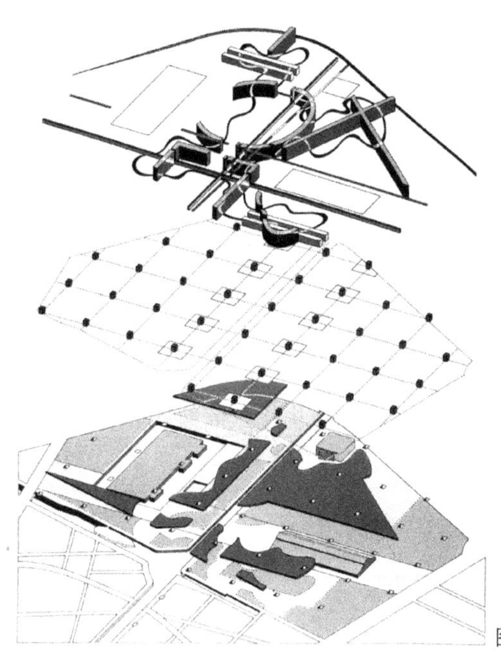
图4　拉维莱特公园“伏利耶”的平面图

图5　拉维莱特公园的“伏利耶”之二

图6　拉维莱特公园的“伏利耶”之三

图7　拉维莱特公园的“伏利耶”之四

2.5 欧洲议会大厦

AS建筑工作室 1999
□Architecture Studio □European Parliament

欧洲议会在1958年成立以后的长达30年间一直与欧洲理事会共用斯特拉斯堡总部大楼。1991年，市长凯瑟琳·陶特曼（Catherine Traotmann）筹办了一次建筑设计大赛，大赛的主题是设计能供629名欧洲议会议员办公的独立办公大楼。大赛吸引了100多个投标者，法国AS建筑工作室最终赢得胜利。建筑师面临的最大挑战是如何使规模如此宏大的建筑群体现民主精神，但是大规模建筑本身就显出十足的霸气。设计方案采用了透明玻璃镶嵌建筑物立面，并交错使用曲线形结构的手法，营造出一个没有压抑感的规模宏大的巨型建筑。

该建筑恰好位于依尔河注入一条连接莱茵河与马恩河的运河入河口，它的外形与周围环绕的小河使它更像一艘多国舰艇。巨大的扇形建筑群、穹顶和塔楼这三种形状各异的几何体纵横交错，共同组成整个建筑物构架。建筑物扇形立面沿着河道弯曲，并且被建筑北立面从中间截成左右对称的两个扇形，因而建筑物的这一部分形似飞机的三角翼。扇形立面绝大部分为玻璃构造，象征政府政治运作的公开透明性。椭球木质蜂房状的欧洲议会议事大厅就位于扇形立面内，随着玻璃立面从扇形立面最高点向两边倾斜滑下。欧洲议会议事大厅的穹顶被扇形建筑的屋顶分离凸显在外，与北侧的圆柱形建筑构成了对立的两极，遥相呼应。

在建筑群北侧中轴线上的圆柱形大楼为建筑主体部分，称为路易斯·威思塔楼（Louise Weiss Building），有60 m高。外层为金属和玻璃构造，圆柱中央空心处为一椭圆形庭院。环绕庭院的内层墙壁采用法国北部孚日山脉的砂岩做装饰。中央的椭圆形庭院作为公共广场，象征着人民在民主社会中占据核心位置。这个椭圆形庭院正处在建筑的中轴线上。建筑群通过一条胶带状的横跨河面的钢桥与斯特拉斯堡市区相连。扇形环与椭圆形结构的重叠部分是议员办公区域。圆柱形塔楼的北立面开放，从这里可以看到城市美景及雄伟的斯特拉斯堡大教堂。

建筑内部空间结构复杂，但很流畅。无论从规模还是特性上衡量，它都堪称城中之城。内部结构设计随心所欲，但又井然有序，形式与规模都有淋漓尽致的体现。议事大厅宏伟壮观，剧场周围凸起的、结构灵活的黑色圆锥形小房间则显得温馨。议事大厅在设计方案中为椭圆形，环绕最前方讲坛的650张议员席位呈阶梯状分布，讲坛后面有三排执行官席位。在沿议事大厅周边分布的翻译员包厢上方的阳台上还设有650张观众席。扇形建筑群内部有一个公共广场（中央庭院），它与议事大厅之间为内部中庭，内部中庭与圆柱形建筑等高等宽。而且这一区域只供观看，不能进入。中央庭院实际为一花园，内部不均匀地铺设了黑色片岩。从地板一直到玻璃天窗架设了细缆绳，植物就沿缆绳向上攀爬。两边各楼层走廊朝向中庭开口。弓形弯曲的人行天桥穿过这座光线充足的中庭。

欧洲议会大厦建筑群的一个有趣的平面布置是在球体内部的椭圆形会议厅与路易斯·威思塔楼包围的椭圆形广场遥相呼应，一个是实体，另一个是空间，虚实对比让议会的民主主义思想重复出现。而在这两者之间是水平方向和竖直方向各种尺度的空间的分解、交叉、重叠和转化，从不同视角展示出城市空间的“无序感”，总体布局却形成了无序中的有序。对于依尔河河口沿岸的巨大建筑群来说，无论是宏观还是局部，这样的设计都独具匠心。

法国AS建筑工作室创立于1973年，现今，在事务所8位合作者周围，团结了一批拥有25个不同国籍的优秀建筑师、城市规划师、室内设计师及成本评估师等约150人的专业团队。工作室从最初的项目开始，就把团队合作精神作为自己的工作哲学，并在发展的过程中始终保持着开放的姿态并不断扩大，终于形成8位合作者的规模：马丁·罗班（Martin Robain）于1973 年创立工作室，而后，合伙人罗多·蒂斯纳多（Rodo Tisnado）于1976 年加入，让-弗朗索瓦·博内（Jean-François Bonne）于1979年加入，阿兰·布勒塔尼奥勒（Alain Bretagnolle）和勒内-亨利·阿尔诺（René-Henri Arnaud）于1989 年加入，罗朗-马克·菲舍尔（Laurent-Marc Fischer）于1993 年加入，马克·勒曼（Marc Lehmann）于1998年加入，以及罗伊达·阿亚斯（Roueïda Ayache）于2001 年加入。

法国AS 建筑工作室将建筑定义为“一种以社会为依托的艺术，一种以人生为框架的创作”，其基础乃是立足于团队合作和知识分享，摒弃单纯的个人主义，而倾向于以团队成员之间的对话，甚至是争论来实现个人技能向团体创作潜力之间的转换。法国AS 建筑工作室在2005 年通过了ISO 9001 认证，凭借与其合作伙伴在国际网络中的合作，为梦想的实现开辟了一片广阔的天空：医院、办公楼、公司总部、酒店、住宅、体育场馆、商业区、教学楼、大学、中学、城市规划改造项目、博物馆、剧院、文化以及宗教场所等，都是工作室涉及的设计范围。

斯特拉斯堡的欧洲议会大厦、巴黎阿拉伯世界研究中心（获阿卡汗银尺奖）、巴黎圣母约柜教堂都已成为工作室的代表作品。

图1　欧洲议会大厦鸟瞰

图2　欧洲议会大厦侧景

图4　欧洲议会大厦的扇形大楼

图3　大厅内景

图5　欧洲议会大厦的路易斯·威思塔楼内的椭圆形庭院

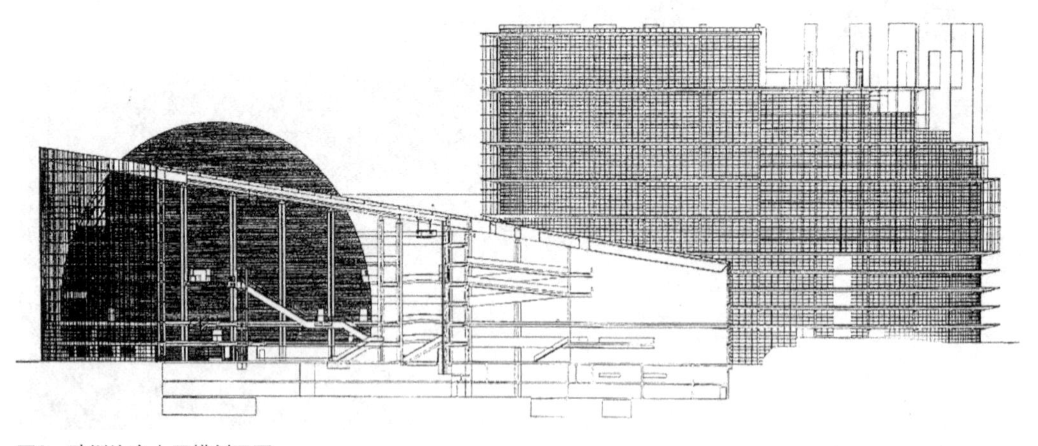

图6　欧洲议会大厦横剖面图

2.6 悉尼歌剧院

约翰·伍重 1959—1973
□Jørn Utzon □Sydney Opera House

约翰·伍重

澳大利亚南威尔士政府从1950年开始构思兴建被誉为20世纪世界七大建筑奇迹的悉尼歌剧院，1955年起公开征求世界各地建筑师的设计方案。至1956年共有32个国家233个作品参选，最后丹麦建筑师约翰·伍重（1918—2008年）的方案在1957年的国际公开赛中脱颖而出。这纯粹是一个偶然的奇迹。约翰·伍重的方案只有几张简单的平面、立面草图，设计很不深入，因此首轮就被淘汰。评委们在筛选了几遍后，仍无结果，在一筹莫展、焦头烂额、不得不重新检审落选方案时，四位评委之一的莱斯利·马丁（Leslie Martin）对伍重的方案稍加注意，而美国建筑大师埃罗·沙里宁（Eero Saarinen）则喜出望外、如获至宝。那是一张十分随意的草图，画的是由几个风帆构成的屋顶。埃罗·沙里宁立即意识到，这就是他们要的东西。它就是约翰·伍重的歌剧院草图，高高矗立在半岛上的白帆似的屋顶像正在驶出海湾出海远航的海船，如果能够将这个草图变成现实，一定是世界上最伟大的作品。评委对这个作品的最终意见是“伟大的简单布局”和“统一的结构表现”。此后，这个美丽而又独立、呈三组贝壳和风帆雕塑状的悉尼歌剧院便成为20世纪施工周期最长的建筑之一了。

设计师约翰·伍重从帆船上的帆和海洋中的贝壳得到了建筑外形的构思，采用了现代技术和材料，设计了一个巨大的、好像连续不断的船帆和贝壳一样的白色歌剧院建筑，屋顶采用了薄壳结构。歌剧院坐落于贝尼朗岬角（Bennelong Point），面向悉尼湾，从巨大的海湾大桥可以俯瞰建筑的全景，建筑的各个方向完全暴露在视线内，就像作为建筑基本形式的“橘瓣”一样呈现出三维形象。它全由壳状的屋顶组成并带有一个堂皇的基座。1965年，由于建筑师约翰·伍重成了一个诽谤性的政治丑闻的替罪羊且与改组后的澳大利亚政府意见不合，于是他在1966年工程接近完成时退出，愤然离开澳大利亚，从此再未踏上澳大利亚的土地，连自己的经典之作都未亲眼看见。

通过结构工程师奥维·阿勒普（Ove Arup）以及澳大利亚建筑师彼得·霍尔（Peter Hall）、龙奈尔·托德（Lionel Todd）与大卫·里特摩尔（David Littlemore）的共同努力，悉尼歌剧院的结构设计才最终得以实现。大家从一开始就明白，这个方案实施起来是相当困难的，特别是那些贝壳状的屋顶。加上当地政府要求尽快开工，在施工设计尚未完成就进行基础施工了，这给以后壳的施工设计带来了巨大的困难。开始曾打算采用现浇混凝土制造壳型大屋顶，虽然有奥维·阿勒普的支持，经过长时间的努力仍然无法形成一个满意的施工方案。天才的约翰·伍重最后想出了采用同样曲率的球面小瓦块进行预拼，同时在地面预制拱肋，这个难题才最终得以解决，最后确定的“球”的直径竟达76.3 m。在大屋顶的施工过程中，奥维·阿勒普提出大屋顶采用预应力混凝土拱肋加固壳体的方案，大大地减轻了薄壳的重量又增加了其刚度，并在混凝土重合的部分，使用预应力钢筋将它们连成一体，这个技术措施是薄壳屋顶得以最终实现的关键。约翰·伍重在壳体完工后离开了澳大利亚。他离开后，在36岁的澳大利亚工程师彼得·霍尔的指导下，对原来的大厅设计进行了整改，音乐厅的容积增加到2.64万m^3，声音的混响时间达到了2 s。整个建筑用时14年，耗资1.02亿澳元（原来的预算仅为700万澳元）。这座歌剧院一改19世纪末建筑界的所谓“由内而外”的设计方法，而采用了“由外而内”的设计方法：先有外形，然后再进行内部设计。不是“形式追随功能”，而是“功能追随形式”。这种设计方法对以后的建筑设计产生了深远的影响。这座歌剧院使悉尼，甚至澳大利亚不但在建筑学方面，而且在声乐方面迅速名扬世界。悉尼歌剧院在1973年10月20日正式开幕。英国伊丽莎白女王亲自为歌剧院剪彩。

悉尼歌剧院坐落在三面环水、距海面19 m的一座花岗岩基座上，故又称海中歌剧院。悉尼歌剧院造型奇特，它的屋顶由10块15.3 t的弯曲形混凝土预制件制成，壳外面覆盖着105万块乳白色的瓷砖。2组8块巍峨的风帆状贝壳构成的大屋顶面对海湾并覆盖着音乐厅、歌剧厅和休息厅，另一组由2块小贝壳构成的屋顶背海而立，下面是巨大的贝尼朗公共餐厅。最高的壳顶距海面67 m，相当于20多层楼高。这个占地1.8 hm^2的歌剧院临街一面的入口是一条用褐色花岗石铺成的91 m宽的台阶，可算是世界上最宽的歌剧院台阶了。壳体的开口处是休息厅，它有一面由2 000多块高4 m、宽2.5 m、厚18.8 mm的玻璃镶成的墙面，这些玻璃都是在法国定做的。休息厅旁边是音乐厅和歌剧厅。2 700个的座位围绕在音乐厅表演台四周，它是歌剧院内最大的厅堂。它的特别之处在于在音乐厅的正前方，有一个由澳大利亚艺术家罗纳德·夏普（Ronald Sharp）所设计的大管风琴，它号称是全世界最大的机械木连杆风琴，由10 500根风管组成。此外，整个音乐厅全部使用澳洲木材，忠实呈现澳洲独有的风格。歌剧院内部许多地方镶嵌的是从法国进口的玻璃，配上澳洲独有的木质材料，显得优雅而大方。其内部建筑结构则是仿效玛雅文化的阿兹特克神庙的建筑风格。

歌剧厅里除了有1 550个座位外，还有一个可接待世界上所有大型演出的配有转台和升降台的440 m^2的大舞台。台前有两面豪华的由法国织造的毛料幕布，一面名为“日幕”，它用红、黄、粉红三色织成的图案，好似道道霞光普照大地；另一面名为“月幕”，它用深蓝、绿色、棕色织成的图案，犹如一弯新月隐现云端。据说，图案的灵感来自德国音乐家小巴赫的一首交响曲。悉尼歌剧院院长说：“约翰·伍重具有绝妙的想象力和非凡的设计能力，大厅中央的挂毯与墙壁的距离，同声学上所要求的距离恰好吻合，实在是巧夺天工，妙不可言！”

悉尼歌剧院高高竖起、错落有致的贝壳外形和它的流畅曲线，乳白色的瓷砖给人干净舒畅的美感。歌剧院不规则的外壳屋顶，体现出一种现代气息，也产生一种美的韵律。歌剧院的色彩虽然单一，但没有给人单调呆板的感觉，反而带给人一种干净、大气、神圣之感。悉尼歌剧院改变了传统的建筑风格，充分体现了现代表现主义的艺术风格，也是有机建筑的典范。悉尼歌剧院最动人之处就在于和周围环境的高度和谐统一，它融于大地与海洋之间，展示着彼此之间的和谐，诉说着人类对自然的热爱。人们可以从各个方位、各个时间去看它。它永远是那么美丽，那么和谐，那么与世无争。它让欣赏歌剧的人听歌剧之前就已经身心愉悦，心情放松——建筑艺术与声乐艺术相互映衬，相得益彰，达到了另一种艺术高峰。

现在悉尼歌剧院已成为最能代表澳大利亚的标志性建筑物，也可以说是悉尼市的灵魂，它那辉煌的建筑艺术使它与朗香教堂、流水别墅同列为当代建筑艺术的顶峰。

2008年12月29日约翰·伍重在睡梦中逝世，享年90岁。1978年英国皇家建筑师协会授予约翰·伍重“皇家金质奖章”，以表彰他的杰出创造，约翰·伍重这才感慨地说，是奖章治愈了他“悉尼悲剧”的创伤。但他此后再也没有到过悉尼，没有亲眼看见他的作品。1998年，悉尼授予约翰·伍重“城市之匙”自由奖章，他没有前往领奖，时任悉尼市长亲赴哥本哈根将“城市之匙”交到他手上。2003年，他获得了世界建筑界的最高荣誉——普利策建筑奖。评审团认为，约翰·伍重“设计了一幢超越他的时代的建筑物，远远领先于可以运用的技术，并且，他为设计一幢改变了整个国家的形象的建筑，承受住了非同寻常的攻击和负面批评”。同年，约翰·伍重获得悉尼大学的荣誉博士称号，由他儿子杨（Jan）代他参加授予仪式。1998年，由于歌剧厅在声学和乐池等方面出现了一些令人尴尬的问题，专家们认为问题还得请约翰·伍重来解决。这个提议最后得到了伍重本人的认可，于是自1999年起，约翰·伍重（当年已是80岁高龄）和他担任建筑师的儿子杨联手合作，对歌剧院的内部进行修整。有人问杨，伍重没有亲眼看到歌剧院，遗憾吗？杨说，剧院的每个细节都在他的脑海里。

图1　从海面上看悉尼歌剧院贝壳似的屋顶

图2　悉尼歌剧院贝壳大屋顶细部

图3　悉尼歌剧院的大台阶

图4　悉尼歌剧院壳内的混凝土梁

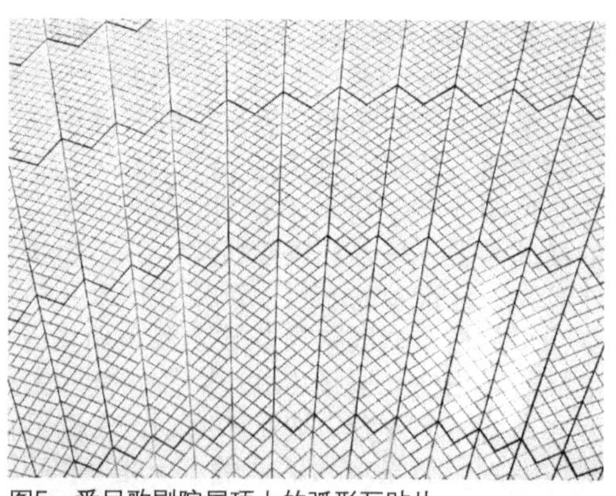

图5　悉尼歌剧院屋顶上的弧形瓦贴片

图6　悉尼歌剧院演出大厅

图7　悉尼歌剧院和大桥遥相呼应

2.7　密尔沃基美术博物馆

圣地亚哥·卡拉特拉瓦　1994—2001
□Santiago Calatrava　□Milwaukee Art Museum

圣地亚哥·卡拉特拉瓦

2001年，圣地亚哥·卡拉特拉瓦在美国的第一个作品威斯康星州密尔沃基的美术博物馆扩建工程建成。此地原有一个旧馆，是1957年埃罗·沙里宁设计的战争纪念馆，博物馆馆长认为原先的建筑不能给人留下深刻的印象。这一次，卡拉特拉瓦在老馆沿湖岸一侧加建的夸特希（Quadracci）展厅，名气不大，却绝对造成了喧宾夺主的局面。

卡拉特拉瓦的密尔沃基美术博物馆位于密歇根湖畔，粼粼波光似乎是全球各地许多博物馆建筑偏爱的环境条件。为了尽情发掘地段环境天然的潜力，卡拉特拉瓦把建筑设计成了“在水一方”的形式。正对着地段西面，是当地的重要干道——林肯纪念大道。卡拉特拉瓦沿着大道的方向新建了一条跨度长达73 m的斜拉索引桥，笔直地对着新美术馆的主入口，从而把人们的视线直接引导到了新建筑上来。引桥的做法，和他在1992年为塞维利亚世界博览会设计的竖琴般的阿拉米罗（Alamillo）大桥有着类似的构造思路，即斜塔斜拉桥。然而桥下并没有水，而是长满花草的公园，湖水在美术馆的身后。这一道引桥成了进入博物馆的空间序曲。

密尔沃基美术博物馆有两个主入口，一个通过桥面进入，另一个从桥下的地面直接进入。在桥面入口塔门的上方，向密歇根湖面方向伸出一根斜杆，它是引桥拉索结构的支柱。斜杆高达50 m，以47°倾角竖起。斜杆一侧的10根拉索悬吊着入口处的桥面，另一侧的拉索则呈八字形向两侧锚固在博物馆背湖一方屋顶平台前面的直横梁上，这样的设计给人一种在海上航行的大船的那种感觉。桥头的竖直塔门，在入口处勾勒出一个醒目的方框。以斜杆斜拉桥的方式作为进入博物馆的前奏，使参观者一开始就产生了赏心悦目的舒畅心情，这是密尔沃基美术博物馆的一个设计特点。

密尔沃基美术博物馆在建筑上另一个与众不同的特点就是有两个会像飞鸟翅膀一样扇动的遮阳翼板。博物馆中庭上方矗立着一个圆锥体，那是博物馆中庭的玻璃屋顶。卡拉特拉瓦在它的外侧增加了一组遮阳百叶，它就像飞鸟的翅膀。双曲线形的屋面遮阳翼板由金属钢条制成，钢条的一端通过铰销和液压油顶固定在锥形屋边的销轴上。它们从中间分为两个部分，每侧各有36根钢条，它们的长度从前向后逐渐由8 m增加到32 m，这个钢条结构形成了一个特殊的遮阳翼板。根据阳光的强弱，计算机控制固定在桅杆上面的液压油顶自动伸缩来调整遮阳板的倾角：在阳光明亮时，它可以合拢；在天阴时，它可以打开。当遮阳板完全打开时，所有的钢杆都与地面平行。遮阳板也可以随阳光进行单侧调整。遮阳板直接销接在中庭锥形屋顶的一根销轴上，远远看去，遮阳板如同鸟的翅膀上面一组纤细的羽毛片。随着一天里时间的流逝，它会随时跟着阳光调整自己的角度，像是有灵性的鸟翅在湖边悄然微颤，使静谧中庭内的阴影产生如梦幻般的变化。

门厅以内的室内空间，几乎通体白色。早在1983年设计苏黎世火车站的时候，卡拉特拉瓦就已经充分发掘了混凝土结构的雕塑表现力，将1950年代由埃罗·沙里宁和皮埃尔·路易吉·奈尔维开创的清水混凝土的造型美，进一步提升到一个新高度。在密尔沃基美术博物馆里，他以厚重的混凝土拱为基本元素作为南北展厅的骨架排成一串，使沿着南北轴线方向向北伸展的展览空间具有统一的形象特征，用最简单、最朴实的造型设计，造就了雅致而壮观的美。由于近似直角的三角形状不对称混凝土拱的一端远远向外伸出，正好成为展廊向外伸出的檐口，因此展廊里的照明只有室外地面反射回来的漫射光，它既能保证足够的自然采光，又避免了阳光直射对藏品的损坏。一长串重复的拱让人联想到欧洲教堂长廊中的连拱结构，自然又为这个空间添加了几分怀旧的神圣感。据说，这个美术馆里陈列的多是珍贵的艺术品，放进这样的展廊，更增添了它们的光彩。

2001年由美国《时代》杂志评选的年度设计榜上，密尔沃基美术博物馆被推举为头名。此排行榜不仅收录了当年的新建筑，还包括家具、汽车、时装设计，乃至电影的美工设计，可见行外的人们被它感动的程度。

用“诗篇”二字形容卡拉特拉瓦的作品是合适的，因为它们带给人们的不仅是张力与美感，同时提出了新的设计思维与创造模式，那就是技术探索与文化理念表达的统一。其创造性的表现进一步诠释了建筑的复杂性，告诉我们建筑的进一步发展可以并且必须跨越不同的相关领域。圣地亚哥·卡拉特拉瓦这样的“多面手”在当今这个专业主宰各个领域的时代显得尤其难能可贵，他以其渊博的学识与创造性的处理手法将建筑、雕塑、机械与结构技术完美地结合在一起。人们在领略其作品强烈视觉冲击的同时开始对建筑的本质进行新的思考。

圣地亚哥·卡拉特拉瓦1975年曾在瑞士苏黎世联邦理工学院学习建筑工程，后来他对机械连杆的运动特别感兴趣。1981年他写了一篇论文《可折叠的空间结构》，对机械连杆的运动有独到的见解，这对他后来的建筑设计产生了巨大的影响。卡拉特拉瓦的作品中结构的可折叠性与稳定性之间并不存在矛盾，相反，他提供了多种的可能性——例如厄恩斯汀仓库的折叠门和巴伦西亚艺术科学城天文馆使用液压油顶拉伸抬起的弧形玻璃墙。节点运动轨迹的本身也就是一种独特的表现形式。仔细分析不难发现对于这种结构形式只要加以一个自由度的限定，就具有了几何稳定性而成为能承受荷载的结构形式，但是结构本身仍然具有运动的能力，而这种运动使直线结构变成折线，反而加强了结构的刚度，真可谓神来之笔。卡拉特拉瓦作为结构工程师的素养使得“优化”成为最基本的设计手法。他总是通过计算和试验寻找结构在空间上的临界点，然后把它们淋漓尽致地表现出来。这种“临界点”通过受力清晰的特定组合构件表达出奇特的艺术形象，使得人们在凭借常识做出判断的同时产生共鸣和期待以及心理上的震撼力。对于结构技术的深入研究和独特思考促使他在寻求结构优化的同时，将建筑空间的合理应用与美学价值在更高的层次上加以综合。在这种全新的审美状态中，理性与表现不再是对立的双方而成为相互缠绕的共同体，一起支撑着新的创造方式。从这个意义上说，圣地亚哥·卡拉特拉瓦开辟了一个新的时代。

图1　从吊桥看密尔沃基美术博物馆

图2　密尔沃基美术博物馆下坠时的遮阳板

图3　密尔沃基美术博物馆的锥形大厅

图4　密尔沃基美术博物馆锥形大厅的屋顶

图5　密尔沃基美术博物馆遮阳板随阳光变化

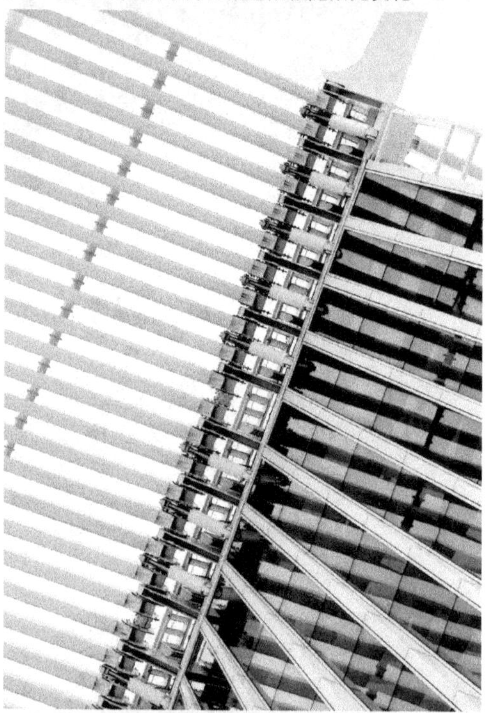

图6　遮阳板下部的液压油顶

图7　密尔沃基美术博物馆的展廊

2.8 流水别墅及有机建筑理论

美国匹兹堡

弗兰克·劳埃德·赖特　1935—1937

□Frank Lloyd Wright　□Waterfalling House and Organic Architectural Theory

弗兰克·劳埃德·赖特

1991年美国的权威建筑杂志《建筑实录》举办了读者评选百年来全球最优秀建筑的活动，结果弗兰克·劳埃德·赖特设计的流水别墅名列榜首。这当中，不排除美国人怀有民族感情的因素；然而，毫无疑问，赖特的“流水别墅”是20世纪最优秀的经典建筑之一。那么，流水别墅为什么会受到建筑界以及美国人民的青睐，并得到这样高的评价?

1934年，美国富商考夫曼结识了赖特，由于志趣相投成为挚友。当年12月，考夫曼邀请赖特到匹兹堡东南郊的熊跑溪（Bear Run）去商谈建造一座周末别墅的事宜，别墅的基址选在熊跑溪的上游，那里四周密林环绕，小溪从山上潺潺向山下流淌，环境十分清幽。考夫曼带领赖特到现场实地踏勘，给赖特留下了极为深刻的印象。密林中的岩石、清澈的流水从山岩向下跌落的音乐般的声音使他难以忘怀，赖特回去后头脑中不时浮现出一个在溪水旁山崖上的模糊别墅幻象。他请考夫曼提供一份地形图，尽可能详尽地把每块大石头和碗口粗的树木的位置都标清楚。

1935年3月，地图按时送至赖特的设计事务所，但赖特半年之内没有动一笔，其实，这段时间他脑子里一直在比较各种方案。考夫曼终于失去耐心，发出了最后“通牒”，威胁要终止合同。9月的一天赖特单独坐在自己的办公室里，仅用了一刻钟就迅速画出了第一张草图。通常，赖特喜欢让他的助手和学生看自己的草图。第二天早晨，当学生们开始用早餐的时候，看到了赖特桌上的草图。

他将别墅建在一处流水跌落较大的瀑布上面，从山崖向外伸出两个巨大的平台，一个向左右展开，另一个向前方伸出，它们构成了别墅建筑的主体，背景则是用粗石砌成几道深褐色的竖墙。这几处看似简单的安排，实在是精妙的创意。这两个从天然的山崖与瀑布之上陡然伸出的横直交错的光洁的长方体，就是别墅一楼的阳台和二楼的挑台，站在这两个平台上面倾听流过树林山间小溪的潺潺流水声是何等心旷神怡！从艺术处理上，山野丛林中的这两个工整的平台好像从山崖中伸出，与四周环境显得如此协调和谐，揭示了自然造化与人类之间既相通又依存的奥妙。动静相得益彰，真可谓鬼斧神工、妙构天成。

别墅室内也充分显示了赖特的匠心。所有柱子、墙体与地板均利用当地的天然石料，避免人工雕琢的痕迹。砌筑支柱的石块水平方向的纹理与支柱的竖直性，产生一种鲜明的对抗；由起居室通到下面溪流的楼梯，就像苏州古民宅河边的石阶，是建筑物通向自然的桥梁，也是神来之笔。

流水别墅的布局与内部陈设处处都表现出从容镇静，一切都恰到好处。到了室内犹如进入梦境，通往巨大的起居室时先要经过一段狭小昏暗的有顶盖的门廊，透过主楼梯粗犷而透孔的石壁，右手边是通道，左手是通往二层起居室的踏步。赖特对自然光线的巧妙掌握，使内部空间生机盎然。随着阳光的角度变化，光线在起居室的东、南、西三面流动起来，从天窗直接泻下的光线最为明亮，可以照射到建筑物下方去小溪的楼梯。东西两侧与北侧围合成的房间，稍显昏暗。起居室内由岩石铺砌的地板上，隐约显现出它们的倒影。从北侧山崖反射进来的光线显得朦胧柔美。随着光线的明暗变化，起居室内色彩鲜艳的家具变得更加多姿多彩。大壁炉前刻意保留了一块悬崖上原来的岩石。厅堂座椅采用了鲜艳的红、橙、黄色，与灰褐色的粗犷石料相对照，活跃了室内空间环境。室内宽畅明亮，穿过没有间隔的窗户能够看到外面的森林和一年四季的变化。室内的空间组织自由、灵活，大面积的落地玻璃窗与粗石墙柱形成了鲜明的反差：既封闭又开放、有虚有实；既互相贯通又内外穿插，处处体现赖特的设计艺术思想。

赖特称这个别墅是“峭壁的延伸”。“它凌空在溪水之上，住在这里的人可以在树林的静谧及流水跌落的响声里享受着生活的乐趣。”他给这幢别墅取名为“流水别墅”。

1936年1月，流水别墅的施工图完成。2月，考夫曼请来匹兹堡的工程师检查地基是否能承受建筑的集中荷载。谁知工程师们对结构提出的否定性意见竟有38条之多。赖特对此报告大为不满，甚至要求考夫曼归还他的图纸，说考夫曼不配得到这幢别墅。结果考夫曼做了让步，向赖特表示歉意并决定按照它的图纸动工兴建别墅。工程期间，赖特曾四次到现场监督，多次与工程师发生争执，最后双方互相妥协，这才使建筑与结构协调得更完美。其实结构工程师的意见并没有错，考夫曼害怕得罪赖特，又认为结构工程师的意见不无道理，担心房子不牢靠，他曾经瞒着赖特，要施工人员在悬挑部分增加了不少钢筋。后来的事实证明，正是这个措施保证了别墅没有坍塌。

赖特曾说过，流水别墅是他设计的第一座“流线型”建筑，并断言，如果没有就地形进行有趣的遐想，就会使用完全不适合这座建筑的流行的建筑语言。别墅的剖面据说来源于玛雅文明的金字塔，并且成为整个设计的关键。建筑位于陡峭的山林坡地，悬挑的各层平台似托盘一样悬出瀑布之上，底层阳台伸出小溪竟有5 m之多，悬空的阳台给人一种从桥上往下看时的摇摇欲坠的感觉。经由宽大的起居室出口台阶可走到流水上方。位于坡地较高地段的实体部分起到了平衡悬挑平台的作用。刘易斯·芒福德（Lewis Mumford）对这样的建筑构思作了以下的诠释：“岩石可谓表现了（它本身就是）大地主题，混凝土板则是水的主题。”

1937年秋，占地380 m^2，底层临水的流水别墅全部建成，造价从原来的3.5 万美元飚升到7.5万美元。正是由于考夫曼的富有与天才的艺术鉴赏力，赖特才将流水别墅雕琢成了建筑艺术精品。1938年1月，以“赖特在熊跑溪的新住宅”为题的摄影展正式举行，引起了巨大的反响，建筑界的评价认为，流水别墅具有艺术品的韵味，结构上高度重视自然环境，并努力把建筑与自然环境有机地结合起来。因此从建成时起流水别墅就受到建筑界的高度重视，被视为美国1930年代现代主义的杰作。

1963年，考夫曼的儿子将流水别墅捐献给匹兹堡宾夕法尼亚州保护局。在捐献仪式上，小考夫曼以这样的语句表达了他的心情：流水别墅是一件人类为自身所做的作品，不是一个人为另一个人所做的，它是一个公众的财富，而不是私人拥有的珍品。截至1988年，参观流水别墅的访问者总数超过100万人。

赖特的设计生涯开始于1889—1909年的芝加哥橡树园工作室，那里既是他新婚的住所，又是他的工作室。在那段时期，他开始提出、发展并完善他的“大草原”理论，并形成了草原学派。为后来的有机建筑理论打下了基础。赖特对建筑学的贡献主要是他的有机建筑理论。“有机”这个词不同于“现代”。“现代”意味着“流行”或“时尚”，今天的现代事物将在明天成为过去的东西。有机建筑则如同自然一样，始终蕴含着生机与活力。由于它的哲理远远超越了代表某种流派的任何典型的形式，因此很难给它定义。这种思想的核心是“道法自然”，就是要求依照大自然所启示的道理行事，而不是模仿自然。自然界是有机的，因而取名为“有机建筑”。

我们应确信这一点：在有机建筑理论里面没有条条框框。深奥的东西不可能有简单、全面的定义。没有人能简单、有限地解释宇宙、自然、生命，甚至是人类自身。因此我们不断探索并试图理解这些复杂并难以表述的事物，并在此过程中，学习与此相关的新东西。要真正欣赏建筑，就必须亲自去感受它——沿着建筑物绕行，穿越其中并在其中驻足停留。有机建筑永远不会落入俗套。有机建筑是时间、地点和人物都相称的建筑。与时间相称，意味着有机建筑是一栋属于建造年代的建筑，一栋与当代生活及社会模式与条件产生对话的建筑，一栋能充分并恰当地利用一切可能利用的材料和新技术的建筑。

赖特主张设计每一个建筑，都应该根据各自特有的客观条件，形成一个理念，把这个理念由内到外，贯穿于建筑的每一个局部，使每一个局部都互相关联，成为整体不可分割的组成部分。他认为建筑之所以为建筑，其实质在于它的内部空间。他倡导着眼于内部空间效果来进行设计，“有生于无”，建筑空间都是从最根本的土地里自然生成的，屋顶、墙和门窗等实体应服从所设想的空间效果。这就是他的由内向外进行设计的观点，从而打破了过去着眼于屋顶、墙和门窗等实体进行设计的观念，为建筑学开辟了新的境界。

赖特的有机建筑理论用他自己的话可以概括如下：

①一个好创意永远不会消亡，而且它存在的形式永远处于不停的变化中。我们内在的创造力体现于我们对自己所做的一切都追根究底的素质，以及在新问题出现时反复寻找新方案的能力。灵感是一种祈求、一种深切的希望（灵感与创意）。

②建筑中最需要的东西正是生活中最需要的，即“完整性”。正如它在人体上所体现的，完整性是一栋建筑最深刻的品质（完整与统一）。

③建筑师是大地、空气、火、光和水等元素的主人。空间、位移和引力是他的调色板；太阳是他的画笔；他关注的是人类的心灵（人性与心灵）。

④任何有机建筑的本质都是它从场地中破土而出，成长起来。大地本身就是建筑的基本组成构件，地面是最简洁的建筑形式，建筑物则是大地与太阳的产物（与环境和谐共生）。

⑤有机建筑是用结构表达创意的科学艺术，也是建造的艺术，在那里，美学与建造不仅相互认可，而且相互印证。有机形式的结构是从外部条件发展而来，如同植物是从土壤中生长出来的一样，两者有着相似的展开过程（结构的连续性）。

⑥建筑物所用的材料将极大地影响它的体积、轮廓，尤其是比例（材料的本性）。

⑦文明是生活的方式，文化则是使生活变得美丽的方式（美与浪漫）。

⑧要想知道什么该减，什么该增，在哪里增减，如何增减，就要接受与“简单”相关的学问的教育。我们不再生活于简单的关系、简单的时间或地点中。现在的生活是一场更为复杂的斗争，如今正勇敢地走向简单；即便仅是想得简单，也是富于胆略的行为。“简单”的含义需要用心去体会（简单与宁静）。

⑨人们对日益增长的城市压力的不满与日俱增（分散化）。

⑩聆听心灵深处细微的呼声。人的良心是其灵魂真正主要的动力。没有良心的自由是危险的（自由）。

赖特说，路易斯·沙利文的格言“形式追随功能”，应确切地改为“形式与功能是一体的”，他在这里表达的是整合的需要。他还说，最早的有机建筑师是救世主，因为他告诉我们，“上帝的王国就在你们中间”。

用今天的话来说，有机建筑理论就是力求人类改造自身生存环境的包括城市建设、交通、对自然的开发等行为与自然环境本身达到有机的和谐。在这个大原则下，建筑师可以充分发挥想象力，按照上面的设计技巧使建筑物给人以一种美的艺术享受。流水别墅正是实践有机理论的杰出代表，因此在建成80多年后仍具有不朽的生命力，并继续成为今后建筑设计的一个坐标参照物。

图1　从小溪下面眺望流水别墅

图2　从上游看流水别墅的大阳台

图3　从斜方向的山崖上眺望流水别墅的阳台

图4　山崖中的流水别墅全景

图5　流水别墅的客厅

2.9 环球航空公司飞行中心与杜勒斯国际机场

美国纽约、华盛顿

埃罗·沙里宁 1956—1962

□Eero Saarinen □TWA Fllight Center and Dulles International Airport

埃罗·沙里宁

1961—1962年建造的环球航空公司飞行中心与杜勒斯国际机场使埃罗·沙里宁确立了自己在国际建筑界的地位。美国环球航空公司飞行中心是肯尼迪机场的候机楼，它是当时第一座用有机形式设计的大型建筑物，是有机功能主义里程碑式的建筑。埃罗·沙里宁是1956年澳大利亚悉尼歌剧院设计方案的评委，环球航空公司飞行中心的飞鸟形式受到了悉尼歌剧院贝壳屋顶的启示。在环球航空公司飞行中心中，它的钢筋混凝土的薄壳屋顶由四片筒形交叉穹顶组成，它们坐落在"Y"字形支墩上。建筑的中央部分是总入口和中央大厅，屋顶就像一只腾飞大鸟的双翼，而支墩就像是鸟的脚。在上扬的翼下面，伸展出两个向侧面延伸的翼，是候机大楼的候机大厅与购票处。而在这个"飞鸟"的后面，又伸出左右两个弯曲的走廊与卫星厅相连，形成了登机的卫星终端。大厅从上到下全是大面积的玻璃窗，廊道的两侧也全是透明的玻璃，从这里向外望去，停机坪上的情况一览无余。

埃罗·沙里宁在环球航空公司飞行中心的设计中，充分运用了壳体"弯曲"的特征，即看不到任何生硬的线脚。双向曲面薄壳，毫无拘束地展现在人们眼前。从曲面边缘上突起的肋朝着支座方向变宽，一方面加强了壳的刚度，以克服壳的变形，最终与支座合为一体，构成飞鸟的脚。整座候机大楼的外形暗含了"飞鸟"的寓意，隐喻人类盼望飞上天的理想终于变成现实。

这次设计环球航空公司飞行中心的方法是少有先例的，沙里宁预先没有画图，而是做了一个模型。在纽约近郊的一个巨大仓库里，这个模型做得突出到屋外了，而这仅仅是半只"飞鸟"。是啊，那样一只自由的鸟儿怎么能用丁字尺和三角板画出来呢？而巨大的内部空间光靠图纸和人脑有限的想象力，将怎样琢磨推敲呢？现在模型做好了，且做得如此之大，足够让沙里宁咬着烟斗在里面走来走去，摸摸敲敲，最后的曲线形状就在这样的亲身体验之中敲定下来。从模型到图纸也颇费周折，为了绘制像等高线一样复杂的施工图，他总共花了5 500 h。但真正麻烦的是施工，惊人的脚手架有如密密的丛林，单是确定曲线高度的支撑点就有1 800多个，以至于人们感叹说，恐怕美国以后再也不会有什么工程比这个更复杂、更精巧了。1960年10月，支撑"飞鸟"的脚手架全部拆除，总重5 500 t的"飞鸟"自由自在地飘浮在空中。当巨大的混凝土躯体轻盈地飘浮在空中，展示出那个时代最伟大的建筑艺术和施工技术时，那惊人的气魄和美感几乎令人屏息。正如沙里宁所说："即使工程在中途突然停工，这个建筑也将成为20世纪的美丽遗迹。”

建筑的外部充满了富于力量感的曲线，建筑的内部也做到了“表里一致”。两座天桥好像由软糖拉成的样子，曲线形的登机指示牌很像某种机器人。总之，从屋顶、墙壁到楼板，从告示板、扶手到柜台，曲线在建筑的每一个角落漫延，整个建筑空间成为一个浑然的整体。为了寻找一种可以同时用于天花板和墙壁的装饰材料，沙里宁费了不少脑筋。最后，日本制造的白色圆形马赛克瓷砖登场。从此以后，这种一直被认为是厕所专用材料的瓷砖“登上了大雅之堂”，并且不仅用于室内，也用于建筑外表的装饰，而且开始风靡世界。

无论是建筑的外部或内部，基本没有规范的几何形态。“天窗带”沿穹顶交叉处伸展，从而分隔了穹顶，在白天可作为室内的采光源，夜晚则提供了带状的灯光照明。建筑内的一切都服从于外观的自由形状：楼梯呈弓形，电子航行指示牌的形状像科幻中的植物，管状的登机通道一直伸至停机坪。这个以有机形式构思设计的机场候机楼，很好地保持了现代建筑的各种功能，是突破国际主义风格走向有机形态建筑的一个里程碑。

环球航空公司飞行中心的诞生还多亏了计算机的发明，如果没有计算机，那么复杂的结构计算几乎是人力无法企及的。“飞鸟”航站楼建成后已有数十万人观赏过，并送他们踏上旅程。然而那个咬着烟斗琢磨模型的建筑师，却没来得及看到“飞鸟”建成后的雄姿。一代英才早逝，1961年埃罗·沙里宁去世时才51岁。

随着声望的提高，接着沙里宁的又被委托设计在华盛顿附近的杜勒斯国际机场。杜勒斯国际机场航站楼对他是一次更大的挑战，他面临着一系列的新问题，要设计一座能为国家提供一个现代化“大门”的全新的候机楼。建筑基地为一片平坦的平原，主候机楼是一座独立而紧凑的建筑。沙里宁采用了悬索结构作为候机楼屋顶的基本结构形式，他用了16个巨大的形状特殊的倾斜柱支撑着下凹的像帆布一样被两端拉紧的抛物线形的巨大屋顶。候机楼宽45.6 m，长182.5 m，分为上下两层。在前后两排柱的顶部大梁上每隔3 m悬挂一对1 in（2.54 cm）粗的钢缆悬挂，在悬索的上面再铺上预制钢筋混凝土板。从结构和形式上，这些巨大的柱子具有拉住和支撑屋顶的双重功能和视觉感。巨大的落地玻璃幕墙呈现微微内凹的曲面形状，随着柱子向下倾斜，可以映照出大楼外面来往的车辆与行人。机场控制塔楼的设计也十分新颖，利用圆形与半圆形反复交错，与候机大楼互相呼应，整个建筑要比环球航空公司飞行中心工整规范，同时该机场的有机建筑形态与理性主义之间达到更好的和谐。

环球航空公司飞行中心与杜勒斯国际机场是沙里宁生前最重要的建筑设计，它们不仅表现了沙里宁的有机建筑设计思想，而且表现了沙里宁与时代同步的所谓“喷气机时代”（Jet Age）设计理念，具有承前启后的作用。一方面，它继承了勒·柯布西耶朗香教堂的非正统、非线性、混沌的设计手法，同时也吸收了国际主义风格里面的合理内涵。另一方面，用模型和计算机进行建筑设计从沙里宁开始了新的一页。在设计朗香教堂时，模型起到了重要的作用，但那时还没有计算机设计。从沙里宁起，计算机进入建筑的造型设计之中，这对后现代主义建筑设计起到了开拓性作用。

从洛杉矶市区驱车往西，到加利福尼亚405号州际高速公路后再向北不远就可以看到绵延不断的圣莫尼卡山脉，在山上海拔268.5 m高的山崖处矗立着一片白色的建筑群，这就是闻名遐迩的洛杉矶盖蒂中心。它包括一座非常现代化的美术博物馆、一个艺术研究中心和一个漂亮的花园。如今盖蒂中心已经成为洛杉矶市继环球影城和迪斯尼乐园之后的又一标志性人文景点，也是建筑师与艺术爱好者的向往之地。

图1　如飞鸟般展翅飞翔的环球航空公司飞行中心

图2　环球航空公司飞行中心的候机大厅

图3　环球航空公司飞行中心的“鸟脚”

图4　杜勒斯国际机场航站楼外景

图5　环球航空公司飞行中心的巨大玻璃窗

图6　杜勒斯国际机场航站楼的正面屋檐与内凹的玻璃窗

2.10 洛杉矶盖蒂中心

理查德·迈耶　1984—1997
□Richard Meier　□Getty Center in Los Angeles

理查德·迈耶

盖蒂中心的拥有者是美国著名的盖蒂家族基金会，其创立者是曾经位居美国首富的石油巨子让·保罗·盖蒂（Jean Paul Getty）。这个被称为是美国最富有又是最吝啬的人，曾用他拥有的60亿美元财富中的一半以上来购买古代希腊和罗马的艺术品,并为此特地建造了盖蒂博物馆，但却因父子失和而剥夺了他儿子保罗·盖蒂二世的继承权，他在遗嘱中只给儿子留下500美元的遗产。在老盖蒂1976年去世后，经过多重波折，保罗·盖蒂二世才得到了盖蒂家族巨大的财产，同时也继承了其父亲对艺术品痴迷般的热爱。由于日益增多的收藏品使得位于马里布（Malibu）地区的原盖蒂博物馆难以容纳，1983年，盖蒂基金会斥巨资在洛杉矶西部买下了110英亩（44.5 hm^2）山坡，用来建造新的盖蒂中心。

经过一年的严格甄选，理查德·迈耶、英国建筑师詹姆斯·斯特林和日本建筑师桢文彦进入决赛，最后美国著名建筑师理查德·迈耶脱颖而出，被委以设计盖蒂中心的重任。在经过长达13年的设计和施工后，总耗资达10亿美元的盖蒂中心终于在1997年落成。盖蒂中心位于两座山峰之间的山谷坡地并延伸到两侧的山崖。由于周围居民担心日后被参观者的车流干扰，迈耶特别设计了进入中心的轨道电车，所有来访车辆都只能停放在山下的地下车库中，然后换乘盖蒂中心的电车上山，电车的行程约5 min。盖蒂中心的主体是由大厅和一组独立展厅组成的美术馆，依山就势的展厅被巧妙地分为两组不对称的楼群，六幢展厅建筑造型风格相近，却又各具特色，方向、形态错落有致，楼群中间则是露天庭院和水池。各展厅由天桥、楼梯和廊道相连接，空间的转换自然流畅，观众在参观完一个厅后，可以回到室外环境中，在阳光和新鲜空气中让身心得到调整。从盖蒂中心的平台看出去，太平洋和洛杉矶整个城市都尽收眼底；在晴朗的日子里，可以看见长滩海外的圣卡塔利娜岛（Santa Catalina Island）；整个建筑群宏伟、宽敞、强烈的现代氛围与独到的细部处理的设计手法使盖蒂中心成为20世纪末世界上最重要的建筑之一。可以毫不夸张地说，就其设计手法、规模、建筑的时代特征与环境处理而言，盖蒂中心是前无古人，或许也是后无来者的历史性博物馆建筑。

盖蒂中心建筑群规整而具有现代感，迈耶选用方、圆为母题来处理空间和建筑造型，并在其中穿插了特有的钢琴曲线形式。盖蒂中心以7.5 m×7.5 m的模数为基础，组合成不同的正方体和长方体。盖蒂中心主体部分的网轴线与城市的街道网络保持一致，迈耶将钢琴曲线应用在建筑的两侧，使造型显得生动活泼。把博物馆设计成建筑群虽然不是迈耶的首创，但运用模数设计如此巨大尺度的建筑群，迈耶是第一人。

从一开始，盖蒂中心的馆长就认为盖蒂中心应该和美丽堡（又名顺豪森宫，Schloss Schönhausen）的保罗·盖蒂博物馆相似——不是指在外形上，而是指应该让参观者能在室内外，无论从花园到展厅，还是从展厅到花园，都自由行动。这里提供了不断变化的线路，这一时刻，参观者全神贯注看展览，下一时刻，参观者就会在室外，或欣赏洛杉矶市和加布里艾尔山的自然画面，或向西眺望圣莫尼卡山脉（Santa Monica Mountains）和大海。博物馆开始于一个宽敞的、光线充足的圆形大厅，进入这个大厅后，参观者就会意识到博物馆包含有5个截然不同的2层展厅，可以看雕塑或巴洛克绘画以及摄影作品等，每个展厅都互相连通。

盖蒂中心最初的设计是采用不锈钢板作为墙面，要是那样的话，在洛杉矶10号公路开车的司机在落日阳光的反射下，就不能开车了。在盖蒂基金会和当地人士的要求下，迈耶放弃了他一贯的以白色和金属材质为主的设计风格，大量采用来自地中海沿岸地区的石灰岩以满足降低建筑物外表亮度的环境要求。这种带有粗糙纹理的暖色石材来自罗马以东25 km处，价格并不贵。浅褐色的石灰岩板表面故意被处理成斧劈刀削般的凹凸起伏，颇具古风。这种特殊形式的表面仿佛给人传递出永恒的意味，观众甚至还可以按照参观指南在其表面找到贝壳和其他生物遗骸化石。这种石灰岩不仅吻合以收藏古代欧洲艺术品为主的博物馆特色，而且与光滑的玻璃和铝板形成了丰富的质地对比。在盖蒂中心的花园露台，几根高大简洁的柱子使人不禁想起雅典的卫城，其空间处理手法大胆奇特，令人叫绝。迈耶这一现代风格与古典传统结合的杰作得到空前好评，建筑落成的那年，他获得了美国建筑界最高荣誉的美国建筑师协会金奖。

人文中心位于西面较隐蔽的山脊，它是整个建筑序列的尾声。圆柱形的建筑体容纳一个有100万册书籍的图书馆以及阅览室、展览厅、办公室，庞大的资料查询空间呈放射状分布在建筑里，然而资料信息没有被集中管理，而是分布在各个小图书室内。在整个建筑场地上，景观设计借助一直延伸到建筑远处浓密的绿化平台，将综合体融入环境之中。水体也发挥着重要的作用，喷泉和水渠被引入两座主要山脊的中心花园，活跃了建筑群的气氛。艺术研究中心、东楼、礼堂、食堂和咖啡厅，以及北楼的外形都是曲线，它们主要采用金属墙面或大面积的开窗。不光滑的金属板几乎像石头一样耐用，它反射阳光，但又不过于耀眼，有一种缥缈的半透明的质感。同时，这种材料和褐色的石材加上浓郁的植被，与南加利福尼亚的景色非常和谐。

盖蒂中心向公众开放收藏品以供欣赏和使用的方式，意在保留人们对文化的记忆。有了这一要求，综合体的设计便结合了对称的布局和不对称的形式，显示了一种几何的人性化以及有机建筑与自然界之间的平衡。自1997年开放以来，盖蒂中心已成为洛杉矶盆地重要的文化中心，吸引了大量的国内外参观者。

理查德·迈耶被称为建筑界的“白色教父”。“白”是迈耶建筑不可缺少的元素，而白的墙就像画纸，光影就是其上自由地移动的图画。“白”是迈耶的作品给人们的第一印象。尽管白色派的建筑未必白，就迈耶而言，“白色教父”这个称号却是名副其实的。在以色彩浓艳的墙、红黄蓝绿的管线、眼花缭乱的装饰为标志的种种时髦设计面前，他的白色建筑自有一种超凡脱俗的气派。与高技派暴露材料的建筑风格形成强烈的反差。迈耶的作品以“顺应自然”的理论为基础，表面材料采用白色，衬以绿色的自然景物，常使建筑物超凡脱俗。迈耶之所以坚持建筑物必须采用醒目的白色立面，是因为只有白色才会与大自然的各种色彩形成强烈对比，使人们对大自然产生由衷的赞叹。当人处在这样的环境里，也自然而然地与四周景观融合在一起，感叹着造物主的神奇和迈耶的鬼斧神工。

迈耶对建筑物的外部造型处理得相当有条理。通过公共空间的虚和私密空间的实，以及对整个建筑体量水平和垂直方向的切割，迈耶创造出流畅的立面。整体而言，迈耶的设计理念简单明确，不会让人感到暧昧，新现代主义的思想在他的设计上更是表露无遗，例如“内部功能决定外部形式”“反装饰的雕塑风格”及“国际主义风格的展现”等等。从迈耶早期的史密斯住宅直至盖蒂中心的各种设计中，都可看出他对自己建筑理念的坚持，也是少数以不变应万变的建筑师之一。

盖蒂中心的还有一个特点，即建筑与环境景观设计协调，用迈耶的话来说，就是“建筑和景观同样重要”，两者共同组成一件巨大的艺术作品，它们互相衬托，相得益彰，因此也可以说是美术馆建筑及环境设计本身与藏品同样重要。在美术馆庭院间处处点缀着水池、山石和植物景观。沿美术馆西边平台而下，有一条弯曲的小径跨越人造的溪流，流水冲击着鹅卵石，发出悦耳的声响，园艺设计师将其命名为“声音的雕塑”。散步其间，曲折回转，很有些东方园林曲径通幽的意境。小径尽头是一个巨大的圆形中央花园，400多株杜鹃花组成了一个植物的迷宫，其灵感则是源于典型的欧洲园艺传统。盖蒂花园中种植着300多种不同的植物，总共达10 000余株，其中最惹人注目的是昂首怒放的洛杉矶市花鹤望兰。

迈耶很善于将建筑本身与周围环境的关系设计得非常和谐，在建筑内部运用垂直空间和自然光在建筑上的反射加强光影的效果。他特别主张建将筑风格回归到1920年代荷兰的式样和勒·柯布西耶倡导的立体主义构图和光影变化的式样，强调面的穿插，讲究纯净的建筑空间和体量。

迈耶说：“我会熟练地运用光线、尺度和景物的变化以及运动与静止之间的关系。建筑学是一门相当具有思想性的科学，它由运动的空间和静止的空间组成，这其中的空间概念宛如宇宙中的氧气。虽然我所关心的一直是空间结构，但是我所指的不是抽象的空间概念，而是直接与光、空间尺度以及建筑学文化等方面都有关系的空间结构。”“白色是一种极好的色彩，能将建筑和当地的环境很好地分隔开。像瓷器有完美的界面一样，白色也能使建筑在灰暗的天空中显示出其独特的风格特征。雪白是我作品中的一个最大的特征，用它可以阐明建筑学理念并强调视觉影像的功能。白色也是在光与影、空旷与实体展示中最好的鉴赏，因此从传统意义上说，白色是纯洁、透明和完美的象征。”

自1984年被授予建筑界最高奖项普利策建筑奖（理查德·迈耶是历史上这一奖项最年轻的获得者）后，理查德·迈耶先后获得1989年英国皇家建筑师协会颁发的“皇家金质奖章”，1992年法国政府授予的“艺术与文学大师”称号，1993年德国建筑奖。在1995年当选为美国艺术与科学研究院的研究员后，1997年，理查德·迈耶又获得了美国建筑师协会金奖以及日本政府为表彰他在艺术上取得的成就而授予的皇室奖金。

图1　盖蒂中心钢琴式的展馆屋檐和大台阶

图2　盖蒂中心的石砌墙和台阶

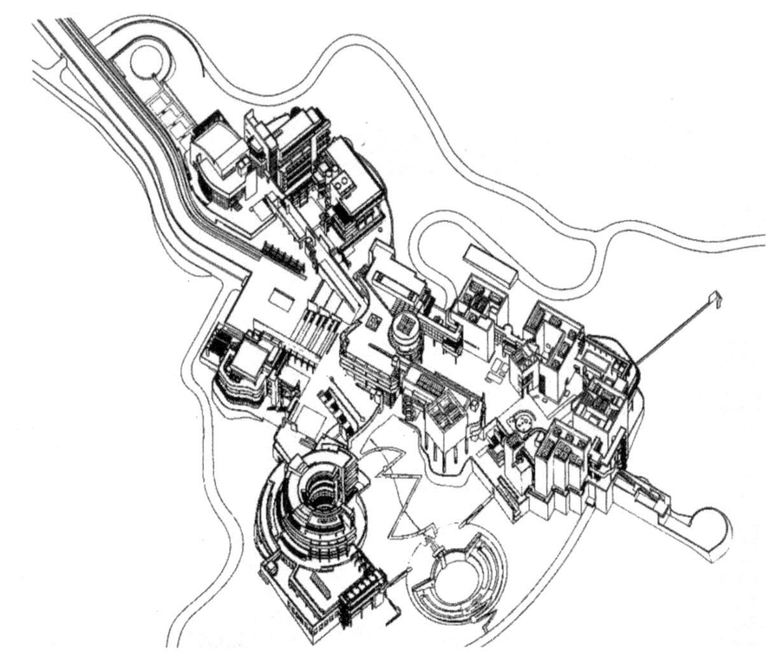
图3　盖蒂中心轴测图

图4　从盖蒂中心入口处看东翼

图6　从中央花园看展馆建筑群

图5　盖蒂中心的圆厅展馆

图7　盖蒂中心带纹理的石材墙面

图8　盖蒂中心的图书馆和人文中心

图9　盖蒂中心鸟瞰

2.11 钻石牧场高等学校

美国波蒙纳

墨菲西斯建筑事务所 + 汤姆·梅恩 1996—2000
□Morphosis Architects + Thom Mayne □Diamond Ranch High School

汤姆·梅恩

加利福尼亚钻石牧场高等学校位于巨大而分散的洛杉矶市市中心东侧约130 km波蒙纳的一个陡峭的山坡上。这算是一个相当大的建筑了。学校有1 600名学生、50名教师和15名行政管理人员。在学校的一些地方，坡度达2:1，学校建筑面积为15 000 m^2，一个被称为操场和可以停放770辆轿车的停车场都被考虑在学校的建筑群体之内。

墨菲西斯意图使人们感到学校是建在“一块基地”上而不是建在陡坡的顶部。汤姆·梅恩建议关键在于要简洁明确地表明建筑的内涵：“这是两个不相容的问题，一方面，学校设计项目应该考虑到对孩子们的关照，另一方面，基地又不是一个常规学校的式样。”梅恩最早的提议是：“在基地里不希望有一个建筑。”这个思想意味着父母们将孩子们留在一个天然的、而非故意建造的美丽的公园里。

在这里，墨菲西斯利用陡峭的斜坡地形塑造了一种扩大化景观的混合型场所，以模糊建筑与基地的界线，重新整合自然与环境。从东侧狭窄的入口台阶向上，突然出现一条东西向的步行道。步行道将学校一分为二，并组织了整个校园空间。它联系着北面的运动场与教室，并形成一个可以观看运动场上的棒球比赛的自然的斜坡。南面的足球场嵌入山体之中，利用山侧的坡度，经济、便利地获得了看台区。从步行道顺宽大的台阶向上，便可从教室来到屋顶平台和足球场，同时自然形成一个以台阶为看台的学生剧场。步行街南北两侧建筑折叠、弯曲的屋顶就像漂移的地壳板块，从远处看，建筑形象与周围起伏的山体十分和谐。建筑墙体局部采用素面混凝土与玻璃，折叠起伏的屋面被金属波纹板从上至下地包裹起来，有时屋顶的侧面甚至占据了一面墙，使建筑的屋面与墙体不分彼此地融合在一起，建筑的尺度消解在这些不规则的几何体和波纹板的肌理中，从建筑的外表完全无法看出内部空间的变化。这个建筑具有“非建筑”的形象，建筑表现为抽象的形式游戏，成为“非逻辑、非秩序、反常规的异质性要素的并置与混合”。另外，在位于城郊的校园环境中，中央步行街提供了一种类似城市商业街的空间体验，使过往的师生感受到一种丰富、变化的城市文化；同时，为学生之间、师生之间创造了偶然性碰面的机会。它是墨菲西斯“线性序列轴线”“建筑对生活中复杂性与偶然性回应”思想表达的延续。

墨菲西斯被1960年代的本地艺术家们深刻地影响着，他们从迈克尔·海伊泽（Michael Heizer）绝对否定的工作里面学到了“用减法而不是加法更容易处理空间”。当人们用海伊泽的思想对实际工作进行勾画时，“所有的工作都必须从这些艺术家的思想中对土地进行切割和精简、雕刻和修整。突然，基地变得清晰起来，而原先的目标已经荡然无存”。按照传统学校的设计，每一个年级应该合成一个群体。9~10年级的学生被安置到学校中央步行道的北侧，构想中的建筑物像一个“校内校”那么小，一个建筑群包含6栋两层楼的建筑，每个楼内均有一个教师和指导员的办公室，还有室外开会的场所。多数11~12年级的教室被安排在中央步行道的南侧，围绕着一个开放的庭院，基础课程在二楼授课，商业学习、家庭经济和工业技术等科目则在一楼授课，它们可以直接通往中央步行街。

建筑师在建筑下部也使用了混凝土材料。设计团队中的一员伯兰敦·维林（Brandon Welling）主张，建筑下部的混凝土部分在钻石牧场高等学校里也应被看成是正式的基础，建筑的其余部分则从那里向外面露出。“这样，护墙、塔式阶梯、基座和中央步行街的路面都显露出来。”塔式阶梯与步行街两侧的建筑均制成表面有条纹的建筑。它们由刻有深条纹的15 cm宽木条制成，可以微微显现木条之间混凝土的痕迹。原先的目的是全部采用这样的方法来制成波纹表面，由于成本太高，在其他许多地方只能用1.5 m×3 m的胶合板来做模版，现在见到的大都是由金属板制成的波纹表面。

与场地艺术现象学的影响一样，墨菲西斯的建筑师们主张“用阿基格拉姆和格鲁恩（Gruen）的办公室伦理学”来说明他们的工作进展。在设计中他们继续保持了对多种材料和色彩的运用，并且对材料的探索更加广泛。在建筑形式的处理上，一方面深化建筑的体量与体量间扭转和穿插的关系，另一方面采用“变异”的方法来处理，建筑表现出非理性的形式。最为重要的变化是建筑体量的分解、离散表现得更加剧烈，建筑群中出现许多“碎片”，如突然中断的墙、梁架和遮阳板等。钻石牧场高等学校的校舍正是这样的指导思想的产物，没有一个完整的形体，一切都是“碎片”的一部分；然而简单而独立的建筑结构却掩盖了相互关联的建筑物和公用空间之间的复杂性。就像丹尼尔·李伯斯金设计的曼彻斯特战争博物馆，其设计灵感就是从一把被摔碎的茶壶得来的，他用几片茶壶“碎片”构成了一座可以表达战争内涵的博物馆。这种“解构主义”的指导思想是在他们到巴黎乔治·蓬皮杜国家艺术和文化中心的一次旅行后形成的，“彻头彻尾的中性是绝对不可能的”，建筑就是一系列高智能化的混合物的结构，这是必然的结果。

“钻石牧场高等学校对我表明了一种彻底的转变，因为通过项目的实施过程，我真正形成了自己的一种单纯的思路”，梅恩说道。然而奇怪的是虽然钻石牧场高等学校使他意识到“试图保持一致性和单一性的重要”，却仍然接受“结果与原先目标之间‘巨大差异’的特征”。有限的预算使建筑师必须抛弃原先逐渐滑向体育场一侧，向四周自然环境提供最严密的相互融合的特殊屋面的想法。对仅仅用去预算3 000万美元的75%，建筑师感到这是他们的巨大胜利。

图1　从中央步行街看两侧的建筑

图2　基地入口处混凝土、钢、玻璃的混合使用

图3　从操场看学校建筑

图4　建筑物表面的波纹板

图5　走向学校的长坡道

图6　向南伸出的教室

2.12 波特兰市政厅

迈克尔·格雷夫斯　1980—1982
□Michael Graves　□Portland Building

迈克尔·格雷夫斯

在1980年代的美国办公建筑中，15层高的俄勒冈州波特兰市政厅是最引人注目的一幢建筑，同时也是引起激烈争论的一幢建筑。

伯特兰市政厅给人的第一印象是有些怪，一种未曾见过的形象，既不像当时充斥世界的冷冰冰的火柴盒式国际主义风格的现代建筑，也不同于法国凡尔赛宫那样烦琐的古典主义建筑。它采用方形平面，像个粗壮的方形石墩。如果不是进行了许多的立面划分，并加上色彩和装饰，它简直像一个巨大而沉重的下蹲的实体，而经过了装饰的大厦给人的感觉更像一个铁皮饼干筒。

伯特兰市政厅的公众特色以及它与其他市政建筑的联系表现在它的各个立面都被划分为建筑底层、中间结构或建筑主体部分以及阁楼或建筑物顶层的古典三段式结构。建筑主立面两对巨大的立柱组合构成大门入口，增强了从第四大道经由建筑物主轴线到达第五大道的畅通无阻的结构感。公众活动都在建筑底层举行，底层外表面采用浅绿色涂饰，与周围草地的绿色相映。建筑物底层临街的三面设有凉廊，另外一面则是购物中心。

市政服务区位于建筑物中部，掩藏在一面巨大的玻璃幕墙后面。幕墙映出周围的城市建筑，象征着波特兰市政厅里面举行的任何活动都具有公众与集体特色。波特兰市市徽上“贸易女神”的图像被重新诠释为该城市广泛文化传统的代表，并重新命名为“波特兰蒂亚”。华盛顿的雕刻家雷蒙特·卡斯基（Raymond Kaskey）根据市徽上的图像制作了一尊雕像。雕像被放在一面大玻璃幕墙前面，作为城市的进一步象征。

麦迪逊大街和凯恩大街与第四、第五大道相比要清静得多。建筑物上宽阔的柱式更加印证了它作为商业区到公园之间通道的建筑意图。立柱都联结在一起，并采用花冠形式装饰柱顶。这种花冠装饰作为迎宾送客的古典建筑结构形式，与雕像“波特兰蒂亚”携带的花环相映成趣。

建筑的底部是三层厚实的基座，其上12层高的主体的大面积墙面呈现象牙白的色泽，上面开着深蓝色的方窗。正立面中央11~14层有一个巨大的楔形，仿佛是放大尺度的古典建筑的锁心石，或者也可以被想象成一个倒梯形大漏斗。大漏斗的中央，是一个抽象、简化了的希腊神庙。大漏斗之下则是镶着蓝色镜面玻璃的巨大墙面，玻璃上的棕红色竖直条纹象征某种超常尺度的柱子。柱子之上，正面是一对突出于建筑表面的一层楼高的装饰构件，样子像风斗，而在两侧的柱头之上则是一横条亮丽的深蓝色装饰，好像包装礼品的花带子或者表示密封图章的飘带。大楼的设计者本来还想在屋顶上放置一个古典庙宇式的农村屋顶，可惜这一想法未能实现。

波特兰市政厅是一次设计竞赛的中标方案，设计者是迈克尔·格雷夫斯，大楼建成后在社会上引起了激烈的反应，斥责与褒奖之声此起彼伏。按照格雷夫斯本人的意思，该座大厦是他对现代主义的玻璃盒子的挑战，他探索的目的是要冲破国际主义的束缚和桎梏，利用历史主义方式达到新的丰富的设计效果。有人严厉斥责它是“时髦的超现实主义”，如果别的建筑师跟着格雷夫斯走，其后果将是“危险”的。1984年，在美国建筑师新奥尔良的年会上，甚至有人别着反对波特兰市政厅的徽章，其中一枚徽章是在印有波特兰市政厅的形象上打上带有红色斜杠的交通禁行符号，另一枚徽章上写着“我们不掘坟墓”的英文字。在英文中格雷夫斯的名字恰好与“坟墓”（grave）写法一样，这句话是一种双关语的玩笑，一方面意思是说我们不是想跟格雷夫斯过不去，另一方面则表示不赞成以掘墓的方式去模仿古典主义的建筑形式。

欣赏格雷夫斯的人说：波特兰市政厅是属于波特兰的，是理智与精神在这个城市的胜利；这幢建筑代表了一个文化信念，如果住进这幢房子里就再没人想住现代办公楼了；它是想象出来的，而且思想丰富，它也许有些花哨，令人眩晕，但却真正具有体量感、气势、高贵、热情等种种魅力；它不是一种简单的构造装饰，而是有古典根源和深刻寓意的。但也有人认为，为雅俗共赏而采用“双重译码”（即古典主义与现代主义同时并存），这立意是好的；但格雷夫斯在这个建筑上采用了文丘里鼓吹的“不同尺度，不同比例的毗邻”等等做法，结果使形象十分怪异。这样的译码不易为人破译，因而十分让人费解。建筑大师菲利普·约翰逊则认为：“他能从文脉中抽取东西，仍旧使它们精美而平衡，有古典味儿。波特兰市政厅最大的贡献就是它打破了老的现代主义教条。”格雷夫斯这种“污染的”古典主义从另一个角度来说是一种更深层次的创造。

建筑师格雷夫斯同时是大学里的著名教授，还是小有名气的立体派画家和拼贴艺术的喜爱者。他将棕红色、蓝色、象牙色以及各种含义的装饰构件组合在一起，用“餐巾纸色”让建筑更加亮丽，这个体态笨拙的大房子也就成为一幅美丽的抽象拼贴画。同时他还将建筑形体和人的头、身、脚相比，使建筑有明显的顶部、主体和基座划分，他将这种做法称为“拟人化”。这些儿童搭积木式与拼贴画式的设计手法在格雷夫斯1990年设计的佛罗里达奥兰多天鹅和海豚饭店（Swan & Dophin Hotel）中表现得更加充分，海豚饭店各部分忽大忽小、比例超常、装饰华丽、色彩艳丽而俗气。虽然像是不入流的建筑作品，在迪斯尼乐园里却受到游人们的欢迎。

波特兰的人们每天从波特兰市政厅这个“大家伙”身边走过，它像一架巨大的留声机音箱一样，为人们带来浪漫欢畅的气息。不管怎样，比起那些人们看都不想多看一眼的现代建筑，波特兰市政厅要显得有趣、可爱得多。

图1　波特兰市政厅远景

图3　佛罗里达奥兰多海豚饭店（1990）

图2　由雷蒙特·卡斯基制作的雕像“波特兰蒂亚”

图4　丹佛中央图书馆（1990—1996）

图5　佛罗里达奥兰多天鹅饭店（1990）

2.13 瑞士再保险公司伦敦总部大厦

诺曼·福斯特 1999—2004

□Norman Foster □RE Swiss Reinsurance Headquarters Building in London

诺曼·福斯特

瑞士再保险公司伦敦总部大厦位于伦敦圣玛丽阿克斯大街30号，绰号“腌黄瓜”。这是一座玻璃外观的带有弧形尖顶的子弹头模样的摩天大厦，处在伦敦金融城的中心地带，由著名建筑大师诺曼·福斯特设计，基地附近就是他业务上最大的竞争对手理查德·罗杰斯20年前设计的劳埃德保险公司大厦。瑞士再保险公司伦敦总部大厦高179.8 m，50层，外观为螺旋式，曾获得2004年的英国皇家建筑师协会斯特林大奖，被誉为21世纪伦敦街头最佳建筑之一。它不但外形优雅，而且采用了高科技与环保理念，可说是未来建筑的典范。

1992年爱尔兰共和军在伦敦老城区引爆了炸弹，严重毁坏了建于1903年的波罗的海贸易海运交易所（The Old Baltic Exchange），1998年该建筑被拆毁。这样，历史、民族、政治、商业利益诸方面因素在伦敦传统金融中心的心脏地带为福斯特提供了一个施展才能的绝佳舞台。福斯特原想在这里建一座伦敦的千年大厦，但由于保守派的反对，方案未被采纳。后来瑞士再保险公司成为客户，福斯特又设计了一个新的方案，他称为“伦敦首座生态高层建筑”。他的合作者肯·沙特尔沃斯（Ken Shuttleworth）将大厦比喻成“一系列的诺曼·福斯特办公楼，一个建在另一个之上”。而考默银行大楼的空中花园概念经过发展诠释之后也被用于这座大厦，既作为大厦的社交活动中心，同时也是低能耗系统的一部分，它不断地将新鲜空气送入花园并由其中茂密的树木不断制造新的氧气。办公室围绕着中央花园螺旋上升，形成一种垂直的“村落”，通过这种形式产生交流。建筑的电梯、楼梯，以及其他一些辅助部分都被浓缩于中央核内，令建筑拥有了完整一体的全玻璃外观。

瑞士再保险公司伦敦总部大厦底部两层为商场，最高的两层则是可以360°旋转的餐厅和娱乐俱乐部。大厦的弧形曲面使每层的直径随大厦的高度而改变，直径为49.4~56.4 m（17楼），之后续渐缩小。

瑞士再保险公司伦敦总部大厦采用了多种不同的高新技术，在建筑设计上有新的突破。可以这样说，它最吸引人的地方，不是它的名字和外观，而是它较同类的建筑可以节能一半以上。除了使用很多的节能措施外，还尽可能地利用自然条件进行采光和通风。大厦配备由电脑控制的百叶窗，楼外安装了可以监测气温、风速和光照强度的天气传感系统。在必要的时候，自动开启窗户，引入新鲜空气。按照著名的LEED评级制度，从场址规划的可持续性、保护水质和节水、提高能效和使用可再生能源、节约材料和资源、室内环境质量等五个方面，对大厦进行评估打分。瑞士再保险公司伦敦总部大厦得到高达39分的绿色黄金级（共有白金级、黄金级、银级和认证级四个级别，黄金级为次于白金级的第二级）。这种新的设计探讨，从长远来说是一个发展方向。

曲线建筑外形可以对建筑周围的气流产生引导，使其和缓地通过，这样的气流被建筑边缘锯齿形布局的内庭幕墙上的可开启窗扇所“捕获”，帮助实现自然通风，避免由于气流在高大建筑前受阻，在建筑周边产生强烈下旋气流和强风。这正是很多高层建筑周边环境恶劣的重要原因之一。福斯特避免产生下层气流并保证建筑周围的新广场能有一个惬意的环境，尽力减小巨大建筑物给周边环境及人带来的不适。出于这样的原因，其形态经过电脑模拟和风洞试验，由空气动力学决定。

因此，福斯特相信具有自然生长的螺旋形结构并随气候变化开合的“松果”是一个比“腌黄瓜”更贴近其原理的比喻。这种环保流体力学似乎是当今建筑界的一大趋势，就像很多建筑师试图在建筑流线布局中表现一种流线型和模糊状态一样（如扎哈·哈迪德的罗马21世纪国立艺术博物馆和FOA的横滨国际港口码头）。实际上，这标志着他们对影响建筑的其他要素，如气流、人流等更加看重，从简单几何学到复杂形态的态度都发生了变化。在设计概念中，被动因素和决定因素的位置也发生了对换，对于建筑的造型不再采用习惯的假设，设计中原先被限定的对象更积极地成为强化造型的新动力。

与“松果”上自然生长的螺旋线一样，在瑞士再保险公司伦敦总部大厦的表面分布着螺旋形结构的暗色条带。如上所述，建筑周边气流被幕墙上面的开启窗扇捕获之后，在空气动力学流线分部密度所形成上下楼层间的风压差的驱动下，空气沿螺旋形分布且在被分隔为1层或6层的内庭中盘旋而上。这样的自然通风手段可以使大厦每年减少40%的空调用量。所以，立面上的6条深色的螺旋线所标示的6条引导气流的通风内庭，明确地体现了建筑内部的环保逻辑。这些内庭的作用远不止一个大号通风井，它们同时也是该建筑使用自然光照明的采光井，使室内保持视觉上、感官上的舒适，打破了层与层界限的共享空间。所以无论是在表皮，还是在建筑内每层平面的布局中，这样的螺旋状布置都扮演着极其重要的角色。

瑞士再保险公司伦敦总部大厦的玻璃幕墙也是设计的一大特点。该建筑与外界相交的边界实际上由两种不同性质的空间组成，同质空间形成了一个螺旋带盘旋向上，而这就是幕墙上色泽深暗的螺旋线的由来。在对曲面外立面作了可能的简化处理之后，外围护结构被分解成5 500块平板三角形和菱形玻璃。数千块玻璃构成了一套十分复杂的幕墙体系，这套体系按照不同功能区对照明、通风的需要为建筑提供了一套可以呼吸的外围护结构，同时在外观上标明了不同的功能安排，使建筑自身的逻辑始终贯穿于建筑的内外设计中。简而言之，除顶部餐厅特制的水泡形玻璃罩外，整个大厦的幕墙系统提供了一个自动的可调节的通风系统。

这套系统包括两个部分：办公区域幕墙和内庭区域幕墙。办公区域幕墙由双层玻璃的外层幕墙和单层玻璃的内层幕墙所构成。在内外层之间是通风通道，并加有遮阳片。通风通道起到温度变化缓冲区的作用，减少额外的制冷和制热。螺旋形上升的内庭区域幕墙则由可开启的双层玻璃板块组成，采用灰色玻璃和高性能镀层来有效地减少阳光照射。

从结构方面来说，瑞士再保险公司伦敦总部大厦的幕墙还有一个不同寻常之处。其幕墙直接支承在作为承重结构的建筑外围的斜向钢架之上，所以，在某种程度上这是一种自承重的幕墙体系，并且幕墙支撑结构与核心筒共同参与承受建筑体的竖向重力。外围钢架可以被看成是彼此互相套叠的六边形，这样实际上组合成若干个三角形支撑。这是一套与传统摩天楼垂直梁柱体系完全不同的受力结构。建筑荷载不再是由上而下地垂直传递，而是从三角形的顶点沿两个边框分散向下传递。若干个三角形彼此叠加套合，形成有如1967年蒙特利尔世界博览会富勒球那样坚固的网络化受力体系。在遇到特殊的事件或变故时，这套体系被认为会具有更强的抵御能力。后来这种传力方式被诺曼·福斯特用在纽约赫斯特大厦（Hearst Tower，2003—2006年）上面。

瑞士再保险公司伦敦总部大厦为对伦敦高层建筑空间的长期争论注入了新的要素。这座建筑加强了这样一种观点：高层建筑可以设计得富有特色，甚至是美丽的，而这种建筑对天际线的作用利大于弊。它也瓦解了高层建筑是对环境不负责任的建筑观点，持这种观点的人的主要论据是高层建筑耗费巨大的能源。总而言之，这个闻名遐迩的方案从它 2004年建成后一直受到广泛的称赞。

诺曼·福斯特于1935年出生在曼彻斯特，1961年自曼彻斯特大学建筑与城市规划学院毕业后，获得耶鲁大学亨利奖学金而就读于乔纳森·爱德华学院（Jonathan Edwards College），取得建筑学硕士学位。1967年福斯特成立了自己的事务所，至今其工程遍及全球，并获得190余项评奖，赢得50个国内及国际设计竞赛。诺曼·福斯特因其在建筑方面的杰出成就，于1983年获得英国皇家建筑师协会“皇家金质奖章”，1990年被册封为骑士，1997年被女王列入杰出人士名册，1999年获终身贵族荣誉，并成为泰晤士河岸的领主。

1991年以来，诺曼·福斯特获得密斯·凡·德·罗奖的欧洲建筑大奖、法国建筑师协会（CNOA）金奖、美国艺术与文学学院阿诺德·W. 布伦纳纪念奖、美国建筑师协会1994年建筑金奖、西班牙桑坦德1995年梅南德斯·佩拉尤国际大学（Universidad Internacional Menéndez Pelayo）金奖、“Building”1996年度建筑师名人奖、1997年特许设计师协会银奖、Walpole杰出成就奖，任法国文化部的艺术与文字顾问团高级顾问，因为巴塞罗那城市建设所作贡献获得巴塞罗那国际推广奖（the Premi a la Millor Tasca Depromoció International de Barcelona），1999年入选德国联邦杰出人物名册，并于1999年荣获第21届普利策建筑奖。

图1 瑞士再保险公司伦敦总部大厦远眺，左侧是理查德·罗杰斯设计的劳埃德保险公司大厦

图2　瑞士再保险公司伦敦总部大厦

图3　瑞士再保险公司伦敦总部大厦入口

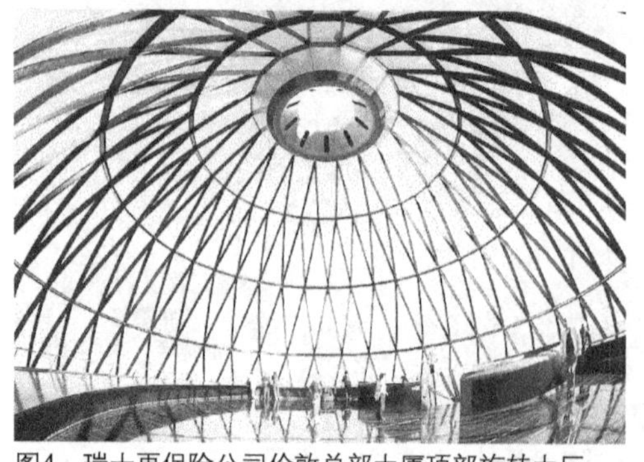
图4　瑞士再保险公司伦敦总部大厦顶部旋转大厅

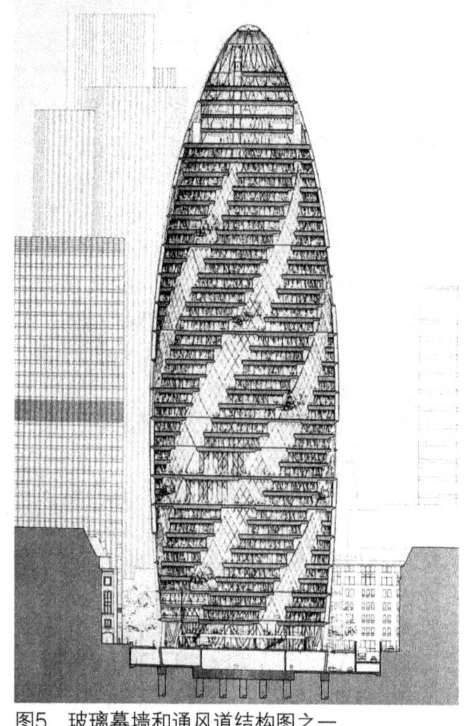
图5　玻璃幕墙和通风道结构图之一

图6　玻璃幕墙和通风道结构图之二

2.14 新德国国会大厦

德国柏林

诺曼·福斯特 1994—1999

□Norman Foster □New German Parliament

两德统一后，特别是柏林墙被拆除后的十多年来，柏林似乎成了一个大工地。其最先规划的是犹太博物馆、国会大厦和波茨坦广场。

1933年国会纵火案之后，德国同盟会被纳粹解散，国会大厦成为他们在1945年对苏军抗争的最后堡垒。在1960年代，保罗·保姆伽登（Paul Baumgarten）对它进行了精心的修复；对两德合并后的新德国来说它显然不合适，内部结构也需要重建以便能够为联邦机构提供房屋。与最近完工的波恩德美同盟会相对照，它是隐性的，同时有着较浓的纪念色彩。国会大厦的重建已成定局。

1993年秋，诺曼·福斯特被任命来重建国会大厦。国会大厦既是老建筑，又是新建筑。福斯特面临的是一幢需要再改造的建筑，需要经过改造重新赋予生命的建筑。

他的主要设计问题是如何包容现代国会的所有功能部分，包括媒体、游说议员者和来访者。这些枯萎的类型好似一家戏院，有前台、后台之分。在同时保证建筑的透明性、室内景观和公共交通、外交场所的功能时，保障安全是重要和必需的。福斯特使用了防弹玻璃，在议会大厅与西侧门厅之间插进了玻璃墙，让参观者一眼就能看到大厦内部，即便从公共走廊也能看到里面的辩论场面。

1994年的设计采用屋顶上用玻璃和钢制成一个透明的华盖顶棚。这个设计很快被放弃，人们感觉到这是在传递帝国国会已不复存在并改建为德国国会这样的信息，覆盖在上面的某种象征物会明显表明这一信息。这就是笼罩整个大厦残壳的“覆盖布幔”那么有影响力的原因了。重建始于揭去“覆盖布幔”的那一天。福斯特为此做了几个方案，最早的方案是用一个大帐篷式的透明结构，把原来的国会大厦罩起来，后来又提出了用十字形桁架构成的透明扁平的双曲玻璃罩代替已毁的大圆顶。然而福斯特面对着的是669位业主——联邦议员，他们要讨论每一个细节，议员的委员会中以微弱多数通过，要加一个大圆顶，尽管柏林市民已经习惯了炸掉圆顶后的国会大厦，但圆顶有它在100年前政治上的作用，象征着议会和教会、贵族平等的地位。在德国前总理赫尔穆特·科尔（Helmut Kohl）的坚持下，福斯特勉强地接受了在国会大厦上面加上一个大穹顶的方案，于是福斯特把注意力全部集中到会议厅的穹顶上。穹顶直径38 m，高23.5 m，重1 200 t。它的钢铁骨骼由24根竖向的肋（每根之间有15°的距离）和17根水平的环（每根之间有1.65 m的距离）组成。玻璃的总面积为3 000 m^2。在其内侧有两条对称的螺旋式的约1.8 m宽、230 m长的斜坡可以走到离地面40 m高处的一个瞭望台。拱顶的最高处离地面47 m，中央有一个由360面镜子组成的倒置圆锥体，它能够让光线照进会议厅；为了使得阳光不太强烈以及不使会场温度升高，一部分可动的、电脑控制的镜子可以通过太阳的位置改为反光镜和遮光镜。在漏斗的内部热气可以被导引到建筑的最高处，通过拱顶中心的一个圆洞排出。在其通道上它还经过一个热回收设备，将部分余热吸收回来。拱顶圆洞下还有一个排雨水的装置。为此，这需要精心设计一系列模型来找出过滤和反射的最佳结合，以确保议会大厅周围的光照甚至使它有些变化，同时让一道道、一束束光线照在每位发言人的身上。大圆顶具有通风、采光、象征性作用，除此之外，在它下面还有一个向游人开放的屋顶餐厅，参观者沿着螺旋形天桥一直走到观光台，可以俯瞰周围景色。

1995年5月末，改建准备工作完成，这些工作包括去除石棉和将1970年代改建时遮盖起来的结构释放出来。许多原来的结构被保存，后来又结合到新建筑中去了。保存老建筑是对建筑师提出的要求之一，历史遗迹要能够被看到，其中包括1945年5月苏联红军士兵在建筑内的涂鸦和留言。

1995年7月末改建开始。保姆伽登的改建装修被拆除，运走了4.5万 t建筑垃圾。为了保证改变后建筑的稳定性，在原来保罗·瓦洛特（Paul Wallot，1884年帝国国会大厦的设计者）在建筑地基中打下的2 300根基桩外又增添了90根桩。

内部改建将老建筑变成了一座全新的建筑。它包括贯通三个层楼的议会大厅与在三层楼的记者招待厅。北翼和南翼约占总建筑面积的2/3，基本上保持了过去的状态，仅做了修缮处理。议会大厅面积改为1 200 m^2（瓦洛特的大会场为640 m^2，保姆伽登的为1 375 m^2），主席台再次移到东侧，如同瓦洛特时的状态。三层楼仅供议员使用。

福斯特在这个工程中应用了熟练的生态设计技术手段，大厦中的设备可以贮存夏季的热量和冬季的冷气，以便根据需要补充热量或冷气。动力部分采用了生态性燃油，大圆顶的通风与采光性能非常好，废气借助空气升力抽吸，几乎不用鼓风机，其室内二氧化碳的年排放量从7 000 t减少到400~1 000 t。建筑材料以天然石材、钢材、玻璃为主，取代了老建筑里使用的淡色和暖色的石灰岩和砂岩。室内简洁、淡雅、灰色的桌椅突出了所陈列艺术家的作品。为了不致迷路用不同颜色的门来区分功能，至于大厅的椅子则采用了紫蓝色，显得十分生动。

福斯特自己说："这座城市有着一种哲学的光芒……它（新德国国会大厦）不仅仅是处处的玻璃，它的真实含义是德国变成了一个难以置信的开放社会，难以想象在这个世界上还会有任何一个国家用如此的自信与勇气来处理这样一个有重要民族意义的工程。"

但是在最终设计中，最为引人注目的是协调一致的穹顶与内部设计，并在象征性中达到登峰造极的表达。当保姆伽登的内部装修被拆除后，整个风格显露出来了，人们意识到正在被揭示的还有历史：德国皇帝、魏玛和纳粹期间的标识都暴露出来了，还有狂喜的苏联士兵留在墙壁上乱涂乱画的东西。参观者的通行方案开始呈现出史诗般的叙述特点，即畅游在历史的长卷中。参观者通过公共大厅向上移动，进入围绕天窗的屋顶陈列室。从这里，两个螺旋上升的斜面将上升到玻璃穹隆的观景台，这里陈列着德国民主革命和德盟国会的历史。往下看，玻璃穹顶象征着透明与坦诚，市民透过玻璃可以看见代表们正在辩论；而在他们头上和周围是"柏林上空的苍穹"。

老国会大厦是一座典型的19世纪末古典复兴主义建筑，对于修复这样一座古典复兴主义建筑，既要保持过去时代的风格，又要用新的建筑元素标志统一后德国的全新面貌，确实是一个难题。福斯特的这个方案恰到好处地表现了这个主题，从建成的效果来看，这个方案要好于原先福斯特的巨大的玻璃华盖方案。这个方案可能从圣地亚哥·卡拉特拉瓦的方案得到了某些启示，难怪卡拉特拉瓦后来对这个方案有所非议，但它肯定要比卡拉特拉瓦的方案更能够显示新德国的主题。国会大厦的改建完成，不但使福斯特的名声大增，而且为将现代元素加入老建筑里面树立了一个范例。

图1　新德国国会大厦全貌

图2　新德国国会大厦玻璃穹顶

图4　建造中的穹顶螺旋走道

图3　由360面镜子组成的倒置圆锥体和螺旋走道

图5　新德国国会大厦议会大厅内部

2.15 慕尼黑奥林匹克公园

德国慕尼黑

冈特·贝尼施 1968—1972
□Günter Behnisch □Olympic Park, Munich

冈特·贝尼施

1966年联邦德国奥运会以新鲜的主题“绿色奥运；便捷奥运；奥运，宙斯和体育的盛会”而一举获得1972年第十届夏季奥运会在德国西部重镇慕尼黑市的举办权。联邦德国政府和人民想借此机会来消除纳粹德国1936年柏林奥运会给世人造成的不良影响，并向国际社会展示一个民主的、富有朝气的德国新形象。

1967年秋季，联邦德国奥委会面向全球征集慕尼黑奥林匹克公园的总体概念及体育场馆的建筑设计方案，在100多个方案中，德国斯图加特贝尼施设计事务所的概念与设计方案紧扣申奥主题，最终获得一等奖。

慕尼黑奥林匹克公园选址在城北，距市中心约4 km，占地140 hm^2。该地原先为巴伐利亚皇家射击训练场，后来改作军用机场，第二次世界大战后用来堆积慕尼黑地区战争期间遭受空袭损坏的建筑垃圾，至1960年代形成高60余m、长1 km的废墟山。奥林匹克公园总占地面积为3 km^2，建有一座可容纳 8 万观众的体育场，一座可容纳7 000人的体育馆，以及可容纳9 000人的游泳馆和各种球类、自行车场馆及比赛前的训练场地。

奥林匹克公园主体育场是一座具有与众不同建筑形式的体育场，它有一个巨大的帐篷顶盖，这样的建筑形式由于技术上面的特殊性在当时引起了很大的轰动，被誉为“慕尼黑标志”。帐篷屋顶覆盖了大半个体育场、整个体育馆、游泳馆，其面积有7 480 m^2。屋盖重达3 400 t，由12根40~80 m的高桅杆和45根高34 m的小桅杆支撑。体育场共有桅杆基座57 座，钢筋混凝土锚墩123 座，可以承受5 000 t的拉力。屋盖面上的细钢缆网每一小格为75 cm^2，通过13.5万个弹性缓冲接头保证屋顶的自由伸缩。网格的上方覆盖了半透明的有机玻璃。这个网状透明屋顶除了能使65 000名观众免受日晒雨淋，还成为一个奇特、极富创意的新型建筑形式。它自由随意的形体与周围的草坪、树林、山坡和湖泊自然地融为一体，形成了一道独特的景观，成为当年联邦德国提出的“绿色奥运”的一个突出的亮点。

贝尼施的方案突出之处在于：第一，在总体布置中，该方案巧妙地结合并利用原有的城市结构，如中环路、运河、废墟山、电视塔、地铁及轻轨，以奥林匹克公园建设为契机，改善这一地区的生态环境，加速该市的现代化进程。第二，该方案紧扣申奥主题，在140 hm^2的用地中，留出85 hm^2面积用作公园，以突出“绿色奥运”主题。“便捷奥运”主要体现在交通组织中，贝尼施把中环路作为奥林匹克公园的中线，把奥运村、新闻中心等服务设施放在中环路北侧，把体育场馆、停车场、公园放在南侧，并结合城市的地铁、轻轨等基础设施，以便于人员到达与疏散。第三，主体育场、体育馆及游泳馆集中在公园一侧。场馆的主体结构结合原有地形地貌，多在盆地或低凹地里，从视觉上减轻建筑物的体量。同时运用最新的建筑技术和材料，创造出轰动一时的透明帐篷屋顶，与周围的山体、湖泊、树林与草坪有机地融为一体，形成一道优美而奇特的“建筑景观”。

为了实施这一方案，贝尼施邀请契美克·贝尼施（Grzimek Benisch）和弗雷·奥托（Frei Otto，1925—2015年）加入其设计小组，请他们分别主持奥林匹克公园和帐篷屋顶的设计。契美克·贝尼施在接手该工程之初首先思考的是奥林匹克公园的主要功能。“奥林匹克公园不应仅局限为奥运会本身，而更应考虑奥运会以后的功能，它应成为本地居民乐于涉足休闲的城市景观公园。”契美克·贝尼施在设计中，不仅注重营造奥运会举办期间短时间热烈欢快的气氛，更要考虑奥运会以后公园的功能定位。

契美克·贝尼施把奥林匹克公园理解为“可利用的公园”或“可利用的景观”，它应该是具有多功能的城市公园。一方面作为城市的“绿肺”起到改善城市生态环境的作用；另一方面它应成为城市居民乐于前往的休闲场所，用于缓冲或解除现代工业社会给人们在心理或体力上造成的压力，从而发挥其应有的社会效益。

在生态环境方面，契美克·贝尼施充分运用现状条件，例如，对高60余 m、寸草不生的废墟山，进行重点生态改造。同时，在竖向设计上创造出富于变化的奥运山景观；利用原有城市运河的水资源，在下游筑坝贮水，在奥运场馆与奥运山之间开挖出8 hm^2的人工湖，这样从根本上改变了这一地区环境恶劣的状况，并在视觉上创造出湖光山色浑然一体的“自然景观”。

在种植设计中，中环路以北的奥运村、新闻中心等服务区域的布局以规则式为主。契美克·贝尼施在种植设计中选择慕尼黑市常见的椴树作为基调树种，或成排，或成网状种植，其下多为7.5 m×7.5 m硬质铺装，尤其在每个主要的出入口都种植椴树作为方向指示树种。在中环路以南的奥林匹克公园，种植方式则以自然群落为主，奥运山上种植了3 000多株树木和大片的草地，并选择低矮针叶树和矮灌木丛为主，从视觉上使山体显得高大。银叶杨是慕尼黑地区河岸常见的乡土树种，人工湖沿岸种植了许多银叶杨，以体现地方特色。大型停车场能容6 500多辆车，停车场上成条状种植了大型乔木欧叶栎和槭树，外形恰似优美的钢琴键盘，令人叫绝。

为了丰富休闲功能，契美克·贝尼施还创造了不同的空间组合，它们或开放、或半封闭、或全封闭，满足不同年龄层次的需求。人工湖游泳馆一侧，建有露天剧场。奥运山有观景台、人工湖，或可泛舟或可滑冰，大片的草地给人们提供了户外活动空间，并设有烧烤设施等等。

弗雷·奥托对现代轻型建筑结构的研究和实践，被认为是20世纪中期成名的同代建筑师中最具人文精神的。终其一生，他都非常重视从自然现象中寻找建筑的灵感，并从未停止相信“建筑可以建造一个更美好的世界”。2006年，他曾获得“日本皇室世界文化奖”（Praemium Imperiale），并被授予“皇家金质奖章”。

慕尼黑奥林匹克公园建成至今已经历了50余载，由于其交通便利，环境优美，活动空间多样，吸引了无数市民来此休闲度假。

2015年3月9日，由于弗雷·奥托的突然离世，普利策建筑奖评审委员会提前两周对外正式发布弗雷·奥托荣获2015年普利策建筑奖的消息。这是普利策建筑奖36年以来首次在获奖人去世后公布其获奖消息。

虽然弗雷·奥托不幸于颁奖仪式前去世，但是普利策建筑奖的执行董事玛莎·索恩（Martha Thorne）在弗雷·奥托去世前，前往了他家，将他得奖的消息告诉了他。弗雷·奥托说，获得普利策建筑奖我非常高兴，也很感谢普利策评审团和组委会。

图1 慕尼黑奥林匹克公园主体育场外景

图2 慕尼黑奥林匹克公园主体育场遮阳篷的拉束

图3 慕尼黑奥林匹克公园主体育场遮阳篷锚杆

图4 慕尼黑奥林匹克公园主体育场遮阳篷的吊杆

图5　慕尼黑奥林匹克公园主体育场

图6　慕尼黑奥林匹克公园主体育场内部

图7　慕尼黑奥林匹克公园人工湖

2.16 柏林犹太博物馆

丹尼尔·李伯斯金 1992—1999
□Daniel Libeskid □Berlin Jewish Museum

丹尼尔· 李伯斯金

丹尼尔·李伯斯金设计的柏林犹太博物馆于1999年建成，2001年博物馆永久展品布置完毕，正式对外开放。李伯斯金是一位讲究视觉效果的建筑师，同时他的思维方式也很有文学性。他常给自己的作品附加别名，他称这座博物馆为“线索之间”（between the lines）。他解释说，这个名字代表着一部民族史，尤其作为一座反映犹太文化的博物馆，其中有两条有关历史和个人真实经历的线索。其一是直线形，代表着一段虽然屡遭打击与摧残但仍然持续不断的斗争发展史。另一是折线形，在不断地扭曲和转向中生还并不确定地持续着生命的历程。这是一个民族的故事：直到1948年以色列国成立之前，他们无家可归，无国可回；他们曾数次成为被奴役、歧视和憎恨的牺牲品，被限制在拥挤的犹太人生活区。大卫之星是犹太人的标志，就像十字架是基督教的标志一样；外墙采用锌板装饰的锯齿形博物馆大楼在视觉上产生一种蚀刻般的效果，就像柏林城市景观中的一颗残破的星。李伯斯金说，这些如蛇行闪电般的线条正是想让游客有一种迷惑感，犹如穿梭时空，回到那个可怕的年代，身临其境地感受犹太人遭受到的非人待遇。建筑体曲折行进的方向，是建筑师依照一些曾在柏林住过的犹太名人住址决定的；他以柏林市地图上那些名人住址的位置与博物馆所在地的连线构成了博物馆的折线走向。这些名人的选择没有国籍限制。他们大部分是犹太人，也有德国人或者其他国家的人。

关于在柏林建造犹太博物馆的争论持续了将近四分之一个世纪。1989年在163名建筑师参加的角逐中，李伯斯金的方案脱颖而出、一举中标，获得了最后的胜利。评委认为：“这是一个相当特别、完全自我独立构思的方案。”这个独特的构思花了他十年的时间。一开始，柏林市建造这座博物馆是作为隔壁城市博物馆的附属建筑，但李伯斯金强调：犹太博物馆必须作为独立的个体存在；来自联邦政府和市级的财政援助——博物馆主要的经济来源——必须是可靠的；展览的主题必须超越柏林城市的限制。

老的柏林博物馆是一座巴洛克风格的原普鲁士法院，馆藏皆为这座城市的历史文物。该建筑在柏林墙附近，德国统一后，这里成为新首都的中心，这个项目的目的原来只是为了展示曾经十分繁荣的柏林犹太文化，而后发展演变为试图展示包括整个德国犹太人的历史。

如何用博物馆的形式表达出犹太人的悲惨历史是摆在李伯斯金前的一个大问题。纪念馆应如何讲出纳粹这种惨无人道的、无法无天的、用语言难以表达的大屠杀的恐怖呢？公众普遍认为标志纳粹残忍的、最成功的公共标识是那些用沉寂的冷漠来代替传统的“纪念”标志。新的犹太博物馆正是按照这种观念开始设计的。

非犹太文化与犹太文化之间那种互有龃龉的关系（在欧洲历史的某些阶段中这一点被忽视或未被承认），首先是通过由旧馆通向新楼的地下入口表现出来的。在这段入口地下通道中有三条向上延伸的长廊，其墙壁或向内或向外倾斜：主轴线通向大楼梯，由大楼梯进入地上三层的展览空间；另一条放逐轴线通向一扇沉重的铁门，铁门外是一个一半为水淹没的霍夫曼花园；第三条是大劫难轴线，它与其他轴线相交，通向27 m的大劫难塔下的封闭基础。

大劫难塔冬不供暖，夏不制冷，完全是一栋纯粹的空楼，光秃秃的混凝土剪力墙一直上升到黑色的天花顶。只是通过一道看不见的裂缝让一窄条光线进入。这个空间以其赤裸裸的刚烈性格极具表现力，在建筑内部回荡的嗡嗡声使人失去了方向感。

在打开沉重的不对称的大铁门进入霍夫曼花园之前，参观者就可以通过临近一个巨大的观景窗看到花园的一部分。该花园呈12°角，倾斜地凹陷于周围地面层草坪之下。它就像一个迷宫一样，相互紧靠着的49根水泥柱构成的密集的斜柱群使行走其间的参观者感到很不舒服，它们象征犹太人的不断流浪与迁徙。这个花园既不平静，也不安全。其间栽种的俄国橄榄树总有一天会将枝丫越过混凝土柱顶。

在室外，大劫难塔和由锌板装修的博物馆大楼之间及周围的环境中，有一个为诗人保罗・策兰（Paul Celan）而建的庭园，庭园饰有黑色玄武岩、白色花岗岩和灰色鹅卵石，设计者是这位诗人的遗孀，灵感则来自诗人的一首诗。在树木散沙之间还有一个儿童游戏场，在一小片刺槐树林里有一个以玄武岩装饰的螺旋形水体景观，以瓦尔特・本杰明（Walter Benjamin）之名命名。他为孩子们写了一本书，书中收录了一些具有哲学意味的散文。

在地下层学习中心旁边，位于通向楼梯的主轴线的另一端，参观者的视线可以通过一个虚空间（大楼内共设计有五个虚空间）一直向上贯通。在其他各层只有通过那些裂缝般的水平窗洞才能瞥见那些虚空间。这些虚空间正是李伯斯金在这个建筑中想要表达的主题。在他看来，这些虚空间是“缺席的空间”，“它是犹太人在柏林曾被彻底根除的见证”。“空旷感”是虚空间的特色，整座博物馆从头到尾都是空空荡荡的，包括犹如摩擦得伤痕累累的混凝土墙面，没有隔热装置、暖气和空调。每位参观者都能切身感受到这种空旷感，这是一种来自那些已经缺席、消失的东西却仍旧存在的感觉。在展览大厅内，围合这些虚空间的墙壁、天花板及地面均采用黑色作为基调。沿主轴线顺楼梯而上有6段90级踏步的台阶，楼梯平台围有钢网，参观者可以透过古怪的条形窗看到大楼周围混杂的居民住宅以及下面的花园。

首层互相连通的大厅用于特别展览。第二层1 400 m^2的展厅用于永久性展览，此外在双层红色金属高框架围图中设平面图片展览，其电镀金属网格隔断后面为橱柜及搁板架。顶层（3楼）包括行政管理办公室、档案室、图书贮藏室以及照相室。

在犹太博物馆，参观者可以看到丹尼尔・李伯斯金用切实的符号表现文学性的历史，用后现代主义造型“建筑”一部历史教科书。“这家博物馆是新希望的象征”，李伯斯金这样评价自己的创作，“它强调了创造不一样的东西的重要性——这里指的是民族特色——21世纪的建筑，基于经历21世纪政治、文化和精神的根本变革上。”他补充：“我希望这座建筑，是结束的同时也是开始，能反映今天的一些本质，也能意味明天。”

丹尼尔・李伯斯金于1946年出生在波兰，1965年成为美国公民。他因获得“美国－以色列文化基金奖学金”而在以色列和纽约学习音乐并成为一名出色的演奏家。之后，他又放弃音乐，改行学习建筑。1970年，他获得了库伯高等科学艺术联盟学院

（库伯联盟学院）颁发的专业建筑学位，并于1972年获得埃塞克斯大学比较研究学院“建筑历史和理论”硕士学位。柏林犹太博物馆是他的成名之作，他的主要作品还有2004年的丹佛艺术博物馆、2004年的伦敦都市大学生研究中心、2002年的曼彻斯特帝国战争博物馆、2006年的加拿大安大略博物馆扩建工程以及旧金山犹太博物馆等等。他被称为解构主义建筑师七君子之一。李伯斯金在建筑和城市设计方面享有国际声誉。他通过多学科的途径为建筑引入了新的批评方法，受到世人瞩目。李伯斯金被认为是在“9·11”事件后领导世界贸易中心重建工作的最佳人选。他提供的答案是一座1 776 ft的带空中花园的尖塔，这将成为世界上最高的建筑；同时还有一座建立在被破坏的地基之上的下沉式纪念花园。天真、雄辩、激情四射的李伯斯金很受国际知识界和舆论界的青睐，他最终赢得了这项工作。

李伯斯金曾在世界各地的多所大学执教和讲学。他获得过无数奖励，包括：2000年获得“歌德勋章”；1999年因设计柏林犹太博物馆而获得“德国建筑奖”；1996年获得美国艺术与文学学院“建筑奖”，同年还获得“柏林文化奖”。柏林洪堡大学、埃塞克斯大学艺术人文学院分别授予他荣誉博士学位。他的作品和思想曾在世界各地的博物馆和艺术馆展出，成为众多国际出版物的主题，影响了新一代的建筑师们和那些对城市文化的未来发展感兴趣的人。

图1　大劫难塔与49根斜柱

图2 柏林犹太博物馆鸟瞰

图3 在灌木丛中的49根斜柱

图5 外墙的锌板与狭窄的窗缝

图4 柏林犹太博物馆与巴洛克式的老柏林博物馆

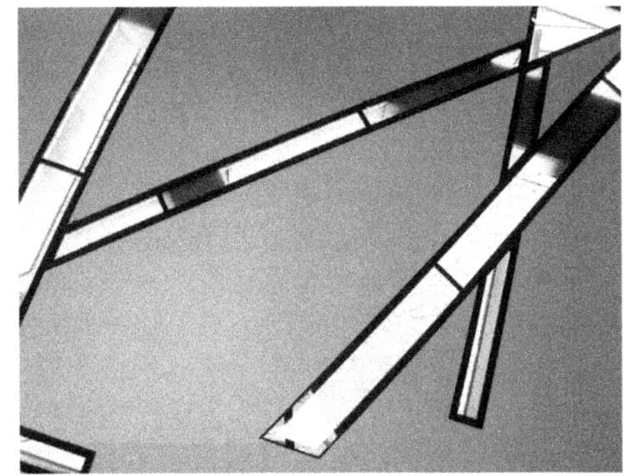

图6 从内部看窗缝

2.17 文化广场及柏林爱乐音乐厅

德国柏林

汉斯·夏隆 1956—1988

□Hans Scharoun □Cultural Square and the Berlin Philharmonic Hall

汉斯·夏隆

文化广场的规划与建设自第二次世界大战后一直持续至今，是在柏林影响最大、也是最具争议性的项目之一。第二次世界大战后，建筑师汉斯·夏隆负责柏林城的重建规划，提出在蒂尔加滕（Tiergarten）这片柏林最大绿地的东南方建设重要的文化机构，并与柏林原来的历史中心共同构成未来柏林的文化中心。事实上，对这一文化中心暨文化广场的构思，在当时，既是作为西柏林城市发展的重要部分，也是为了表现与大兴土木的东柏林城市建设的抗衡。

1959年柏林议院决定建造文化广场上第一幢新建筑——柏林爱乐音乐厅。早在1956年，夏隆就赢得了柏林爱乐音乐厅设计竞赛的头奖。当时该音乐厅拟建在威默尔多夫（Wilmerdorf）的联邦大道旁。随着选址的改变，夏隆对1956年的设计方案虽在建筑物各部分之间以及建筑与城市道路的连接等方面做了一些修改，但“以音乐为主题”的思想并没有改变。在文化广场狭长的基地中，夏隆考虑了与基地南部建于19世纪的圣·马泰教堂（Matthäikirche）的关系，意欲形成一个略微封闭的中世纪般的广场。但实际上在以后插入国立美术馆和国立图书馆等建筑物后才形成了具有围合感的广场空间。

柏林爱乐音乐厅是第二次世界大战后夏隆对德国现代建筑的一大贡献，是他倡导的有机建筑的代表作，也是他在柏林中心实现的第一栋建筑。他在设计说明中写道：“音乐应该处于空间和视觉上的中心位置。”基于这一出发点，在与声学家洛萨·克莱姆（Lothar Cremer）的合作下，夏隆为人们展现了一片音乐厅建筑的“新大陆”：富有表现力的帐篷顶般的外观，既反映了室内空间的变化，又象征着战后德国建筑的希望。在音乐厅室内，虽然管弦乐队不处于观众厅的几何中心，而类似露天剧场般被观众围绕，但是灵活的非对称的空间组织使得这一2 218座的音乐厅中近90%的座席位于乐队前侧，其中近500个座位像葡萄园台阶那样安排在乐坛两侧。所有的座席离乐坛的距离均在30 m之内，从而最大限度地使观众能够较好地欣赏乐队和指挥的演奏。这种不规则的分层分组的座席群增加了厅内的亲切感和人情味，也大大丰富了室内的视觉空间。这种造型被夏隆称为“葡萄山”，一部“多空间的合唱”，它本身就反映出两种音乐性，有着动态、变幻和不定型之感。这个构思来源于在非正式场合听音乐时，人们常常围成一圈，把演奏者围在中央，使他们成为观众的视觉中心。这种对观众席的安排方式后来经常被其他音乐厅所采用。音乐厅的造型在声学上也有创新之处，与平面相呼应的天花板为避免回声同时又能确保声音有最大的反射（满座时的混响时间为2 s）而设计成一系列凸曲面，这样在建筑外形上便形成了帐篷式的特别形象。

著名指挥家赫伯特·冯·卡拉扬（Herbert von Karajan）高度评价该音乐厅，他说：“在我熟悉的音乐厅中没有一个能够这样把观众席安排得如此理想。”然而，由于在建柏林爱乐音乐厅的同时，柏林墙也在建，因此整个文化广场在相当长一段时期内被冷落在东西柏林交界处的一片荒野之中，只有圣·马泰教堂和柏林爱乐音乐厅风雨相伴。

建筑造型的基本信息是三重多边形，结构为钢筋混凝土骨架。内部演奏大厅空间高达34 m，其他的空间全安排在演奏大厅所留出的空间内。除演奏大厅外还包含声响室、合唱排练厅、指挥室、独唱室、舞台监督办公室、技术室、广播唱片及电视转播室。

1968年在文化广场南侧建成了由密斯设计的国立美术馆。虽然它称不上是一幢理想的美术馆建筑，但确是21世纪最有影响的建筑之一。因为该建筑原是密斯为别处其他的功能所设计，所以也谈不上与文化广场周围建筑的关联。

在1964年举办的文化广场东侧国立图书馆的设计竞赛中，夏隆又获头奖。在方案中夏隆还对文化广场作了总体设想。国立图书馆位于圣·马泰教堂之东、柏林爱乐音乐厅之南，紧靠当时刚刚从废墟中清理出来的波茨坦大街。规模庞大的图书馆，作为一处丰富的城市景观，既在东侧围合了文化广场，又在文化广场和柏林老城之间搭起了“桥梁”。国立图书馆正面朝西，以台阶状折转的形体环抱着广场，其东部是书库和技术用房。国立图书馆在材料和色彩应用上基本与柏林爱乐音乐厅一致。室内空间非常丰富，夏隆把各种不同的功能以有机流动的空间组合成绝妙的景观。阅览、检索、出纳等被设在一个大空间中，屋顶上有独特的圆筒形采光天窗。阅览室部分凸起的方形体量意在构成与密斯方形的国立美术馆的对话。国立图书馆是在夏隆去世后6年，即1978年竣工的，由他的同事埃德加·维斯涅夫斯基（Edgar Wisniewski）完成，是文化广场上规模最大的建筑。但由于图书馆西侧道路穿越广场，破坏了文化广场的整体性。夏隆在当时的设计中还在道路东广场中构思了一个台阶状层层跌落的旅馆方案，以表现类似“山谷”般的街道空间，但方案没有得到实施。

1968年，夏隆开始设计柏林爱乐音乐厅边上的室内音乐厅。早在1959年设计柏林爱乐音乐厅时，夏隆就有过室内乐厅的方案设想，但直到1988年这一构想才得以实现。在这里，夏隆把在柏林爱乐音乐厅中“以音乐为中心”的思想加以延续。从他的草图中可以看到一个中轴对称的中央空间和环绕六角形乐坛布置的台阶状的观众席。但由于该建筑从最初的设计到建成几乎经历了20多年的时间，有许多地方已无法反映夏隆的初衷。原设计中夏隆把室内音乐厅作为爱乐音乐厅的一个从属部分，而建成的室内音乐厅在体量上几乎与爱乐音乐厅不相上下，但只能容纳1 189个座席。

在设计室内音乐厅的同一年，夏隆又接手位于柏林爱乐音乐厅东北的国立音乐研究所和乐器博物馆的设计任务，最后该建筑群也是由维斯涅夫斯基完成，于1984年落成。这一建筑群在布局上按功能分为两部分，方形的体量中是与柏林爱乐音乐厅平行布置的研究所，靠蒂尔加滕街和波茨坦街转角的狭长部分是乐器博物馆。乐器博物馆的中心是一个集中式的大厅，适合公众聚会和表演。楼层的展廊也有利于游客观演。

在文化广场上除了夏隆和密斯的作品外，还有罗尔夫·古特布鲁德（Rolf Gutbroad）的柏林工艺美术博物馆、詹姆斯·斯特林的柏林科学中心等。1966年古特布鲁德接手进行文化广场西部的博物馆群的规划设计，包括工艺美术博物馆、艺术图书馆、绘画陈列馆、雕塑博物馆和铜版画陈列馆。由于种种原因，作为首期工程的工艺美术博物馆1977年才动工。1985年竣工后，无论是在其内部空间的组织还是外观形式上都招来了很大的非议。于是在1986年又邀请了其他著名建筑师参加第二期工程，即绘画陈列馆的设计竞赛，最终绘画陈列馆由建筑师海因茨·希尔默（Heinz Hilmer）和克里斯托夫·萨特勒（Christoph Sattler）设计，于1992年竣工。柏林科学中心则建成于1988年，是斯特林在1979年的一个设计竞赛中获得头奖后的实施项目。

文化广场上所有这些文化性建筑布局松散，彼此缺乏联系，为此在1981年举办了一个设计竞赛，以求把文化广场上各自独立的建筑物组构成一个生动的、富有文化品位和整体性强的都市空间。奥地利建筑师汉斯·霍莱因（Hans Hollein，1934—2014年）获方案竞赛头奖。他的方案不仅仅是对现状的补充，也是一项富有创造性的设计，在流露出浓郁的古典气息的同时，营造如画的城市景观和浪漫的空间氛围。在密斯的国立美术馆和夏隆的柏林爱乐音乐厅及室内音乐厅之间，霍莱因以一个大型的步行广场和四个规模相对较小的建筑物把文化广场上原有的风格各异的建筑物联结一体，以使该区域重新成为一个重要的文化“焦点”。

霍莱因以圣·马泰教堂为轴线，在轴线的另一端插入方形塔状的圣经博物馆。这一被重新定义的轴线把广场一端的国立美术馆和另一端的室内音乐厅、柏林爱乐音乐厅等加以联系。在广场的东南角通过新设计的城市修道院，与圣·马泰教堂、国立美术馆构成另一条东西向的轴线，把路东的国立图书馆在空间和视觉上引入了文化广场。广场东部沿波茨坦街是弧形的底层架空的展廊。在广场西部霍莱因则从运河中引入了一条水渠作为广场的一个边界，并由此把斯特林的科学中心、密斯的国立美术馆以及国立图书馆等连成一体。水渠一直伸向广场西北角，在圣经博物馆后扩展为一个下沉式的台阶水池。广场上还设有地铁站，广场下2/3的空间被用作车库。

霍莱因的方案虽经过了多次修改，但政府、专家、居民对此都有不同意见，因此该设想最终没能得以实施。随着东西柏林的合一以及波茨坦广场的“新生”，在1998年举办了对文化广场这一联系原东西柏林的重要“结点”的设计竞赛，意在通过广场绿化及新建筑，使原有的空间结构得以整合，并保留其特有的性格，在城市空间中作为波茨坦广场的延续。竞赛要求在近109 600 m²用地的东部和南部各预留一块建筑用地。在48个竞赛方案中，由建筑师海因茨·希尔默、克里斯托夫·萨特勒和景观建筑师史蒂芬·瓦伦丁（Stephen Valentine）等合作的方案获头奖。该方案的特点是在一个方形的台地上布置了由100棵松树组成的树阵。在台地的东部面向街道有0.8 m高、3 m宽的雕塑墙。在广场东部的建筑用地中规划了一幢塔状建筑，作为文化广场与波茨坦广场之间的“门户”。

图1　柏林爱乐音乐厅外景

图2　柏林爱乐音乐厅内景

图4　夏隆和维斯涅夫斯基设计的国立图书馆（1978）

图3　柏林爱乐音乐厅和室内音乐厅

图5　密斯·凡·德·罗设计的国立美术馆，左侧远处是圣·马泰教堂和柏林爱乐音乐厅

图6　柏林爱乐音乐厅

2.18 波茨坦广场和索尼中心

德国柏林

伦佐·皮亚诺 + 赫尔穆特·扬 1992—1999

□Renzo Piano + Helmut Jahn □Potsdamer Platz and Sony Center

伦佐·皮亚诺

波茨坦广场是柏林战前的核心地段，是魏玛共和国首都一个狂热的、动态的或许有些肮脏的聚焦点。其东面是历史中心和政府机构，西面是商业与居住区域，可以说它是柏林的心脏地区。在19世纪末，波茨坦的火车站成为城市中最繁忙的地方，这使得柏林外围变成了城市的一部分。

老波茨坦广场几乎被战火夷为平地，它的地理位置横跨于两德之间，柏林墙的建立使得两边的往来被切断，而波茨坦广场也变成了一片被遗弃的荒地。

德国重新统一后，柏林墙被拆除，从该地区的地理位置与象征意义来说，重建该区域成为一个迫切也势在必行的问题。1991年柏林市政府发起了一次国际设计竞赛，最后由希尔默和萨特勒事务所（Hilmer & Sattler）中标。规划方案建议引入一系列严格控制尺寸的建筑，沿传统的街道设置，这样波茨坦广场就具有了较为有序的形式。对一些人来说，这个规划在保持柏林城设计的整个哲学思想方面强过汉斯·斯丁玛（Hans Stimman），充满了独裁主义的特征——这是城市中建筑与政治相联系的集中表现。贯彻这个规划，就意味着在一个自由的市场经济条件下，需要向土地的主人和开发商讲明其中的好处，所以整体规划公开接受了鉴定。尽管一些城市规划者对理查德·罗杰斯的修改方案还有异议，但为戴勒姆-奔驰公司所做的规划被保留了下来，其中包含了一个惊人的高塔，它俯瞰着重建部分的广场。这使得整个新的广场具有浓郁的商业氛围。

1992年，戴勒姆-奔驰公司的发展机构指定伦佐·皮亚诺与德国建筑师克里斯托夫·科尔贝克（Christoph Kohlbecker）来管理这个处于波茨坦广场的德比斯地段[总面积达60万 m^2（650万 ft^2）]，皮亚诺与包括罗杰斯的一个国际设计组织合作，巧妙地推翻了原有的规划。在承认“现代化不能破坏城市风貌”的前提下，他为这个区域设计了密度大而视觉多变化的城市广场，以此来平衡公共与私密的区间。福立德尼治大街的重建恰好在整治波茨坦广场之前，总结出来了一个道理：严格按照传统样式规划难以造就出一个活泼的城市。或许是皮亚诺非常聪明地选择了材料，高级的陶土覆层使得他在罗杰斯失败的地方获得了成功——戴勒姆-奔驰公司的南端，发展成为柏林一流的高层建筑，将自由的风格带到了这片街区。其他的建筑物大多比较随从于斯丁玛的原型，但一条让人眼花缭乱的零售商业街将它们精彩地连接在一起，该步行街的顶部光照设计让人联想到19世纪那些有拱廊的街道，尺度宜人，并在这个区域的核心地区提供了大量的公共空间。虽然有评论质问这个室内的空间是否真的可以定义为“公共”空间，但它非常受柏林人民的欢迎，在它开放的当天，就有20万人来到这里。更有意义的可能要算马琳·迪特里奇（Marlene Dietrich）广场的开放空间了，这是一个真正雅致的广场，其中还有一个剧院、一个娱乐场、一个电影院和一个大旅馆，这是一次重新点燃魏玛-柏林时代精神的尝试。在皮亚诺的总体规划中，这里可以容纳不同审美情趣，有板板正正的拉斐尔·莫内欧设计的大楼、保守的市民银行（Volksbank）的建筑，另外也有与它们对比强烈的浪漫而活泼的罗杰斯设计的建筑。

德比斯地区的北面是索尼公司一片非常大的发展用地，建筑设计师为赫尔穆特·扬。如果说皮亚诺在暗中推翻了希尔默和萨特勒的规划，那么赫尔穆特·扬在面临同样问题时则是非常巧妙地回避它。在扬看来，这个规划的最大弊端在于没有空间——一个新的城市活动与交流的模型中，一种新的城市空间类型是非常必要的。索尼中心包含了索尼在欧洲的总部、办公楼、公寓住宅、日耳曼影院、多功能剧场，以及复杂的、容纳有大量的休闲活动及零售商业的大空间，整个规划区域达15.8万 m^2。索尼中心有一个可拉伸顶棚的广场，这是这个开发项目中一个极好的创意，这个巨大的顶棚不仅提供了一个大的、可避风雨的、11层楼高的公共空间，也同样使得周围的建筑物不再受风雨的限制，因此带来了大量的经济效益。正如芝加哥早期的伊利诺伊联邦大厦，赫尔穆特·扬在为办公空间提供了外部景观的同时，在内部也造就了有顶棚的空间视角。即使在赫尔穆特·扬的作品中，索尼中心也算得上是比较特殊的一个。它本身非常丰富——有人认为是无礼的，甚至是粗俗的——相比起皮亚诺认真控制的楼房，这个建筑设计满不在乎；而相比夏隆设计的柏林爱乐音乐厅那个精致的几何体，就更显得“俗气”了。

在柏林的重建中，索尼中心代表了一种新的技术视野和秩序。它不是一栋建筑，而是城市的一部分。外部是“真实”的城市，内部是“虚拟”的城市。通道和大门加强了从真实到虚拟世界的转换。围绕索尼中心的是传统的城市街道和空间。内部有可开启顶棚的城市广场，体现时代不断变化着的文化和社会交融。

空间的动感和多样性，与简洁的、技术的内涵形成对比。自然的和人工的光线是设计的精华所在。柏林索尼中心是发亮的，但不是被照亮的。立面和屋顶像布一样调节自然的和人工的光线。它们成为一个屏幕。它的透明、透光、反射和折射等特点，使得无论白天或夜晚画面和效果都不断变化，不仅改变了外观，而且使用最少的资源，获得了最大的舒适度与视觉享受。

城市公共空间的景象成为索尼中心的主要城市特征。索尼中心是为新时代娱乐而建的一组建筑。它为建筑适应当前私有和公共空间的刺激性娱乐做出了重大的努力。索尼中心是新世界的文化广场，在这里，重大的娱乐事业被描述成对古典音乐、戏剧和绘画等高雅艺术的真正挑战。

主要的办公建筑坐落在基地的四角上。波茨坦广场的办公大楼成为一个办公地段。在其对面，位于基地西北角的索尼中心同柏林爱乐音乐厅、贝尔弗公园以及动物园发生联系。索尼中心的南面，沿恩特拉斯通斯街道的是柏林爱乐音乐厅的办公建筑。菱街位于贝勒弗街办公大楼的东面，广场公寓位于IMAX剧院上方。电影电视研究院和电影院成为泊特斯达姆尔街上的主导特征，它遮盖了展览馆、图书馆以及用来放映历史电影和教学片的剧院。

索尼中心包括：四栋办公建筑——索尼欧洲大楼（20 000 m^2）、波茨坦广场办公大楼（23 000 m^2）、泊特斯达姆尔街办公大楼（14 000 m^2）、贝勒弗街办公大楼（11 000 m^2）；广场公寓（26 500 m^2）；电影电视研究院和电影院：德国媒体中心（17 500 m^2）；城市娱乐中心，包括8块银幕的复合式电影院、IMAX剧院（17 000 m^2）；零售、美食、娱乐（8 100 m^2）；有大约900个停车位和直通巴恩市区的汽车、区域性火车和有轨电车。

波茨坦广场的设计再现了皮亚诺技术审美主义的设计风格，展现了建筑工艺技巧的建构文化。这里没有复杂的建筑形体游戏，将精美的构造方式作为建筑形式生成的源泉，使似乎简单的建筑外表拥有不同材质细部而变得丰富多彩。建筑随时间变化而产生出光影变幻、实体与透明体重合，韵律与平铺直叙的交替，使建筑细部呈现出几何的抽象美。这是一个从功能和技术出发将构造转化为艺术的杰作。

图3　索尼中心与铁路大厦

图1　波茨坦广场索尼中心屋顶鸟瞰：右侧为柏林爱乐音乐厅，左侧为密斯设计的国立美术馆

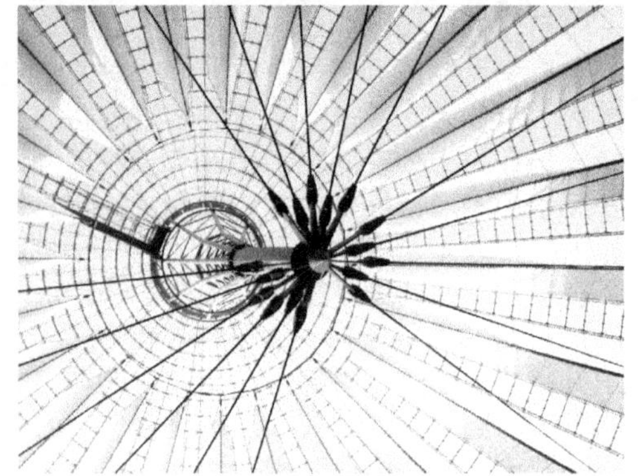

图4　索尼中心室内广场的遮阳篷

图2　皮亚诺设计的波茨坦广场戴勒姆–奔驰公司办公大楼

图5　赫尔穆特·扬设计的铁路大厦

图6　罗杰斯设计的波茨坦广场办公楼

图7　波茨坦广场的建筑群
左侧为皮亚诺设计的德比斯大厦（1991—1997），中间为汉斯·科尔霍夫（Hans Kollhoff）设计的戴勒姆-克劳斯勒公司大厦，右侧为铁路大厦

图8　索尼中心入口

图9　马里奥·博塔为奔驰公司设计的建筑

2.19 关西国际机场

日本大阪

伦佐·皮亚诺 1988—1994
□Renzo Piano □Kansai International Airport

关西国际机场航站楼是航空业中最壮观的机场建筑之一。令人迷惑的是，其非凡的设计最先产生于一个概念，这个概念源于经验丰富的巴黎戴高乐机场建筑师保罗·安德鲁（Paul Andreu）。

安德鲁的航站楼设计观点是，不把国内航班与国际航班分别放在不同的航站楼里，也不放在同一航站楼的两端。他提出要设计一个多层主航站楼。在关西机场，安德鲁最初提出，要把国内出港与到港放在中间楼层，像三明治一样，上层是国际出港区，下层是国际到港区。所有的航班都在一个非常长的客运廊中的候机厅里登机。

整个1.7 km长的关西国际机场航站楼，被描绘成当代机场建筑的奇迹之一。机场所在的人工岛屿显而易见地能成为从太空中看到的人造工程（后来的香港赤鱲角机场也是人工填海的工程）。这个岛屿长4.3 km，宽1.25 km，用了5年的时间建成。大阪原来的伊丹机场也为神户港服务，但机场被高楼大厦所包围，没有大规模扩建的余地。对比之下，大阪湾可以成为新机场的场址，并可以改变飞机起降角度，这样飞机就可以从海上起飞和降落，每天24 h不受限制。将钢质沉箱沉入海底，以形成人造岛的周边线，三座山被铲平，用碎石做填充物。原先估计软黏土海床在碎石填充物的重压下，可以固定在8 m，结果超过了原先的估计。

日本最大的6家建筑公司被邀请提交航站楼的设计方案，日建设计公司的方案最后被选中。然后日本在世界范围内选择了一些机场管理局，把这个方案送交他们征求意见。这时以保罗·安德鲁为首的巴黎机场公司提出了一个全新的概念。关西国际机场公司被巴黎机场公司提出的国际与国内航班直接接转的概念吸引，如果这样，旅客就不必从一个航站楼走到另一个航站楼，不必担心错过了航班，也不必担心丢失行李。

安德鲁的方案被采纳了，关西国际机场向全世界招标，邀请世界上15家公司在巴黎机场公司的协助下竞争机场设计。伦佐·皮亚诺建筑事务所尽管以前没有机场建筑的经验，但是皮亚诺有两个天才的合作伙伴：冈部宪明（Noriaki Okabe）和石田俊二（Shunki Ishida）。同时皮亚诺找到了奥维·阿勒普及其合伙人的彼得·莱斯（Peter Rice）参加竞标。皮亚诺与莱斯1988年参观了机场场址，皮亚诺认为人工岛应赋予天然岛屿的特征，应该沿岛屿的边缘栽植树木，树木可以包围航站楼。在所有的竞标者中，皮亚诺是唯一与安德鲁的方案一致的竞标者。

皮亚诺写道："我认为建筑结构，尤其是机场航站楼，应该成为在里面行走的人的指示图。"在关西国际机场，他构思出两个充满自然光的采光井，一个位于非隔离区，另一个位于隔离区。在航站楼内这两处受到保护的环境中，即在这两个采光井中，用皮亚诺的话说，"模拟外面的自然环境，给在航站楼内部走动的旅客一种舒适的感觉"。他又补充说："旅客在航站楼内的运动一定要既简单又直接。"

皮亚诺设计了一个非常漂亮的模型，呈弯曲状的屋顶，闪闪发光，象征着飞机制造技术。长长的两翼从主航站楼向两侧伸展，42个登机廊桥在两翼上呈直线排列。航站楼主体有四层楼，下面是一个地下室，行李处理系统和动力设备安装在这里。出港大厅在顶层，即第四层，旅客可以经高架车道直接进入出港大厅，向前伸出的雨篷正好遮挡住旅客上下汽车的车道。

皮亚诺决意要使出港大厅和客运廊道在满足防火要求的基础上保持开放性。特许商业区，例如商店和酒吧，设在第三层。这里如果发生火灾，洒水灭火系统可以立即启动，防火门可以立即关闭。

第二层是国内出港区。登机廊桥和火车站也在这个楼层，火车站通过连接上下车道的封闭式天桥和航站楼相连。

地面层（从隔离区开始）首先是国内行李处理区，接下来是国际行李提取区和国际到港大厅。国内行李提取和国内到港厅位于第二层的国内出港区内。

整体设计和布局力求具有很强的方向性。这是在含蓄地纠正英国斯坦斯特德机场航站楼的不足。在斯坦斯特德机场航站楼里，向四处望去，会发现各处都是一个样子。

从航站楼设计的初期开始，设计人员就很清楚，屋顶应采用钢结构，这样才可能以最经济的代价获得大跨度的屋顶。拱顶桁架可以使大楼中心形成令人心旷神怡的高耸空间，同时楼顶高度逐渐向边缘降低，这样就可以保证从机场指挥塔上看到飞机的尾翼。

但是两侧登机翼楼的屋顶在横向也要弯曲，其中一部分的外形还必须同航站楼建筑物的弯曲屋顶协调，同时还要有一段向前倾斜，用来挡住机场一侧的玻璃窗，这样，机场翼楼屋顶就需要一个双曲率曲面，同时莱斯和设计团队意识到这是使用超环面（在两个主方向上的弯曲曲率完全不同的凸形曲面）最好的机会。对于这样的环面，皮亚诺过去曾经在巴黎贝西区第二购物中心大楼中使用过，他用小矩形板块覆盖住建筑的整个屋面，而曲面的生成就像绘画一样，先选取一条曲线（由半径不同的圆弧或弧组成），然后保持曲线不变，将其不断地向下、向后移动。然而，在巴黎贝西区第二购物中心大楼，由相对较小的场地所决定的屋顶曲面十分复杂，为了覆盖住整个商业区，大约需要30种不同尺寸的面板。如果只使用一种尺寸的面板就能把关西国际机场航站楼规模的双向曲面整个覆盖住，会使航站楼巨大的屋顶显得更加完美。要将航站楼的双向曲面同主航站楼的单向曲面协调在一起，存在一个极其困难的问题，即登机翼楼所有的结构肋都要以不同的角度倾斜，就像是从同一个中心发射出来的（如同圆柱的正截面与斜截面的关系一样，截面越斜，则中央的曲率半径越小），从而构成了超环面。莱斯在最终解决这个问题之前，尝试过各种方案。最终决定主航站楼的屋顶继续由不同半径圆柱体逐渐延伸形成，而主航站楼前面登机楼中央部分的截面保持不变，两侧翼楼的其他延伸部分保留超环面。于是当人们站在工地上，从机场侧望过去，超长登机楼屋顶缓慢弯曲的曲面看起来就像一种幻景，宛如一只伸出双翼的巨鹰正好落到地面，与中央部分平坦屋脊的对比，使该段曲面的轮廓变得更加清晰动人。

尽管结构外形十分生动，形态美观的支柱主桁架跨度也很大，但是从工程学的观点来看，大部分结构与所使用的材料还是相当传统。登机翼楼的结构却与此不同，它拥有细长而弯曲的、系杆加长的管形桁架。结构其他方面的特征是：主体单元的形状与外壳的形状相比是次要的，结构必须处理大量不同类型的位移，结构在帮助人适应建筑物方面发挥着视觉作用和移情作用。

一个连续的、横跨桁架顶部弦杆的二级结构取代了参与竞标设计中的悬臂支架，因为悬臂支架刚性太强。这样设计是为了吸收横向压力的能量，施加横向力正是地震的特征。为了削减成本，用标准的“工”字形截面代替箱形截面，并使用传统的剪刀撑杆系统，整个二级结构都隐藏在吊顶后面。由于更轻盈，建筑师十分愿意采用这种方案。

采用几何学规则，使建筑物屋顶的壳体的复杂曲面均可以通过相同的矩形单元得到覆盖。除那些位于膨胀连接伸缩缝的屋面瓦之外，所有81 000片不锈钢屋面瓦都完全一样，位于登机翼楼机场侧的将近5 000块的玻璃嵌板也完全一样，但与地面相连的嵌板除外。严格地说，处于环形弯曲部分的屋面瓦和玻璃嵌板的精确形状是梯形的；但是由于顶部和底部的差别不超过5 mm，这种差异在连接处很容易处理得天衣无缝。

这种屋顶是皮亚诺设计的双层屋顶中的一种，双层屋顶在反射阳光、遮住内外屋顶之间的空隙以及防漏等方面都有许多优点。航站楼的内层屋顶由两层钢板制成，这两层钢板折叠成凹槽形，并涂有一层聚偏二氟乙烯（PVF2）（外层涂1 mm，内层涂0.8 mm），在两层钢板之间夹有玻璃纤维绝缘体。内层屋面的瓦片是高级铁氧体系不锈钢，它能抵抗盐腐蚀和台风携带的沙砾的磨损。通过用螺栓连接在内层部分凸起的支架或固定夹片上，使外层的屋面瓦得到固定，这些瓦片由1 mm厚的钢板折叠而成，并临时碾压做无光处理，从而使反射光不会刺伤飞行员的眼睛。屋面瓦的尺寸为1.8 m×0.6 m，每块10 kg，能适应各种曲线的几何公差。

在结构与覆盖层设计中存在的另一个问题是有大量不同类型的位移要能够被协调处理。这些位移包括自重引起的变形、温度的影响、地震的影响等等。变形位移在建筑物的多个部位以各种方式被吸收。用450～600 mm宽的伸缩缝，将建筑物分成多个150～200 m宽的区段，这些伸缩缝能够消除由温度变化、地震和不均匀沉降引起的变形。在伸缩缝中断屋顶和玻璃窗的地方，使用了能防风雨的伸缩橡胶元件。位于国际航线出发大厅的侧面，山墙端的玻璃窗的顶端在双层桁架之间上下滑动，这些双层桁架是主航站楼区屋顶的边界。因为峡谷区陆地侧的结构与多层内部建筑物的结构相互独立，所以横跨它们之间的横梁允许0.5 m的水平移动。由于同样的原因，在主桁架底部弦杆穿过陆地侧玻璃窗的地方，玻璃窄口上面的钢板允许0.2 m的水平位移。

巨大的航站楼玻璃窗带来了许多难以应付的设计问题。建筑师想使用尽可能光滑和连续的方法，给1.7 km长的登机翼楼和18 m高的主航站楼山墙装上玻璃。然而在保持防水的同时，这些玻璃窗还必须能够克服在地震荷载和风荷载下产生的变形。将每一玻璃窗格连同它自身的框架当作一个独立的单元，在这些平面单元之间的连接处使用曲面而不使用其他形式的中断框架，这样的处理方法，对于长而弯曲伸展的机场侧面玻璃窗，可以保证连续光滑的特征，同时也能够达到克服变形的目的。另一设计限制是登机楼机场一侧的玻璃窗必须能有效地隔离噪声。

玻璃窗的单元长度为3.6 m×1.008 m，与屋面瓦一样，误差在连接处集中。日本制造的吸热灰色玻璃有12 mm厚，有很好的隔音效果。每一块玻璃都装在自己的铝框架里，然后运至现场；铝框架在美国挤压成型，并带有氯丁橡胶衬垫，既保护了玻璃的安全，又提供了每块玻璃窗单元之间的防水密封。

设计师精心设计了屋顶维修装置，在与屋顶高度平行的位置，设置了轨道小推车，供清洁和维修屋顶设备、照明设备和排烟设备时使用。飞鸟的存在会产生潜在的危险。为了控制飞鸟，屋顶专门驯养了鹰，还设置了人造机器鹰和超声波装置。

关西国际机场公司曾经预想将获胜的设计方案交给日本建筑师和工程师开发和实施，但是皮亚诺坚持整体设计要与奥维·阿勒普及其合伙人紧密合作共同完成，因此成立了一个联合体，来贯彻实施这个设计方案，日建设计公司、巴黎机场公司及日本飞机场咨询公司都参加了这个联合体。关西国际机场于1991年5月24日开始建设，于1994年9月4日举行落成典礼。但不幸的是，彼得·莱斯于1992年10月去世，没能看到这个有巨大屋顶的建筑竣工完成。

图1　关西国际机场鸟瞰

图2　关西国际机场的双曲面候机楼

图4　候机厅内的桁架支撑

图3　国际航线出发大厅

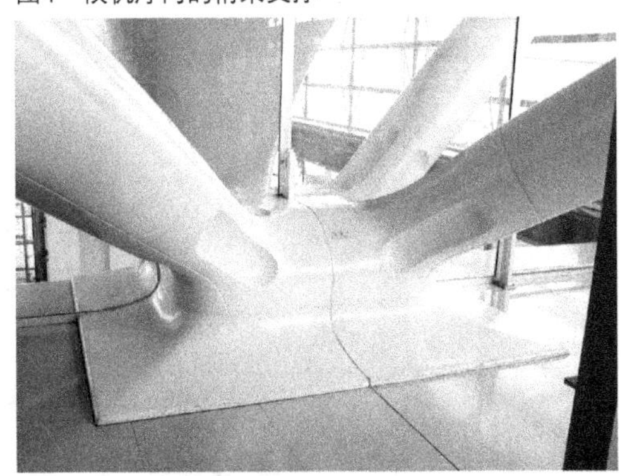
图5　支撑柱的基座

图6　巨大的桁架结构支撑着屋顶

图7　国内航线登机休息厅

图8　屋面上特制的瓦

图9　玻璃幕墙

2.20 代代木国立综合体育馆

日本东京

丹下健三　1964

□Kenzo Tange　□Yoyogi National Gymnasium

丹下健三

1964年丹下健三设计的代代木国立综合体育馆可以说是他顶峰时期的作品之一。这个建筑其实是一个巨大的建筑物群，占地9 hm^2，由两座体育馆和附属建筑物组成，建筑总面积为34 204 m^2。第一体育馆由两个错开的新月形组成，第二体育馆则为螺旋形；两个场馆南北对称，中间形成一个广场。这组建筑具有强烈的形式感和明显的日本传统民族建筑神社的基本构思，这种把现代建筑技术和日本民族风格完美结合的创作方法在日本建筑史上开了先河。同时代代木国立综合体育馆也被认为是日本现代建筑的一个里程碑，建筑史家将日本现代建筑以此分为前后两个时期。

两座体育馆的入口以流畅圆滑的曲线形成大厅空间，使两座体育馆在布局上面遥相呼应。15 000座的主体育馆平面，由两个错开的新月形组成，把封闭式的圆形空间变成开放式的螺旋空间，这是代代木国立综合体育馆突出的特征。两侧的三角形空间作为入口大厅，把人流自然地引入馆内。屋顶为凹形的悬索结构，两根主悬索像悬索桥主缆索一样从主馆入口处矗立着的两根钢筋混凝土筒形支柱高塔之间悬挂下来，并被锚固在两端巨大的混凝土基础中。而在屋盖的两侧，突起的多道主组合梁支撑着上面覆盖有钢板屋面板的下凹的副悬索。吊索下的几十根钢缆从体育馆的长轴方向引向观众席四周上方的椭圆形钢筋混凝土腰箍，吊索的开口处用作顶部采光。在这座用悬索式屋顶覆盖的体育馆内，观众席上面的天棚曲面犹如天幕，从长轴方向垂向四周，形成了较强的整体空间感。体育馆天棚上面的柔软的曲面造型以及柔和的顶部采光，使体育馆的空间显得更加明亮开阔；白天人们进入场内，看到从顶棚上面的长条椭圆弧形天窗撒下的柔和光线，会有一种进入教堂的异样感觉。在比赛时，这个像“人”字形向上方冲起的空间，把体育馆内的运动员与观众的热情不断引向高潮，此起彼伏的欢呼声像是在一个巨大音箱内产生的共鸣。

圆形本来是向心的、封闭的，而设计者追求的是明朗、开放式的集会空间。创造性的设计手法和先进的悬吊结构，在这里得到完美的统一。代代木国立综合体育馆在外观上似乎与日本传统的建筑没有联系，但体育馆外粗犷的石墙、悬索屋脊的造型以及下凹屋面上的平行瓦楞，使人们感觉到它们好像是传统日本神社建筑的夸大和变形。

代代木国立综合体育馆建于1960年代，在当时是一件了不起的事情。随着现代化进程的加快，代代木国立综合体育馆由于没有足够的场外活动空间与停车场，在举行比赛活动时显得十分拥挤；另外，体育馆四周的环境和建筑的造型也未能协调一致，由于处于市中心地段，这些问题长期无法解决，这是丹下健三一直感到遗憾的事情。

图1　代代木国立综合体育馆

图2　代代木国立综合体育馆鸟瞰

图3　代代木国立综合体育馆屋顶及入口

图4　代代木国立综合体育馆箍梁细部

图5　代代木国立综合体育馆拉缆及屋面

图6　代代木国立综合体育馆拉锚缆混凝土基础

图7　代代木国立综合体育馆室内景观

图8　代代木国立综合体育馆室内天光

2.21 东京国际会议中心

日本东京

拉斐尔·维诺里 1992—1996

□Rafael Vinoly □Tokyo International Forum

拉斐尔·维诺里

东京国际会议中心是1988年12月开始国际招标的。当时吸引了几乎绝大多数的著名建筑师参加，1989年9月方案征集截止，共收到了50个国家的395个方案。中国就送去了15个方案，比美国还多了2个。结果是美国中标并还获得2个佳作奖，中选的是拉斐尔·维诺里。拉斐尔·维诺里是阿根廷人，25岁的时候就在布宜诺斯艾利斯开设了事务所，后来该事务所成为南美洲最大的设计事务所。维诺里1979年到哈佛大学教书并移居美国，中标当年45岁。

东京国际会议中心是一座综合文化信息设施，建筑用地面积为27 375 m^2，建筑占地2 0951 m^2，总建筑面积145 076 m^2，地下3层，地上一边是7层，一边是11 层。建设工期从1992年10月到1996年5月。建筑主体包括排列在用地西侧的4个会场大厅：A会议厅可容纳5 012人，用于国际会议和音乐、歌剧表演等；B厅是3 000个座位的灵活剧场，面积为1 440 m^2，可以用于会议和展示；C厅为容纳1 502人的中等会场，用于会议和音乐演出；D厅是一个有600个座位的实验剧院，使用面积380 m^2，用于会议、展示、电影等。会议室群共有34个会议室，还有5 000 m^{2}的展示厅及其他各种接待、信息等设施，地下有400个停车位。4个会场大厅悬浮在半空中，底部向内庭广场开放，东侧玻璃厅内有几十间大小会议室和展览厅。两组建筑之间的开放广场设有剧场的休息厅、餐厅、咖啡厅、商店和艺术陈列室等服务设施。两组建筑通过地下和空中连接桥相连。梭形的玻璃厅是一个巨大的空间，其整个桁架跨度为228.6 m。屋顶上的照明设施可随着时间的变化显露出建筑物的不同景色。

该工程十分庞杂，但是维诺里非常巧妙地用最简单的方法解决了这些问题，他把用地东侧因为新干线的11 m高的高架轨道形成的弧线，沿对角线镜像了一下，形成了一个梭形的大玻璃厅，然后在用地西侧从大到小，从北向南，依次布置了各个会议厅。

基本结构方式是：地下为钢筋混凝土结构，地上为钢结构。建筑柱网为9 m×9 m，但是在地下停车场部分为了多停车，地下室展厅空间中每4根柱子斜向收束成一根柱子，转换成18 m×18 m的柱网。

这个建筑有两个地方最具特色，一个是梭形的玻璃大厅，一个是建筑物之间种满树木的室外空间。

梭形的玻璃大厅是东京国际会议中心的灵魂所在。玻璃大厅全长约210 m，最宽的地方约30 m，高度为57.5 m，朝向内侧的一面为全玻璃幕墙，朝向外侧（新干线轨道）

的一面中4、5、6层为会议室，7层是餐厅，最上面也是玻璃墙面。玻璃大厅南北两端有2.5 m高、20 m宽的公共入口，从公共入口进来后就下到地下一层的大厅地面，从这个大厅可以进到地下二层的展览厅和其他各个公共部分。紧贴着这个大厅沿两侧的墙壁设置了一个连续的缓行坡道，通过北坡道可以从首层步行到七层。

如果说玻璃大厅是这座建筑的灵魂，那么玻璃大厅的结构设计就是其灵魂，而大厅中的南北两根巨柱和屋顶的船形结构更是结构中的灵魂。这座建筑在建成后虽然形式和原来投标的时候相差不多，但是结构的设计远远超过了原来建筑设计时的设想，可以说其结构设计使得这座建筑升华了，使它不仅仅在形式上获得了声誉，更能够使建筑整体在建筑史上获得不朽的地位。

谈到结构设计就要说到渡边邦夫先生。当时东京市的市长亲自找到他说，这座建筑的结构要他来承担，并且相信他可以最好地完成这个结构的设计。在设计这个大厅时，渡边邦夫看到原方案有24根柱子，他就想能不能用少一些柱子来承担这个玻璃大厅，让玻璃的墙体更透明，遮挡更少。这样他就做了计算，看看16根可以不可以，12根可以不可以，8根可以不可以。最后，他用了2根柱子就把玻璃大厅支撑起来了。

图1　东京国际会议中心鸟瞰

图2　东京国际会议中心梭形玻璃大厅

图3　东京国际会议中心梭形玻璃大厅和巨大的支柱

图4　天桥

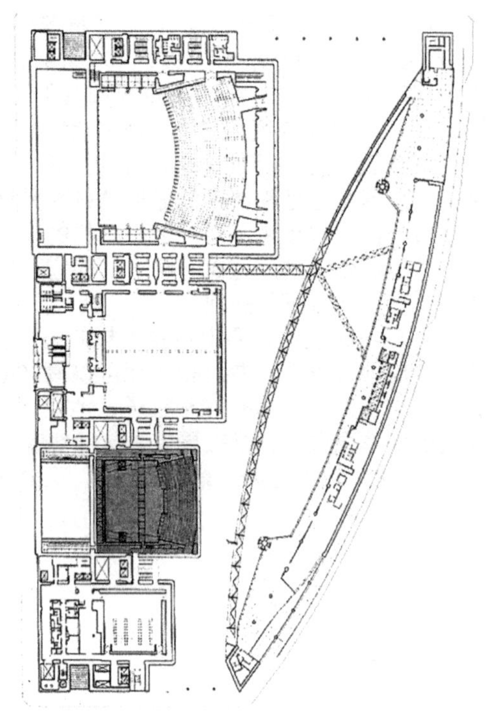

图5　东京国际会议中心平面图

图6　东京国际会议中心梭形玻璃大厅的天桥和屋顶拱肋

2.22 美秀博物馆和步行桥

日本京都

贝聿铭 1996—1997

□Ieoh Ming Pei □Miho Museum and Pedestrian Bridge

美秀博物馆是日本神慈秀明会长小山美秀子为自己几十年来收藏的藏品所建的博物馆。法国卢浮宫玻璃金字塔的成功打动了小山美秀子，1990年她请贝聿铭在日本神苑为她修建了一座60 m高的钟塔，并于同年委托贝聿铭设计美秀博物馆。业主对建筑师完全信任，一切尊重设计者的意见，不惜花费250亿日元的总造价建成这座人间的天堂。

博物馆最初的选址在两条河的汇合处，贝聿铭感到这个地方不合适。一天小山美秀子突然打电话给贝聿铭，说有了新的地方，即现在的地址，请他尽快来看一下。这是滋贺县甲贺郡内山区里的一个地方，贝聿铭对在这个地方建博物馆产生极大的兴趣。贝聿铭在脑海里展现了这样一个理想的画面：一座山，一个谷，还有躲在云雾中的建筑，许多中国古典文学和绘画作品，都围绕着一个主题——走过一个长长的、弯弯的小路，到达一个山间草堂，它隐在幽静中，只有瀑布声与之相伴……那便是远离人间的仙境。到达此地山高路险，这正是那些寻道者的求索的旅途。

美秀博物馆建筑群掩藏在京都附近的信乐丘陵之中。建筑物埋在山丘中，仅仅显露出几处散落的亭阁和其他地面标志物。基地被周围的自然保护区孤立起来，因此需要从远处的一个出口引入一条穿过山坡的通道，这种需求同时也成为建造一个能带给旅客独特经历的建筑群的契机。进入博物馆的通道被设计成一个与自然风景紧密结合的空间序列。游客进入博物馆的整个过程，形成了一种与自然交流和体验的过程，就像中国古典文学里曾有过关于人们经过艰难险阻的旅程最终到达圣地庙宇并受到启迪的描述。而在美秀博物馆中，这种境界竟以其独特的设计得以实现。

在贝聿铭的设计中，一条蜿蜒的小道，像是高尔夫车道，从停车场通向一个狭小的隧道入口，就像进入“洞穴”入口，从成列的不锈钢条装饰的隧道，渐渐可以看见隧道那边透过来的亮光。走出通道，一座横跨在陡峭的深谷之上的步行桥赫然出现在眼前，桥的远端就是美秀博物馆。为了将参观者的视线从步行桥引到博物馆建筑上，建筑师采用了日本“借景”（Shakkei）式设计方法，即一种由远而近的景象叙述方式。所以步行桥本身就是三种设计手法的混合体，用来控制参观者的感受。建筑师并没有把桥体结构视为体验的主要对象，所以弱化了桥的形式，以确保桥在环境中不显得突兀，目的是想让参观者沉浸到周围的自然美景中去。

美秀博物馆步行桥的结构部分是由柯布·弗里德（Cobb Freed）设计的。这是一座没有桥墩的单跨桥，仅设有与人行道起拱点连成一体的桥台，这样就减少了对环境的冲击。在靠近隧道的一侧，一列悬索被锚固在隧道的衬砌口里，于是桥就像是根植于山中一般。在贝聿铭眼中，隧道与步行桥共有的支撑体将两个分离的要素结合到了同一个叙事序列中。就好像一把巨大的小提琴，琴弦样的缆索从18.3 m高弦枕似的拱形钢圈向两侧伸展出去，拱形钢圈内侧由50根钢索锚固在隧道的混凝土结构上。外侧则均匀地伸出44条钢索把吊桥拉住。5 m宽、120 m长的钢索吊桥跨越50 m深的山谷，谷底及四周长满青翠的树丛，绿意盎然。拉索有两个作用：既可以支撑桥面，又可以增加桥的横向稳定性。整个桥面支承在步行道下的三角形桁架上。栏杆由坚固而美观的多孔钢板组成，既给游客以安全感，也使他们能够愉悦地享受自然美景。张紧的拱和悬索扇面的几何形状使大桥在荷载下有相当大的变形自由，而且变形很容易被觉察到。特意设计这种效果是想把它作为体验的一部分，类似于都江堰的吊桥，人在桥上缓缓走动时，桥轻微不停地摆动会给行人产生异样的感觉。内部高度隔震和悬索复杂而非线性的扭曲变形排除了出现危险的大幅振动的可能性。尽管如此，桥在受到了风和行人的负载后产生了弯曲变形，结构还是以一种不寻常的方式摆动。

隧道虽然只有200 m长，却造得朴素秀美。吊桥桥尾平台前面是一个直径约50 m的圆形广场。圆形广场的中心有一个独立的圆形，上面刻有“十”字形割纹。“十”字形割纹很容易被游人忽视，其实是指向东西南北的标记。广场向山的正面，砌建了一座分成三段的石阶。每段石阶长宽各10 m，每阶有12级。最上段台阶的平坦处，就是博物馆的正门和用玻璃镶成的三角形大屋顶。贝聿铭设计的这个屋顶好似京都清水寺单檐大屋顶的翻版，它没有翘角，是完全传统的日本神社风格。正门好似日本神社建筑的本堂入口，正中是光影交错之下的月亮门。贝聿铭本人说那是参考了日本寺院的构造，其实也是贝聿铭少年时代苏州狮子林里圆形门洞的记忆再现，是一种借景的设计手法。再往里走，更加引人入胜。走进馆内，宽阔的大厅、朴实的大理石墙、高耸的三角玻璃屋顶和一枝枝整齐横排的遮阳木杆，展示建筑物不同凡响的格调。

最后落成时的规模远远超过原先的预想，最初只是想造一座仅收藏东方艺术品的小美术馆。可是，当北馆的设计完成时，小山美秀子夫人和她的女儿考虑将它变成一座具有国际性收藏的美术馆。她们二位征求了贝聿铭的意见，贝聿铭认为那当然是非常重要的。当时贝聿铭说了一句耐人寻味且非常具有建设性的话。他婉转地说：“不但外壳（指建筑）重要，里面也应该具有国际性。”确切地说，当时贝聿铭对她们到底有多少资金并没有把握。从此，小山美秀子夫人开始在世界范围内，寻求学者和专家们的协助，尽可能广泛地收集国际性艺术品。此后收集到的范围包括埃及、中亚、希腊、罗马、中东和中国的古代艺术品。

1997年1月21日贝聿铭在纽约曾接受过一次记者的采访，他认为：“构造的形态当然被地形所左右，根据滋贺县的规定，总面积为17 000 m^{2}的部分，大约只允许2 000 m^{2}左右的建筑部分露出地面，所以美术馆80%的部分必须在地下才行。”

主馆两旁由长廊连接南北两个展览馆。北馆展出了日本古代字画、木刻、陶瓷、漆器。南馆展出的是古代中国、印度、伊朗、埃及、希腊、罗马等地的金、银、铜、铁、木石、陶瓷等古董。

在博物馆的填土过程中，精心设计了一道防震墙，墙高20多 m，将地下二层的建筑与山体岩石隔开。经过覆盖，几年后山上的原始风貌已经恢复，自然景观完好如初。

美秀博物馆的铝制木栅遮阳屋顶是一大特色，这种展示木头效果的几何形状屋顶，其灵感来自法隆寺的纵向格子。正是这个浮现在翠绿山峦中的屋顶展现出美秀博物馆的灵魂。在主馆屋面玻璃与钢管支撑杆之间的空间，是起着滤光作用的仿木色铝合金格栅，它梦幻般的影子泼洒在美术馆的大厅及走廊中，宛如传统日本竹帘的影子。博物馆的入口屋顶的框架线由大小正方形和三角形构成，它们互相交错，像是一幅错幻的几何形绘画。如果这时再将屋顶中最大的一个三角形的腰边向两边延伸，就会与台阶两边的围墙斜边自然连接，这时我们看到了一个巨大稳定的正三角形。清晰的建筑轮廓和剪影效果反映了贝聿铭对日本建筑文化的深刻理解。天窗设计的独到之处是玻璃下边的“遮阳帽”，但他这一次没有使用铝合金材料，而全部使用木质材料。光线通过遮阳格子板的折射与反射散入室内，到处洋溢着宁静柔和的情调。进入正门，透过极宽阔的玻璃开窗，窗外层层叠叠的山峦与青翠的松树，像一幅透明的屏风画投入观众的眼帘。

建成后的博物馆建筑群完全超出了人们的想象，从远处眺望，露在地面的部分屋顶与群峰的曲线相接，好像从群山中自然生长出来似的。它隐蔽在京都山峦的万绿丛中，和大地群山和谐共生、融为一体，创造了一个理想的人间仙境，也给人们留下了一笔珍贵的建筑遗产。由于美秀博物馆的成功设计，贝聿铭先生荣获了瑞士国际构造工学会颁发的“2002年度最佳构造奖”。

约1600年前，著名的田园诗人陶渊明写了《桃花源记》，内有如下文字：“晋太元中，武陵人捕鱼为业。缘溪行，忘路之远近。忽逢桃花林……林尽水源，便得一山，山有小口，仿佛若有光，便舍船，从口入。初极狭，才通人。复行数十步，豁然开朗。土地平旷，屋舍俨然，有粮田美池桑竹之属。”贝聿铭借用了中国古典文化艺术宝库里的精髓，成功地设计了美秀博物馆，再现了陶渊明《桃花源记》的景象，实属难能可贵，让人赞不绝口。

图1 美秀博物馆前的涵洞和斜拉桥

图2 涵洞口的张拉悬吊系统

图3 美秀博物馆的正门

图4　从涵洞内看美秀博物馆的正门

图6　美秀博物馆内的长廊

图5　从月亮门看涵洞和桥

图7　从花园看美秀博物馆西侧展馆

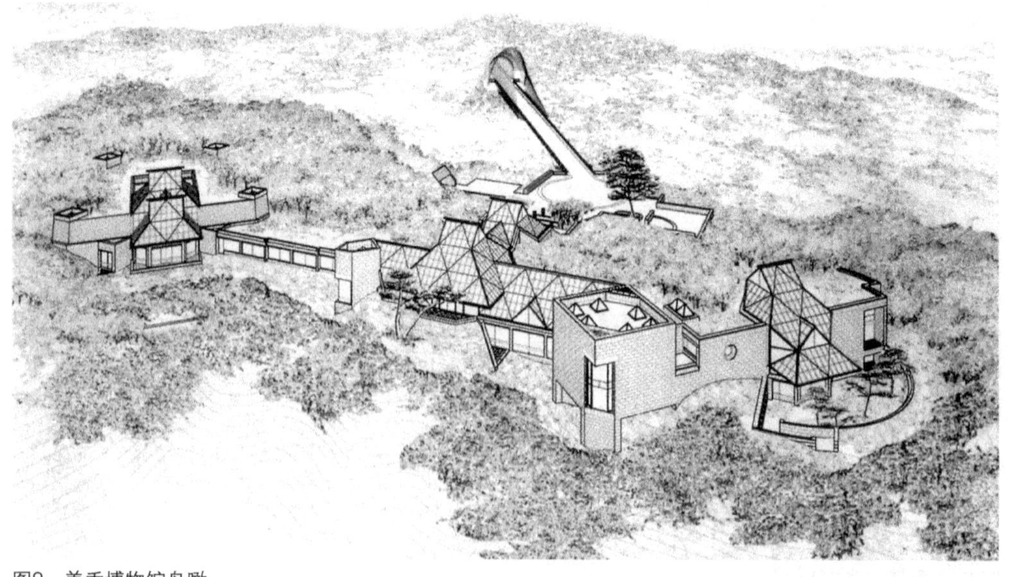
图8　美秀博物馆鸟瞰

2.23 小筱住宅

日本兵库

安藤忠雄 1979—1982

□Tadao Ando □The Koshino House

安藤忠雄

小筱住宅1982年建于日本兵库县芦屋市的一座国家公园内，它使安藤忠雄成为他那一代人中最具潜力的天才建筑师而受到世界的广泛关注。房屋包括两个侧翼，通过地下通道相连。一边是两层的建筑，包括起居室、一体化的厨房和餐室以及卧室，另一边是长长的单层建筑，包括一排六个孩子的卧室和两间铺有榻榻米的客房。房屋下层低于地面，需要从上层进入，通过窄窄的楼梯下到两倍高度的起居室。中间经过连续的混凝土墙，屋顶和墙顶上镶嵌着玻璃。每天固定的时间里，一道斜阳穿过墙顶，使光秃空白的后墙笼罩在一片光亮中，墙壁仿佛消失了似的，这一景象使人想起约翰·伍重的自宅（Can Lis）起居室。两块开阔的空地置于屋旁，使人欣赏到四周的景致：下斜的地面、树林以及远方的山峦。在传统日式房屋中，景色被分成不完整的部分，促使人们在头脑中构筑完整的画面，这与现代主义中利用整面玻璃墙来达到空间延续的做法截然不同。

对门窗的处理是西方现代主义和以安藤忠雄为代表的日式传统建筑之间相互影响的少数细微结果之一。崇尚阳光和雨水的水泥阳台和台阶可以理解为是对传统铺满小砾石和孤石的“枯山石水”的重新诠释；而在卧室的走廊里，光线通过狭窄的小缝，照亮通道，直射到屋外的台阶上，营造出光与影交相辉映的动人景象。房子内部一条长桌从低陷的厨房一直延伸到位于高处的起居室的地板上，这样安藤忠雄不仅把两个空间连起来，而且为居住者提供了两种选择：或者随西方礼仪，坐在椅子上，或者遵循日式旧礼，坐在地板上。地毯的颜色与传统的榻榻米相协调，不过房间的空间大小由宽1.8 m、高0.9 m的混凝土格栅来控制。由蓝灰色沙砾制成的混凝土质量上乘，但在灯光掩映下，却显得如纸屏般纤弱。

小筱住宅建成四年后，安藤忠雄又被要求为其增加一个工作室，工作室完全建于起居室北面的地下，计划中的墙壁呈四分之一圆形。这种在直线构成的体系中引入弧形而得到的新的构图是他刻意为之的结果。一片草地将原有的建筑和扩建部分分开，小半圆的弧形墙用来挡土，并划定了场地的范围。与矩形居住院落不同，在弧形墙顶部设计了天窗，光线射入后在墙体上形成斑驳的光影。纵观全景，丝毫看不出扩建的痕迹，两者浑然一体，形成一个完整的住宅。

在西方，安藤忠雄的作品经常与美国1960年代的极简主义联系在一起。然而，尽管受到现代派抽象理念的极大影响，但他设计中的简朴的形体，需要在日本宗教和美学传统的背景下才能得以深刻理解。

评论家说小筱住宅反映了日本“枯山石水”庭院布局的精华，称赞它很好地适应了周围草坡和松柏这一自然环境。“枯山石水”是日本古建筑与环境和谐共生的一种表达形式，主要表达了对自然的热爱和尊敬。从材料上说，首先，小筱住宅用材料本身的质感来表达情感，使人感到亲切自然。其次，它显示了非同寻常的人工性，用白色小砾石表现大海，用几块石头代表岛屿；在这里，“枯山石水”与其说是观赏的对象，还不如说是静思修行的场所。将人自身的智慧坚定勇敢地介入环境里面，是它如此感人的原因。这正如凡·高的《向日葵》较之真实的葵花更让人感动。从这个层面看，枯山石水与哥特教堂很相似，后者是对石材朴素而卓越的表达，同时创造出震撼人心的空间。直观地看，枯山石水给人孤寂、冷漠、淡泊的感觉，但深入地了解，它又极其的丰富，象征着大海、波涛、岛屿。整个大自然都装进了小院，又怎会孤寂?

黑川纪章说：“我认为的好的住宅标准有四条。一是有极强的人工性并能融入自然，提升自然。二是有家的私密性并能方便地和邻居交流。三是有家的温馨和亲切。四是能时刻感受自然的存在并与之交流。”安藤忠雄的小筱住宅无疑符合上述要求，同时还加入一些抗争的信号，比如对社会中的浮华和唯利是图的批判等。

安藤忠雄的早期设计主要运用木材。然而真正使他闻名于建筑界的却是他的首座用混凝土建成的排屋——1976年在大阪建造的住吉的长屋（Azuma House）。正如他所说的，这是他职业生涯的一个转折点。住吉的长屋通过正立面一个狭窄的小门进入静谧的内部空间。此后，他在一系列日本的宗教建筑，如北海道的水之教堂（1988年）、大阪的光之教堂（1989年）和兵库县的水御堂（1991年）中，应用清水混凝土与水和光交相辉映，带给人神圣的宗教和审美体验：耶稣的十字架倒影在水中，墙面上的十字缝隙光影变幻，落日余晖下从开满莲花的池塘中一步步走向令人沉思的世界。

人们不难发现，在安藤忠雄作品的苦行僧般的沉寂中，洋溢着一种佛教禅宗的精神，这种精神也渗透在他众多的博物馆建筑中，如香川的直岛现代艺术博物馆的圆形庭院（1992年）和同一时期的熊本县立古坟博物馆，建筑形式更贴近宗教的圣洁意境。他刻意营造这种纯净的氛围，来解决内心自我与商品社会的冲突，而建筑正是他来解决这个矛盾的方法——被他称为“唤起精神共鸣的容器”。

图1　小筱住宅鸟瞰

图2　小筱住宅的客厅

2.24 布里根茨美术馆

奥地利布里根茨

彼得·卒姆托 1990—1997
□Peter Zumthor □Bregenz Museum of Art

彼得·卒姆托

布里根茨位于康斯坦兹，是一个因歌剧节而闻名的小城。当地政府想通过建造一个专门展示当代艺术的美术馆来扩大其文化上的知名度。由奥地利文化部举办的国际竞赛中，彼得·卒姆托最终赢得了这个项目。他最初提出的方案只是一个大的空盒子，以作为容纳当代艺术展览的舞台。办公、图书馆、咖啡店和书店等其他功能则放在地段内现存的一栋建筑之中。在实施方案中，这一点有所调整。卒姆托又专门设计了一栋由黑混凝土和可收缩百叶组成的办公楼来容纳其他的功能，而这两栋建筑围合出一个小广场。

布里根茨美术馆位于市中心且与市剧院相邻。它与整个城市的肌理虽有不同却讨人喜欢。从湖面望去，美术馆的主体建筑如同一块融化于空气中的水晶立方体，而在一旁的较低的黑色办公楼与立方体垂直而与剧院平行。玻璃立方体、黑色办公楼与剧院三者一同创造出广场的围合感。广场将服务建筑与展览建筑连接起来。由于经费不足，广场的铺面材料采用了廉价的柏油铺面，而这种材料的吸光集热作用使它能够温暖整个广场。广场上设有露天咖啡座，泛有金属光泽的桌椅、洁白的遮阳伞，在黑色地面的衬托下格外醒目，连同旁边的黑色立面及水晶般的立方体，给人一种超然脱世的艺术享受。

如果说瓦尔斯温泉浴场让人感受到一个变幻无穷的黑暗王国，那么布里根茨美术馆则向游客展现了一个变化着的光的世界。美术馆的四周全是现代化的玻璃幕墙，幕墙与内部的承重结构完全脱离，而空气能在外表皮与内部结构之间自由流通。幕墙所使用的玻璃板具有如烟般的朦胧性，且在装配交接处的竖直方向上有一个微小的角度。那些磨砂玻璃板一片压着一片，保留着4 cm的缝隙，相互交叠，覆盖着整个建筑。半透明的玻璃幕墙的表皮光感会随着一天中太阳光线和照射角度的变化而变化，时而反光，时而透光，这使整个美术馆的立方体造型给人一种轻快、不稳定的感觉。它给人的形象感受也会随着一天中光线的变化而变化，会让人觉得整个建筑似乎融化并消失了。而在夜晚，美术馆则成为一个发光的灯笼。尽管美术馆外表面满是玻璃，但它却没有明显的门和窗，人们只有仔细观察，才能在北立面发现一个很小的防火疏散口，在南立面发现一个有不锈钢支柱的主入口。从主入口进入美术馆，人们感觉仿佛进入了一个水晶宝库。

美术馆的外皮犹如蚕茧一般，只隐约显示出内部的结构组成，同时也暗示着由内向外看所拥有的相同的视觉感受。有意思的是，在美术馆最底层的一圈玻璃板上留下了许多手印，那是人们透过玻璃板间的缝隙窥视内部时留下的。当进入美术馆内部，人们感觉仿佛置身于一个巨大的仓库空间。那里与外界除了具有朦胧的光线关系，便不再拥有其他关系了。美术馆地上4层，地下2层。有展厅的楼层在竖直方向上完全被磨光的均质混凝土墙所围合。而展厅的采光方式极为独特：在楼板与吊顶之间有2.5 m的夹层，室外的光线通过夹层侧面外皮射入夹层空间，再通过展厅半透明的吊顶神奇而柔和地漫射进展厅。这一夹层中还藏匿着人工照明和其他管道设备。巴洛克建筑师，如贝尔尼尼非常喜欢洞中倾泻天光的神秘氛围。而卒姆托在美术馆的内部采光设计是对该效果的全新的抽象诠释。

布里根茨美术馆的结构体系也非常独特，只有仔细研究平面和剖面才能体会其中的奥妙。整个建筑只有3个竖直方墩垂直承重。它们在室内的视觉效果是极其简约的：一个15 m长，隐藏了主楼梯；一个10 m长，隐藏了疏散电梯；还有一个7 m长，隐藏了电梯。这3个方墩支撑着水平的楼板，而楼板连接着外层表皮。卒姆托这一独创性的结构设计很大程度上得益于其很好的家具制造者的背景。

室内使用未经装饰的混凝土墙面，呈现出来的是一种柔和感，墙壁上的吊挂孔将画吊起锁定在墙面上，如果在非展览期间，墙面上的吊孔会被封住，墙面就会平整如一，但卒姆托认为“好的建筑物应该有人生活过的痕迹，正如年代过久在铜制品上会产生绿铜锈和无数的小刮痕一样”，所以，他认为在建筑中留下一些所谓的“伤痕”也是蛮有人情味的。

建筑物内部的微气候被精确地控制着，因为整个建筑物的外墙是半透明的玻璃，然后就是混凝土墙面，所以整个建筑物会因为日照而使室内升温，对此，设计中除了利用前面所提到的双层墙体隔热外，还利用当地地下的一条暗溪来为室内调温。一道非结构性墙体打入地下25 m，并且利用抽水机将水抽入墙内的水管内，使之在建筑物内部所有的混凝土墙内流动，再进一步利用电子控制的空调系统控制室内环境。

尽管坐落在充满活力的城市之中，布里根茨美术馆和瓦尔斯温泉浴场一样，创造出一种远离城市的超凡感受。穿过一条被单调的墙体包围着的窄窄的通道，沐浴着柔和的自然光，人们在美术馆中体验艺术品，如同参观一个神圣的教堂。美术馆和温泉浴场给人的感受是很相似的，人们能从温泉浴场的世俗的坚固石头旅行中直接融入美术馆神奇的光幻世界。天空中飘过一片云朵，都会引起美术馆内部的阴晴变换，这是一种何等超越世俗的禅境。

布里根茨美术馆大楼完成于瓦尔斯温泉浴场开放后一年，它们的显著成就确立了彼得·卒姆托世界级建筑师的地位。布里根茨美术馆赢得了1998年密斯·凡·德·罗奖，又获得嘉士伯1998年奖。卒姆托的作品虽然不多，但每个作品都要经过长时间的思索。2000年德国科隆科伦巴博物馆是他的又一个力作。1998年9月3日的《建筑师报》上，安德鲁·米德把卒姆托的作品誉之为“唤醒感受的建筑”。那么这种感受是什么呢？评论家认为，对于永恒价值的湮灭，卒姆托有着一种深沉的羞罪感，他的工作就是要让这种永恒的价值在价值虚无化的当代重新彰显。 因此，卒姆托的作品能够令人体认和感受到千年经验中遗忘已久的永恒价值，从简洁中表现出宁静的禅意。

“我认为今天的建筑设计需要反映出其本身的计划性和可能性。建筑的本质不是一种媒介或是一个标志。在当今社会都在崇尚一些无关紧要的东西时，建筑应该反映出它的本质特征，抵制形式上和象征意义上的无用的浪费，将建筑本身的语言表现出来。我认为建筑的语言不是要表现出特定的风格。任何建筑都是为一个特定的社会、在一个特定的地方、为一个特定的使用功能而建造。我的建筑正是试图为这些简单的事实而存在，并且通过尽可能严谨、精细的手段表现出来。”这段话是它在《对建筑学的思考》中写的，它可以简要地说明卒姆托的建筑思想。由于卒姆托建筑上的成就，他于2009年获得了普利策建筑奖。

图1　布里根茨美术馆、办公楼及广场

图2　布里根茨美术馆玻璃盒子全景

图3　玻璃表皮局部

图4　布里根茨美术馆内景

2.25 巴塞罗那阿格巴塔楼

西班牙巴塞罗那

让·努维尔 1999—2004

□Jean Nouvel □Torre Agbar in Barcelona

让·努维尔

在巴塞罗那加泰罗尼亚的政治文化中心，2004年，除去著名的安东尼·高迪（Antonio Gaudi）设计的那个似乎永远无法完工的神圣家族大教堂外，在相距1 km的地方有一座大楼，像是破土冲出的一股喷泉般拔地而起。大楼的表面被透明、浅色、发亮的材质覆盖着，在阳光的照耀下，不断变幻着神奇的色彩；大楼的表面仿佛被水冲刷过一般光滑、连续而富有活力。这就是新建成的阿格巴塔楼，它使巴塞罗那的天际线上又多了一个不分昼夜的海市蜃楼，成为这座城市中最耀眼的标志性建筑之一，它使巴塞罗那向着国际大都市又迈出了一步。

阿格巴塔楼高142 m，曲线轮廓更突出了它在开阔的荣誉广场这片地域中的特殊地位。阿格巴塔楼建筑面积为30 000 m^2，地上34层（3层设备层），每层平均1 100 m^2；地下4层：半地下1层，地下3层。

阿格巴塔楼为核心筒结构形式，地上部分包括办公层、技术层、特殊用途层[控制中心、中央公园区（Central Park District，CPD）、医疗保健、通讯中心、多功能区、临时餐厅、行政临时餐厅]；顶部为一个从核心筒挑出的圆拱顶，共6层（26~31层），四周是玻璃幕墙。地下室包括两层的大停车场，半地下的观演厅和一些不要求自然采光的库房和设备间。

阿格巴塔楼的立面为双层外墙，从第1层到第25层，内部是混凝土墙，外层是不同角度的片状玻璃，从首层覆盖到顶端，两层墙之间是70 cm的狭窄通道。

阿格巴塔楼为拉耶塔纳（Layetana）集团所拥有，在施工的后期，拉耶塔纳集团将它们的办公室暂时搬进大楼的2楼。该大楼于2003年10月19日封顶，2004年建成。建筑物的拱形屋顶及天花拱梁（Ceiling Beams）共重900 t。建筑工人每5天完成一个楼层。

这栋手指般竖起的大楼外侧好像铺上一层由多种颜色组成的皮肤，其概念来自巴塞罗那的建筑诗圣安东尼·高迪。巴塞罗那因高迪的建筑而闻名世界。大楼外侧的幻彩，是从高迪设计的古尔公园的拼瓷图案里得到的灵感，为这座前卫派建筑增添了加泰罗尼亚的民族文化气息。

巴塞罗那位于西班牙东北部的地中海岸，是西班牙第二大城市，也是西班牙加泰罗尼亚自治区的首府，距今已有两千多年历史。巴塞罗那是一个平面化的城市，在伊尔德方斯·塞尔达（Ildefons Cerdà）规划的方形网格的严格控制下，城市沿水平方向发展。在这平面化的城市中凸起了三座著名的摩天楼。第一座是1882年开始修建的神圣家族大教堂，这座象征蒙萨拉特山（Monserrat，蒙萨拉特山位于巴塞罗那郊外，山上奇石林立。据说在中世纪，耶稣的圣杯曾放在山上的天主教修道院里，所以这座山也被视为保护加泰罗尼亚的神山）的建筑是高迪倾尽自己后半生心血设计的代表作。神圣大家族教堂体现了那个年代人们对神的崇拜，并借用对艺术的狂热使教堂真正成为市民们的精神支柱和城市的象征。第二座是SOM设计的滨水双塔，在1992年巴塞罗那奥林匹克运动会举行之际修建，在某种意义上体现了巴塞罗那在欧洲地位的上升。第三座就是2004年竣工的，由法国著名建筑师让·努维尔（1945年—）设计的阿格巴塔楼。它标志着巴塞罗那开始向世界级商业中心转变，也是建筑所在的工业区向商务办公区转型的起点。

“Agbar”是业主“Aguas de Barcelona”（巴塞罗那水务公司）的缩写，这栋摩天楼为该公司的总部，距离它西北侧1 km多远处就是著名的神圣家族大教堂。在这个设计中，高迪的神圣家族大教堂、蒙特萨拉山的螺旋形石块、水等巴塞罗那的城市意象和精神源泉都被努维尔很好地利用。正如在瑞士卢塞恩（Luceme）文化会议中心（1999年）和巴黎的阿拉伯世界研究中心（1987—1988年）项目中所采取的策略一样，这位法国建筑师再次用现代技术展示了他对城市文脉的尊重。

面对神圣家族大教堂这样一个城市地标式的历史建筑，努维尔在设计阿格巴塔楼时采取了既对立又对话的策略。所谓“对立”，就如他尊重拉德方斯拱门，在巴黎拉德方斯的无止境塔（Sana Fine）项目中所采取的方式那样：当老建筑是厚实的、边界清晰的、引人注目的时候，新建筑就应是轻盈的、边界模糊的、不显著的。面对神圣家族教堂外墙厚重的石材，阿格巴塔楼使用了轻盈的玻璃和彩色波形铝板。当神圣家族大教堂的两组尖塔以硬朗的线条，仿佛是一组流线型的巨碑冲破了城市天际线的时候，阿格巴塔楼则是一种柔和的凸起，随着它向天空的伸展，建筑物外墙的色彩变得越来越浅，最终和天空融为一体。这种“消隐”的方式，符合努维尔心中所偏爱的摩天楼形象：底部厚实而上部轻盈，末端消失在空中。

“对话”——也许是蒙萨拉特山的螺旋形石头，也许是神圣家族教堂的尖塔，激发了努维尔的创作灵感，阿格巴塔楼采取了这种回转抛物面圆锥形加子弹头式的外形，耸立在城市上空，向加泰罗尼亚人致敬。在外墙处理上，阿格巴外墙所用的波纹铝板有红、橙、蓝等15种色彩，每块波纹铝板均为正方形，与同样大小的4 400个随机排列的窗户组合成一个随机组合。这种排列方式就像当地传统建筑中的马赛克拼图，和加泰罗尼亚的传统文化在精神上相通。正如努维尔自己所说：“阿格巴不是用厚重的石块砌成的建筑，而像是被一股来自蒙萨拉特山的神秘风所送来的加泰罗尼亚传统文化的遥远回音。”

“水”是巴塞罗那这个海滨城市最鲜明的城市意象，波光粼粼的海面引起人们无限遐思，而且“阿格巴”又是巴塞罗那水务公司的总部，所以努维尔希望这栋大楼的表皮光滑、连续、闪烁、透明，能给人以水的联想。努维尔说：“这不是一个美国人脑海中的摩天大楼，而是一个流动的体量，像是在经过精确计算的持续压力下，从地面射出的间歇喷泉。”

阿格巴塔楼内层表皮是混凝土墙，外挂五颜六色的波纹铝板，由倾斜的玻璃百叶组成的外层表皮如同一张用精致的蕾丝编制成的网，给阿格巴塔楼穿上了一件透明纱装。作为内层表皮的混凝土墙承受了建筑的荷载。外侧铝板的色彩由深到浅，由地面的暖色到天空的冷色，变化丰富。这些色彩由阿兰·博尼（Alain Bony）设计，他用深红、朱红、橙红、橙黄、天蓝、深蓝、白色、浅灰色等组成了一幅现代艺术的马赛克拼图。至于嵌在拼图上的方形窗，则是另一种随着时间推移而变化的色彩。白天，方形窗映射出天空的色彩和建筑的内部空间；到了夜晚华灯初上时，方形窗又透出了灯光的颜色。在建筑内部，这些看似随机设置的方形窗还充分考虑了阳光和自然通风，同时又为室内的办公空间提供了或大或小的城市取景框，就像是一张张挂在墙上风景各异、具有戏剧化效果的城市明信片。

然而如果没有外侧那张百叶窗网，阿格巴塔楼只能是一个耸立在空中的马赛克巨石，但是罩上了这样一层似水的“波光粼粼”表皮，建筑的轮廓就变得像被水撑满了一样，流动起来。这种富有流动感的材料和光线让阿格巴与巴塞罗那白天和夜晚的天际线相呼应，就像浮在天边的海市蜃楼。正是这些伸展在天地之间的彩色玻璃百叶窗让阿格巴成为一个从地面向高空射出的间歇喷泉。此外，外层表皮的玻璃百叶能通过调节角度来控制建筑内层表皮的风压，让大楼实现自然通风。位于两层表皮的空气间层也能起到降低室内空气温度、形成空气对流的作用。

作为一位勇于创新的建筑师，努维尔对那种中央核心筒与四周围墙所界定的正交平面已经质疑了很长时间。从1989年的巴黎拉德方斯无止境塔开始，他就在尝试一种特殊圆形平面的塔楼。这种形式比传统的方形平面塔楼在边缘处可以更加自由，让楼层获得更好的光线和更开阔的视野。

这个概念在阿格巴项目中第一次得以实现。建筑平面由两个不同心的卵形套叠而成，这两个混凝土制成的卵形管状结构通过水平钢梁的联系成为一个整体，支撑着各层楼板。在内外管状结构之间的开放的办公空间里没有一根立柱。摩天楼的顶部有一个透明的玻璃穹顶，用拱形钢梁围绕而成，像一个由金属编成的篮子。穹顶内有六层高的空间，设有五个由核心筒向外挑出的夹层。整个穹顶开敞、流动，如同一个整体的观景楼。这种透明、开放的顶部结构和以往那种“顶部的窗户总是很小，虽有了高度却没有视野”的传统摩天楼完全不同，它不仅塑造了让建筑顶端消隐于蓝天的视觉效果，又提供了一个从高空饱览城市景观的视点。另外穹顶采用的双层玻璃可以控制空气的气流，实现自然通风。这样自然风、阳光、城市景观都被引入穹顶内部，形成一个受人喜爱的、人性化的顶部空间。

在阿格巴塔楼的设计中，努维尔如果对神圣家族大教堂、加泰罗尼亚传统文化一味地屈从和调和，那么将会出现一个平庸的、复古式的建筑；如果单纯地以自我为中心，强调全球化、国际风格，又会对城市景观造成伤害。努维尔最终选择了一种“文化回音”的方式让阿格巴塔楼融入巴塞罗那的天际线之中。神圣家族大教堂、蒙萨拉特山的奇石、水和巴塞罗那的城市意象都成为他设计的源泉。这种方式不是对传统文化的克隆，也不是一种割裂，而是一种融入和延续，实现了民族性和世界性，地域文化与“普世文明”并存。正如努维尔所说：“建筑不再是一个独立的行为；它是不断变化着的文脉连续系统中的一个事件，一个给建筑师带来额外责任的持久事件。”

阿格巴塔楼与伦敦的瑞士再保险公司伦敦总部大厦外形相似，但它那“富有流动感”的色彩斑斓的外皮效果，使它与巴塞罗那的城市气质相吻合，而与英国人保守的性格形成鲜明对比。同样的建筑造型，就这么稍稍改动，便能产生如此生动的区别，让人不得不佩服建筑师的才能，佩服他使用现代的设计构造创造出传统的辉煌。

法国建筑师让·努维尔由于其卓越的建筑成就，1983年获法兰西建筑院奖银奖，1991年获得英国皇家建筑师协会皇家金质奖章，2005年获沃尔夫建筑艺术奖，2008年获得建筑最高奖——普利策建筑奖，这是努维尔一生之中所获得的最高荣誉。

图1　阿格巴塔楼与神圣家族大教堂遥相呼应

图2　阿格巴塔楼的遮阳板幕墙

图3　阿格巴塔楼全景

图4　阿格巴塔楼的顶部

图5　阿格巴塔楼的遮阳板近景

图6　阿格巴塔楼混凝土墙面上随机分布的窗口

2.26　巴伦西亚艺术科学城

圣地亚哥·卡拉特拉瓦 1998—2005
□Santiago Calatrava □Valencia City of Arts and Sciences

2005年10月8日，巨大的索菲亚皇后大剧院在西班牙第三大城市巴伦西亚举行开幕典礼。该建筑是世界上最著名的创新型建筑师之一，也是备受争议的建筑师圣地亚哥·卡拉特拉瓦的又一力作 ，犹如巴伦西亚城市之冠上一颗炫目的明珠，被认为是当今世界上最具创意的建筑之一。

1998年，索菲亚皇后大剧院在图里亚河（Turia River）岸动工，随着建筑的落成，图莉亚河岸逐渐发展成公园和花园交织的绿化带。由于第32届美洲杯帆船赛决赛于2007年在这个享有"地中海明珠"美誉的港口城市举办，其海滨开发工程吸引了一些蜚声世界的建筑师前来展露才华，包括让·努维尔、诺曼·福斯特和弗兰克·欧文·盖里。

索菲亚皇后大剧院属于投资30亿美元打造的未来派建筑——艺术科学城的最后增建项目，是继1998年落成的巨蛋——"大眼睛"天文馆、2000年落成的菲利普王子艺术科学宫和遮阳篷，以及2003年建成的海洋馆之后建成的场馆。于是建成后的巴伦西亚艺术科学城就由三个主要部分组成：蛋形钢玻璃结构的天文馆、恐龙骨架结构的科学馆（菲利普王子艺术科学宫）和像太空船似的混凝土结构歌剧院（索菲亚皇后大剧院）。在大剧院、艺术科学宫、天文馆所组成的大型规划区域之间是跳动的天光与水色。巴伦西亚艺术科学城以丰富的想象力和广博的艺术包容力对艺术、科技与自然的诠释成为建筑艺术领域的一个气势恢宏的载体。

这一组建筑群建造在城市的边缘地带，位于被当时的人们认为最没有希望的地段上；球形的天文馆被一个透明的玻璃拱罩盖着，这个玻璃拱罩长110 m，宽55.5 m，当拱罩上面的自动玻璃门开启时，便露出了球形天文馆。

天文馆前边有一大片水，倒影使玻璃拱和"球"的形状更接近一个橄榄；卡拉特拉瓦使用液压顶自动控制来开合弧形玻璃墙，使天文馆在水面的映照下好像一只大眼睛。弧形墙拉开后，天文馆与水面下的倒影，合成了一只张开的眼睛，所以巴伦西亚人都称它为"大眼睛"。天文馆和其他几个建筑以不同的结构设计手法组成了一个建筑群组合，天文馆采用了一种沿长度方向按照模数关系的复杂的扩展，形成了长241 m、宽104 m的建筑。五个混凝土树杈状杆件一字排开，支撑着屋顶和墙面；南端正面的白色混凝土支架上面镶嵌着玻璃，北侧正面是整体玻璃与钢制幕墙。建筑的两个端头由一系列斜拉构件组成，强调了入口处的特征。菲利普王子艺术科学宫，这座由相互交错的钢筋混凝土柱构成的类似于恐龙骨架、造型古怪的先锋派建筑，一度成为巴伦西亚现代化的象征。

索菲亚皇后大剧院看上去像是一艘远航的太空船，设计者用闪闪发亮的砖块覆盖了整个大剧院的表面，使其外表如同悉尼歌剧院一样能在白天和夜晚发光。索菲亚皇后大剧院的内部有4个表演区，主厅座位1 700个，能表演交响乐、芭蕾和戏剧，也可作为露天演出场所。索菲亚皇后大剧院能同时容纳4 000名观众。索菲亚皇后大剧院的外形，特别是建筑顶部一大块弯曲的弧形飞檐，充分体现了卡拉特拉瓦的建筑风格。在同时期建设的另一个剧场，西班牙坦纳利佛音乐厅（Auditorio de Tenerife），也有类似的设计。相比之下，皇后大剧院的飞檐结构更为简洁。飞檐的结构设计的确相当困难，但作为结构工程师的卡拉特拉瓦却以优秀的结构和施工设计完成了这个巨大的飞檐，建成了一座与众不同的大剧院，给人们带来一种浪漫欢欣和飞起来的感觉，这就是卡拉特拉瓦与众不同之处。

索菲亚皇后大剧院完工后，巴伦西亚艺术科学城的三大建筑完全被一片长条形的水域所包围。在风平浪静时，人们站在水池边，凝视着这一片宏伟的建筑群以及它们在水中的倒影，真好像来到了另一个世界。夜晚，远处的天文馆和索菲亚皇后大剧院与横跨水域的立交桥上来往穿梭车辆的灯光在水中的倒影使游客感到好像置身于童话世界，如梦如幻，让人流连忘返。在整个占地面积为352 077 m^2的艺术科学城中所有的建筑都相得益彰，达到了功能与形式的对比与统一。

艺术科学城的兴建给巴伦西亚带来了巨大的声望和经济效益，于是2006年艺术科学城又做了新规划，在菲利普王子艺术科学宫的另一侧，又设计了一座类似于斯特林安桥的弯弓曲线梁斜拉桥和一个巨大的拱形建筑，这里又发生巨大的变化。

卡拉特拉瓦就是一位这样的大师，他把建筑和工程两者紧密地结合到了一起。他集建筑师、工程师和雕塑家于一身，具有建筑设计师少有的多种技能；他的成就让许多大师叹为观止。卡拉特拉瓦的作品不仅带给人们美的享受，也为人们开创了一种解决建筑问题的新思路和新方向，堪称这个时代艺术和科学技术有机结合的经典。

卡拉特拉瓦的重要贡献更在于他提出的当代设计思维与实践的模式。他的作品让人们的思维变得更开阔，并使人们更深刻地认识世界。他的作品在解决工程问题的同时更加突出建筑的形态特征，这就是：扭动的、飞升的、流动的自由曲线；通过工程技术的合理运用，将建筑结构的外在形式及结构自身的内在逻辑完美地结合在一起，充分展现了他的表现主义艺术形式；运动贯穿于结构形态中，也潜移默化在每个细节里。

工程设计与建筑设计的分离由来已久，这种技术与艺术的分离往往使得建筑师们十分被动：从建筑师的角度来讲，由于缺少了工程知识的支持而失去了对完美设计所应具有的勃勃雄心；而从工程师角度来讲，设计成为一种程式化的操作，失去了与社会、环境和美学标准上的对话。然而，即使这种分离经常受到非议，实践中能够冲破这种分工局限的人却很少。

的确设计师有一种偏见，即认为工程的具体实现是小问题，交给工程师去完成就可以了；而卡拉特拉瓦则充分利用结构的力量与美感，使平平常常的钢筋混凝土构筑出奇特的幻象图景。他的作品有一大标志，那就是连绵不绝的金属架，无论是桥梁框架还是车站、体育馆内部的支撑物，密集的金属构架都营造出一种有节奏的太空般神奇的感觉。近现代身兼建筑师和工程师的人屈指可数，包括：安东尼·高迪、皮埃尔·路易吉·奈尔维、费里克斯·坎德拉（Felix Candela）和布克敏斯特·富勒。由于卡拉特拉瓦拥有建筑师和工程师的双重身份，他对结构和建筑美学之间的把握十分精准到位。他认为美能够从力学的工程设计表达出来，而在大自然中林木虫鸟的形态美中，蕴含着惊人的力学原理。所以，他常常以大自然和人体的动态作为建筑设计时启发灵感的源泉。

自从文丘里的《建筑的复杂性与矛盾性》发表后，特别是从1980年代后，后现代主义的各个流派，特别是解构主义，给建筑发展的多元化带来了勃勃生机，同时也产生了一些荒诞怪异的作品，以它们的非理性掀起了审美价值观上的革命。对于这些建筑作品，人们看久了以后就不再新奇，而会觉得更加荒诞。回头再看卡拉特拉瓦的清新大胆的建筑，便感觉到了美的回归。以技术能力探究人类创造美的潜力，以自然法则创造了神奇的建筑物而又与自然交相辉映，这种气魄，实在可以与文艺复兴时期建筑大师们的气度婉美。

卡拉特拉瓦的许多作品设计灵感都来源于大自然、动物的脊椎、羽毛，还有贝壳。他甚至把人的肢体语言和谐地运用到建筑中。他认为这意味着新的生命、新的飞翔和新的希望。

卡拉特拉瓦觉得，如果用非常复杂的概念来解释建筑那是非常荒唐的。对此他的解释是——建筑同任何活体生物相比都简单得多，但是除此之外，还要确定内部关系，从力的平衡到实用的因素以及建筑物本身的美观问题。从这个意义上来讲，他认为有些建筑设计师试图或者说曾经试图称此类建筑为和谐建筑有些夸大其词。卡拉特拉瓦声称，在这个或者那个特定的时期，不管它模仿了或者没有模仿大自然，也不管因为它们形似树状或者因为涉及人体解剖学的概念，建筑只是一个简单的内部次序的体现。

卡拉特拉瓦创作作品的时候总是力图使作品富有思想性，尽管这些形象非常抽象，但它们还是富有生命力的。它们并不是一种精确的姿态或者是一种模仿的东西，而是具有一种非建筑性的意义。他的理念使建筑设计师们必须理解，不能把建筑设计仅仅当作一种纯职业去做，而是要把它理解为一种艺术。

卡拉特拉瓦的作品在解决了工程问题的同时也塑造了形态特征，真正体现了实用性和艺术性。

卡拉特拉瓦设计的桥梁以对结构受力的精准把握和对于新材料的熟练运用，使桥梁结构形态优雅栩栩如生，展现出技术理性所能表现的逻辑美，而又仿佛超越了地心引力和结构法则的束缚。从塞维利亚的阿拉米罗大桥到雅典的卡德哈基-米索基翁（Katechaki-Mesogion）桥，再到布宜诺斯艾利斯女人桥（Puente de la Mujer），以及2008年建成的耶路撒冷轻轨桥，人们可以看到，形式在不断地创新，对力学技术的把握愈加胸有成竹。这些设计难免会让人想起外星来客，极其突兀的技术美似乎全然出乎地球人的常规预料。这当然是得益于卡拉特拉瓦在结构工程专业上的特长。

图1　巴伦西亚菲利普王子艺术科学宫

图2　巴伦西亚艺术科学城天文馆

图5　巴伦西亚菲利普王子艺术科学宫细部

图3　巴伦西亚艺术科学城天文馆侧面

图6　巴伦西亚艺术科学城天文馆和索菲亚皇后大剧院

图4　巴伦西亚艺术科学城天文馆弧形门的机械装置

图7　巴伦西亚索菲亚皇后大剧院

图8　巴伦西亚艺术科学城施工阶段鸟瞰

2.27 毕尔巴鄂古根海姆博物馆

西班牙毕尔巴鄂

弗兰克·欧文·盖里　1991—1997
□Frank Owen Gehry　□Bilbao Guggenheim Museum

弗兰克·欧文·盖里

当站在西班牙毕尔巴鄂市中心，看着由建筑师弗兰克·欧文·盖里设计的古根海姆博物馆时，人们会立刻感到新鲜与目瞪口呆。

1991年，西班牙北部城市毕尔巴鄂市政府与古根海姆基金会共同做出了一项对城市未来发展影响极为深远的决定：邀请美国建筑师弗兰克·欧文·盖里为该市即将兴建的古根海姆博物馆做建筑设计。毕尔巴鄂市始建于1300年，因优良的港口而逐渐兴盛，在西班牙称雄海上的年代成为重要的海港城市，17世纪开始日渐衰落。19世纪时，毕尔巴鄂因出产铁矿而重新振兴，但20世纪中叶以后再次陷入困境。1983年的一场洪水更使其旧城区受到严重摧毁，使整个城市雪上加霜，颓势难挽，毕尔巴鄂虽百般努力却苦无良策。1990年代初，毕尔巴鄂已沦为欧洲的无名小城，要不是该市球队在西甲联赛中尚占有一席之地，绝大部分人可能无缘闻及该市之名。为城市复兴大计，市政府决议发展旅游业，但该市历史不长、名声不响、风俗不奇、景色不佳，兼乏名人旧迹和各种旅游资源，如何吸引外埠人士前来观光成为市长与议员们的心头难题。多方问计之下，市政府终于决定首先兴建一座现代艺术博物馆，寄希望于欧洲众多艺术爱好者的“文化苦旅”。而纽约古根海姆博物馆一向是收藏现代艺术品的重镇，其基金会早有向欧洲扩张之意，双方一拍即合，决心将新的博物馆营造成当代的艺术奇迹。

最后双方将目标锁定洛杉矶建筑师弗兰克·欧文·盖里。盖里的建筑向来以前卫、大胆著称，其反叛性的设计风格不仅颠覆了几乎全部经典建筑美学原则，也横扫现代建筑，尤其是国际主义风格建筑的清规戒律。盖里深受洛杉矶城市文化特质及当地激进艺术家的影响，他的早期的建筑就锐意探讨铁丝网、波形板、加工粗糙的金属板等廉价材料在建筑上的运用，并采取拼贴、混杂、并置、错位、模糊边界、去中心化、非等级化、无向度性等各种手段，挑战人们既定的建筑价值观和被束缚住的想象力。其作品在建筑界不断引发轩然大波，受到广泛的争议，或被誉为天才，或被毁为垃圾。盖里则一如既往，创造力汹涌澎湃，势不可挡。终于，越来越多的人容忍了盖里，理解了盖里，并日益认识到盖里的创作对于这个世界的价值。1989年，整整60岁的弗兰克·欧文·盖里荣获了国际建筑界的顶级大奖——普利策建筑奖。这时，他已从一个叛逆的青年变成一位苍苍长者，尽管已功成名就，名声大震，但他从来没有停止过对新的建筑可能性的追求，没有停止过向自由建筑深度前进的步伐。

1991年开始设计的毕尔巴鄂古根海姆博物馆，成为盖里建筑实践的一个新里程碑的开端，这是将创作境界进一步跃升的重要契机。博物馆选址位于城市门户——旧城区边缘、内维隆河南岸的文化区域，处于一条进入毕尔巴鄂的主要高架通道的一角，这是从北部进入城市的必经之路。从内维隆河北岸眺望城市，该博物馆将成为最醒目的水边景观。面对如此富于挑战性的地段，盖里给出了一个迄今为止建筑史上最大胆的解答：整个建筑由一群外覆钛合金板的不规则曲面体量组合而成，其形式与人类以往的建筑实践毫无关联，没有任何现成的经验可供借鉴。在盖里魔幻般的指挥下，古根海姆博物馆开始在建筑史上奏起新的乐章。

古根海姆博物馆与文艺复兴以来的各种博物馆不同。传统的博物馆一部分是由过去的皇宫（如卢浮宫）改变成的，20世纪新建的博物馆大都沿袭了传统的风格。从外形上看，它们就像汉字中的颜体，庄重、威严、方方正正；内部的装饰十分豪华，有许多巴洛克雕塑。展品除去王公贵族们的珍藏品外，还有近代名家的油画、雕塑等。配上优美的环境，庄严的建筑，博物馆在使人们在历史的画廊中产生崇高感的同时，又给人们带来观看城市风光的愉悦感。而古根海姆博物馆一反传统博物馆的理念，整个建筑物狂放、飘逸，像西班牙人和吉卜赛人在跳舞。那飞出去的峭壁好似中国古典舞蹈中的红绸带，奔放到极点，又好像男士的领带被风吹开，潇洒到极致。

在邻水的北侧，因为北向逆光的原因，三层展厅的建筑主立面终日处于阴影中，盖里将建筑表皮处理成向各个方向自由弯曲的曲面，这样，随着日光入射角的变化，建筑的各个表面都会产生不断变动的光影效果，避免了大尺度建筑在北向的沉闷感。南侧主入口由于与19世纪的旧区建筑只有一街之隔，故采取减小建筑体量的方法与之协调。更妙的是，盖里为了解决高架桥与博物馆建筑在视觉上的冲突，将建筑东端的端部设计在高架桥面的下方，并在桥的另一侧建起一座高塔，使建筑群在阳光下，熠熠闪光的曲面与高塔隔桥呼应，给参观者以视觉上的平衡。这个建筑群体与城市有机地融为一体，大大地提高了城市的品位与活力。

博物馆的室内设计同样十分精彩，尤其是入口处的中庭，被盖里称为“将帽子扔向空中的一声欢呼”，高于河面50 m的中庭史无前例的尺度与规模创造出以往任何室内空间都不具备的视觉冲击力；中庭外部的钛金属曲面层叠起伏、旋转着、扭曲着奔涌向上；从屋顶射入的阳光倾泻而下，大堂内部光影斑驳、游弋闪烁，使人目不暇接。毕尔巴鄂古根海姆博物馆完全打破了简单的几何秩序，这是正统博物馆竖直空间结构所没有的。有鉴于赖特在纽约古根海姆博物馆设计中的螺旋画廊所引起的争议，盖里的展厅设计简洁静素，为艺术品创造一个安逸的栖所。

毕尔巴鄂古根海姆博物馆极大地提升了毕尔巴鄂市的文化品格。1997年落成开幕后，它迅速成为欧洲最负盛名的建筑圣地与艺术殿堂，一时间冠盖云集，游客如织，成为欧洲文化界人士必游之地。博物馆的参观人数在年余间就达400万人次，直接门票收入即占全市总收入的4%，带动的相关收入则占到20%以上，毕尔巴鄂一夜间成为欧洲家喻户晓的一个新的旅游热点。古根海姆基金会创造了现代文化奇迹，为博物馆界留下了一个现代建筑神话，与毕尔巴鄂市政府形成“双赢”。盖里也由此确立了其在当代建筑的宗师地位，并被委托设计纽约古根海姆博物馆新馆。

从功能上讲，从1980年代开始，现代博物馆更多的是为了文化与艺术交流，它们不单纯是保存珍贵藏品的所在，更多的是为各地的文化珍品提供展示的场所，让人们参观游览，即所谓“借展”，更多地成了展示、交流、观光、学习的地方，成为城市的一个文化景观。

盖里设计的毕尔巴鄂古根海姆博物馆是向现代建筑文化变革迈出的重要一步，他使博物馆从建筑尺度与位置上与极限挑战的理念中摆脱出来，而在城市交通拥挤的商业区，加入一个庞大的博物馆和旅馆体系，从而成为城市的亮点与引人注目的人文景观。

从毕加索开始，现代绘画从现实主义向现代派抽象主义变化，许多作品不像文艺复兴时期的叙事题材使人一目了然。可以毫不夸张地说，弗兰克·欧文·盖里的这件作品就像当年毕加索的立体主义绘画一样，对现代建筑的理念产生了巨大的冲击。

这个梦想的实现还要归功于现代计算机技术，建筑物的造型和每个构件均由计算机精确计算绘图再进行制造。1960年代随着计算机技术的应用与有限单元法的完善，超大型建筑结构像雨后春笋般悄然竖起，现在三维立体计算机辅助设计已广泛应用于飞机与汽车的设计中，盖里用这种设计方法来处理博物馆的全局布置和构件尺寸，成功地实现了他心中的梦。

盖里对于他的设计方法曾说过下面几段话：

1976年盖里说："不存在规律，无所谓对，也无所谓错。什么是美，什么是丑，我闹不清楚。"他主张建筑家从"文化的包袱下解脱出来"，他提倡"无规律的建筑"。

1979年，关于房子与业主，他说"我对业主的要求也有兴趣，但它不是我为他创建房屋的基本动力。我把每座房子都当作雕塑品，当作一个空的容器，当作有空气与光的空间来对待，对周围环境、感觉与精神做出适宜的反映。做好以后，业主把他的行李家什和各种需求带进这个容器和雕塑品中来，他和这个容器相互调适，以满足他的需要。如果业主做不到这点，我就算失败。"

1986年，盖里在一次谈话时说："事物在变化，变化带来差别。不论好坏，世界是一个发展过程，我们同世界不可分，也处在发展过程之中。有人不喜欢发展，而我喜欢。我走在前面。""有人说我的作品是紊乱的嬉戏，不太严肃……但时间将表明是不是这样。""我从大街上获得灵感。我不是罗马学者，我是街头战士。"盖里提倡对现有的东西要采取怀疑的态度："应质疑你所知道的东西，我就是这样做的。质疑自己，质疑现时的时代，这种观念多多少少体现在我的作品中。"

盖里又说："我们正处在这样的文化之中，它是由快餐、广告、用过就扔、赶飞机、叫出租车等等组成的一片狂乱。所以我认为我的关于建筑的想法可能比创造完满整齐的建筑更能表现我们的文化。另一方面，正因为到处混乱，人们可能需要令他们放松的东西——少一些压力，多一些潇洒有趣。""我不寻求软绵绵的漂亮东西，我不搞那一套，因为它们似乎是不真实的……一间色彩华丽漂亮美妙的客厅对于我好似一盘巧克力水果冰激凌，它太美了，它不代表现实。我看见的现实是粗鄙的，人们发生龃龉。我对事情的看法源自这样的观点。"

盖里说："我比别的建筑师更多地与业主争吵，我质疑他们的要求，怀疑他们的意图，我同他们的关系紧张，但结果是共同协作，得到更积极的成果。""我不引诱我的业主，如果我不愿照他们的要求办，我会照直讲……我是乐观的，到一定的时候，我做的东西总会得到理解。这需要时间。"

盖里用的设计方法也与众不同。他说他能画漂亮的渲染图和透视图，但后来不画了。他用单线条画草图，做纸上的研究，随即做出大致的模型，然后又在纸上画，再做模型研究，如此反复进行。到最后，因为业主非要不可，"我们才强迫自己做个精制的模型，画张好看的表现图"。盖里说他的工作方法与步骤同雕塑家类似，主要是在立体的形象上推敲。盖里采用模型来修改设计的做法显然是可取的，这要比单纯的计算机辅助设计在视觉上可靠得多。

盖里的设计基本是采用解构的方式，即把完整的现代主义、结构主动的建筑整体破碎处理，然后重新组合，形成破碎的空间和形态。他的作品具有鲜明的个人特征，采用解构主义哲学的基本原理。他重视结构的基本部件，并对建筑的局部变化加以夸张；他认为基本部件本身就具有表现的特征，完整性不在于建筑本身总体风格的统一，而在于部件的充分的表达。虽然他的作品基本都有支离破碎的总体形式，但这种支离破碎本身却是一种新的形式，是解析了以后的结构。他对于空间本身的重视，使他的建筑摆脱了现代主义、国际主义的所谓总体性与功能性细节，而更具有丰富的形式感。

毕尔巴鄂古根海姆博物馆的成功使盖里的建筑风格走上了一条全新的道路，在其后2003年竣工的洛杉矶华特·迪斯尼音乐厅、西雅图体验音乐工程博物馆以及2003年完成的麻省理工学院的梅迪亚中心可以说都是这种风格的延续，特别是梅迪亚中心，在一块不大的空间内安排了五花八门古怪的异形建筑，表面的钛合金板和不锈钢板让人眼花缭乱，像是另一个世界。而2007年竣工的纽约IAC总部大楼在建筑风格上面又有了新的变化，建筑的外形有了某种象征意义，会使人产生一种梦幻的感觉。总之盖里的建筑世界是一个弯曲变形的世界，有人比喻盖里的眼镜是一个“哈哈镜”，在他看来，正常的世界是“扭曲”的，而他的扭曲的建筑世界却是“正常的”。

盖里坚决反对自己是解构主义者，更反对别人说他属于什么派别，他认为他的建筑风格与形式取决于使用功能、环境的和谐等诸多方面的因素。他反对别人对他乱扣帽子，认为那样对建筑的发展不利。从现在世界建筑的发展趋势看，盖里的风格并没有被广泛地使用，毕尔巴鄂古根海姆博物馆的效应已经开始淡化，对于盖里在这十多年里的作品在建筑史上的地位，只有留给后人评说了。

图1　桥、塔与毕尔巴鄂古根海姆博物馆相映生辉

图3　毕尔巴鄂古根海姆博物馆内部景观，盖里将其比喻为“将帽子抛向空中的一声欢呼”

图2　钛金属表面

图4　从东北向看毕尔巴鄂古根海姆博物馆

图5　毕尔巴鄂古根海姆博物馆远景

图6　从东北看面对内维隆河的中庭的玻璃幕墙的细部

2.28 上海金茂大厦

中国上海

SOM / 艾德里安・史密斯　1992—1999

□SOM / Adrian Smith　□Shanghai Jinmao Tower

艾德里安・史密斯

上海金茂大厦的设计理念是要为浦东新区创建一幢现代化的摩天大楼，使它成为这里的中心。上海金茂大厦吸收了传统中国建筑文化中的精华之一的宝塔作为设计参照物，但它并不是宝塔的复制品，不少方面具有1950年代国际主义风格的钢架玻璃幕墙建筑特征。从这个意义上说，它具有独特的民族特征和风格。但在原材料的使用、建筑体系和建筑技术的采用、空间的使用性质方面，它是一座世界一流的高质量的国际建筑。

上海金茂大厦的顶部是一个由集成一束的步进系统的顶点转变成一个面的多级阶梯结构，从几公里以外就能辨别它的形状。外部的金属结构在阳光下熠熠发光，并随着太阳的移动而发生变化。

外墙材料包括花岗岩、不锈钢、铝板和玻璃。大厦主要强调它的垂直性。在其中心和整个两层斜面部分，垂直直棂的间距是0.75 m，以突出这一结构特殊组成部分的密度。这就在表面光滑细腻的质地和大厦雄伟的规模间提供了一个调节因素。所有其他表面的建筑模数为1.5 m。大厦的主要颜色是银色，这种色调与衬托它的天空和谐呼应，并反映出了底层毗邻的环境色彩。

上海金茂大厦的设计并不是严格地以数字8为基础，艾德里安・史密斯来到中国后就获悉了这个数字的重要性，他将数字8融入大厦的设计中。大厦与这个数字的结合十分自然，例如，八角形的核心主体，八根擎天大柱及屋顶的八边形等。大厦的缩进也是以八层为基数，在大厦设计的最初阶段，曾把缩进当作8的数字增加值来研究，以第一个缩进为基础逐级加倍（2×8=16）。在每个缩进区以1/8为基数减少缩进楼层的数，一直到旅馆层（16，14，12，10）。旅馆部分，在每个八楼区，缩进的幅度变为单层，或8的1/8（8，7，6，5，4，3，2，1），最终楼层的总数为88层。现在看来，数字8作为中国古代宝塔的边数是相符的，但不具有真正意义上的民族文化内涵，史密斯如此将8字突出似有以巧夺标之嫌。李祖原在谈到台北101大楼时也说8是中国人的吉祥数字，而8是闽粤台地区“发”的谐音，说它是民族文化内涵，似过于牵强附会。

上海金茂大厦是一个278 000 m^{2}的多功能开发项目，是目前世界上最高的多功能建筑之一。顶部38层是拥有555个客房的金茂悦凯大酒店，中间的50层为办公区。金茂大厦底部6层的裙房设有餐饮中心、一个会议和展览中心、一个剧场及一个21 000 m^{2}的商场。大厦地基的周围是一个带倒影池的风景如画的庭院。除了大厦与裙房外，上海金茂大厦还有一个总面积为57 000 m^{2}的三层地下室。这里设有能停放993辆小轿车和1 000

辆自行车的停车场、旅馆服务设施、生活污水服务设施、零售空间以及一条饮食街、一个直达观光层的电梯厅。大楼系统设备区包括：机电设备、下水处理设备、生活污水处理设备、一个锅炉房、一套制冷设备。第88层观光层上面还有几层机械维修设备的空间。大厦总高度为421 m，是当时中国最高的建筑物（现在已由632 m高的上海中心大厦所替代）。

上海金茂大厦设计过程所采用的先进结构设计概念可经受台风、地震及恶劣土壤条件的考验。向地下延伸82 m的钢管桩支撑着大厦，它具有负载大、沉降小的特点。在钢管桩与上部结构间有一个4 m厚的钢筋混凝土承重台，一个1 m厚的地下连续墙向下延伸36m，它既作为临时挡土墙使用，也作为一个永久性的地下防水墙及一个永久的基础承重墙。大厦主要功能部分使用的是钢筋混凝土和结构钢的合成材料，并且通过三个有两层楼高的悬臂梁桁架与外层复合巨型柱（钢筋混凝土和结构钢）连在一起。它们位于24~26、51~53、85~87层之间，用大直径的钢销与桁架中的圆孔或槽孔连接。这种连接方法保证了由于结构徐变、弹性变形及温度变化引起核心筒与外层巨型柱间的相对位移的预留空间。销接使悬臂梁桁架杆移动并保持准线，直到形成最终的永久结构体系的螺栓结合。间距离大的外层柱、内部宽敞明亮的无柱空间为办公区和旅馆极目远眺上海新貌提供了极大的灵活性。

结构钢和钢筋混凝土的联合运用和设置为这幢超高层建筑提供了最佳的结构效能，节约许多为抵抗横向风和地震荷载所需材料的额外费用。结构钢与钢筋混凝土的结合又使这幢建筑具有极强的劲度和吸湿特点，以及最优的动力特性。

上海金茂大厦地基与裙房的设计需要体现出它的宏伟巨大，也有必要突出民族传统风格，因此在广场上设计了整齐的轴向入口和花园。用花岗岩、不锈钢格栅、水平不锈钢构架既能使地平面和垂直面合为一体，又能使整幢大厦嵌入地基。大厦的地基参考了北京人民英雄纪念碑周围的阶梯状挡土墙的做法，倾斜的花岗岩和不锈钢墙面使人联想起北京明陵的陵庙建筑。玻璃屋顶结构在边缘处向上翘曲，就如同中国传统建筑方法中的悬挑屋顶。龙的隐喻也应用到底层舞厅主入口的玻璃拱顶上。中庭的拱顶天窗很具有寺庙建筑中宽阔的空间表现力量。

五星级的金茂凯悦大酒店具有高智能的客房控制系统：照明、混成自动电压控制（HAVC）、自动化会计机、室内视听等。酒店的中庭从54层一直延伸到大厦的尖顶。悬臂式人行道从环绕办公楼电梯、机械设备、电话通信设备等的空心墙一直伸展到核心筒的空心处。

通过一座上下穿梭于中庭的封闭的玻璃电梯，从这些悬臂的人行道可到达旅馆的每间客房。每层环形人行道都有两个突出的月牙形平台，为客人欣赏中庭处的景观提供了方便。为了不遮挡抬头仰望中庭的视野，这些平台有顺地排列在每个底层平台的一侧，在中庭的表面创造了一个螺旋形，增添了中庭的动感。

裙房形成了上海金茂大厦西边地段的边界，而且要将所有独立于旅馆之外的旅馆职能设施都容纳在内，例如舞厅、大型会议展览中心、货车场、储存及服务设施。它还包括负责整个综合建筑的冷却塔及一个四层的商场和娱乐中心。从位于大厦和裙房的玻璃电梯或位于大厦与裙房的连接处的自动扶梯可以进入这个综合商场。

上海金茂大厦的高智能体现在它应用了电缆高速公路。这条电缆高速公路包括单型和多型光导纤维电缆及非屏蔽双绞（UTP）5类电缆。这些电缆完全保证了目前国际上的各种通信服务及国内各类业务的服务。该电缆高速公路支撑着一个完全由计算机控制的直接数控系统，控制和监听着所有机械、电力、电梯、照明及大楼操作部分。大厦的方便设施包括传真和复印中心、高速印刷中心、视听和电话会议中心及私人会议设施。该电缆高速公路还为办公商场及旅馆服务。

裙房的建筑形状本来想设计成二龙戏珠，后来因其象征性太强没有被采用。最终，裙房被构思成一只巨大的即将展翅高飞的茧。透过北面曲线形且倾斜的玻璃窗可以眺望浦东商业区的东方明珠和文化公园。

垂直运行部分，无论是电梯、自动扶梯还是楼梯都采用不锈钢和玻璃建造，而且每个系统移动的机械部分可被看到。当客人来到位于前厅底部的三楼时，来自天窗和后方媒体墙的光就会使他们置身于一个光的世界里。上方是一个调制格网式吊桥，在四层处形成了一个透明玻璃的交叉人行道。吊桥灯光的处理是通过安装在玻璃下面的照明设施来完成的，既照亮了桥又照亮了下面的空间。

图1　上海金茂大厦远景

图2　上海金茂大厦近景

图4　上海金茂大厦顶部

图3　上海金茂大厦与相邻的上海环球金融中心

图5　上海金茂大厦裙楼

图6　上海金茂大厦中庭的楼廊

2.29 国家大剧院

中国北京

保罗·安德鲁 2000—2007

□Paul Andreu □National Grand Theatre

保罗·安德鲁

在人民大会堂西侧，一大片草地围绕一个方形湖泊，湖上有一座银白色的椭球体建筑，像从蔚蓝色水面浮出的一颗珍珠，它就是谈吐文雅、气质浪漫的法国人保罗·安德鲁设计的国家大剧院。

国家大剧院位于长安街南侧，与人民大会堂毗邻，距天安门与紫禁城约500 m。建筑的外观呈流线型，总面积约149 500 m²，就像一座岛屿浮现在湖中心。钛金属壳围成一个长轴213 m、短轴143.64 m、高46.285 m的巨型椭球体，地下最深处-32.50 m。椭球的球面被弧形玻璃罩分成两部分，玻璃罩的底部宽为100 m。白天，阳光透过屋顶的玻璃射入建筑物内部；到了夜间，还可以透过玻璃从室外看到室内的种种活动。椭球形屋面主要采用钛金属板，壳体表面由18 398块钛金属板和1 226多块超白玻璃巧妙拼接，中部为渐开式玻璃幕墙，营造出舞台帷幕徐徐拉开的视觉效果。主体建筑外环绕人工湖，人工湖四周为大片绿地组成的文化休闲广场。人工湖面积达35 500 m²，水深40 cm，3.5万m²的水池分为22格，分格设计既便于检修，又能够节约用水，还有利于安全。每一格相对独立，但外观上保持了整体一致性。为了保证水池里的水“冬天不结冰，夏天不长藻”采用了一套称作“中央液态冷热源环境系统控制”的水循环系统。

国家大剧院南部入口与北部入口的水下长廊一起延伸至地下6 m之处，观众通过水下长廊进入大剧院。北侧主入口为80 m长的水下长廊，南侧入口和其他通道也均设在水下。观众进入大剧院时会发现他们的头顶之上是一片浅蓝色的池水。在入口处设有售票厅，水下长廊的两边设有艺术展示、艺术品商店等服务场所。国家大剧院北入口与地铁天安门西站相连，并有能容纳1 000辆机动车和1 500辆自行车的地下停车场。根据安德鲁的设计，大剧院从长安街后退了70 m，空出的70 m全部变成绿地。

国家大剧院内有三个剧场，中间为歌剧院，东侧为音乐厅，西侧为戏剧场，三个剧场既完全独立又可通过空中走廊相互连通，小剧场比较简单。在歌剧院的屋顶平台设有大休息厅，在音乐厅的屋顶平台设有图书和音像资料厅，在戏剧场的屋顶平台设有新闻发布厅。歌剧院主要演出歌剧、芭蕾和舞剧，有观众席2 416席；音乐厅主要演出交响乐、民族乐、演唱会，有观众席2 017席；戏剧场主要演出话剧、京剧、地方戏曲、民族歌舞，有观众席1 040席。同时还包括对公众开放并和整个城市融为一体的艺术及展示厅。安德鲁说：“四个剧院应各有特色，不能千篇一律，更不能都像会议大厅。四个剧院之外的空间、走廊等，应称作是‘第五剧院’，也要有特色和魅力。”

各剧院都设有化妆间、指挥休息间、练琴房、演员候场区、换装间、服装整烫间、道具间、演员休息厅。舞台技术用房设有音响控制室、灯光控制室、调光器设备间、音响设备室、摄像机房等。整个大剧院的墙面丝绸铺设面积达到4 000 m²。

大剧院共有五个排练厅，位于三个剧场之间，可以共用也可以分别使用。一个大排练厅主要用于合成排练；两个中排练厅一个主要用于舞蹈排练，一个用于乐队排练；两个小排练厅主要用于分部排练。 大剧院设有集中音像制作中心，有大录音棚一间、同期录音演播室一间，以及电视转播机房和音像后期制作室。大剧院设有一间大绘景间，设置布景吊挂和绘景设备，还设有布景、道具整修间和布景仓库以及为集装箱运输用的升降平台2台。

1998年4月，保罗·安德鲁参加了国家大剧院的设计竞赛。经过两轮竞赛三次修改，历时1年4个月，他的“巨蛋”方案在来自10个国家36个设计单位的69个方案中拔得头筹。1999年7月，“巨蛋”方案获选为国家大剧院的建设方案。

中标后安德鲁说：“我对国家大剧院的理解主要有四点。第一，地点决定了它的象征意义。旁边的人民大会堂象征国家的最高权力，而大剧院则应该成为文化的代表。第二，它是一个新的、庞大的重要建筑，一个可代表新世纪的建筑，一个倾注了人们强烈愿望的建筑。第三，要有完备的社会功能，就是说，好用，而且人们爱用。第四，外观要吸引人，有文化感、历史感。”

“建筑艺术与其他艺术一样，有许多是跨越国界的、全人类的东西。每个国家的建筑都要从其他国家的建筑艺术中学习、借鉴，自己的艺术也会为别的国家所借鉴。对业主的意见，不能简单、机械地迎合，而要抓住其精髓，提出自己的见解。这样，你的方案出来之后，才会令对方恍然大悟似的回答‘我们想要的就是这个’。”

当记者问他如何看待“国家大剧院的建筑应符合中国建筑传统”这一问题时，他说：“中国建筑的传统是什么？大屋顶？我知道中国建筑界一直存在着‘传统’和‘现代’之争。问题是：如何对要去符合的传统很了解，知道应该要什么；或者，对要去符合的传统一点不了解，可以放开想象，不受限制；最麻烦的是，只知道一点，既不敢想象，缩手缩脚，又没能真正体现传统，效果肯定好不了。”随后又对记者说：“天安门广场上，不仅有天安门城楼、紫禁城等古建筑，也有人民英雄纪念碑等现代建筑，原来的风格已经变了，政治性很强。新世纪里再在这里建一座有强烈文化象征的建筑，是需要勇气的。我很佩服专家委员会的勇气和开放的眼光，通过和他们的交流，现在的设计比我过去想到的实际上走得更远、更丰富。”

“我的设计为天安门广场添了一些水，可以起到改变人们生活环境和景色的作用。大剧院的水下入口是我的得意之作，也是我设计中的重要部分。我要让人们有这样的感觉：首先，要让人们有进入这个‘壳’里去发现什么的愿望；而当水下进入这一艺术殿堂的时候，人们马上就明白了，这与去购物中心不一样，与去参观历史古迹也不同，这里全改变了，人们的精神要有所变化，人们要有一些新鲜的感觉。这是一个有梦幻色彩的地方，人们应该为此有所改变。而通过这样一个抽象的、简单的、梦一样的入口，又应该让进入大剧院里的人们感到生命、活力、丰富和魅力无穷。还有，大剧院应该是人们常来常往的地方，不一定每次都是为了来看戏或听音乐会，也应该是一个值得参观的地方。”

安德鲁和他的助手都介绍说，事实上，根据一些专家的意见，他们已对原设计进行了一些修改。“有许多批评是正确的。例如，我们根据一些人的建议，对剧院的入口做了不小的改动。原来的设计是先走入地下，通过地下通道，再上来进入剧院，现已改为通过地下通道直接进入大剧院，这样可使观众避免有重复和烦琐的感觉。这个批评是合理的。”

对于意见比较集中的穹形屋顶，安德鲁解释说：“有些持反对意见的批评者，在我给他们讲解了屋顶下面各个建筑的功能后，他们就同意了我的设计。这种巨大的穹形屋顶建筑在世界上也有不少，别人的经验当然也可以为我所用。这个大屋顶并非只是装饰，而是内部功能的需要。外观是一方面，但更重要的是内部的需要。这个大屋顶把大剧院内部许多不同的功能组织起来了，脱离内部功能，只批评这个外观如何如何，不够客观全面。我相信，当观众、参观者进入国家大剧院这个浑然一体的建筑时，他们会觉得这个最高处离地面45.9 m、略低于人民大会堂的46.5 m的大屋顶很有必要。透过这个穹顶，人们会发现这是一个新的观察北京的角度。”

对于这个大屋顶，还有不少人提出了它的清洁和保养问题。对此，安德鲁说：“从设计一开始，业主就告诉我们，北京冬春风大、雪多，夏天有雨，污染较严重等，让我们考虑穹形大屋顶的清洗问题，所以这个问题早就被注意到了。清洗方式现在有许多选择，用机器还是人工？决定这个方式是下一步的工作。”

饱受争议的国家大剧院从方案招标以来就一直处于舆论风暴的中心，关于建筑传统与现代的冲突，关于首都标志天安门旁的“异形”，甚至更深层次的关于民族文化的取舍等等，诸如此类的争论一直到大剧院正式开工两年后也还未能休止。2000年6月10日，以何祚庥、吴良镛为首的49位院士联名写信给江泽民和中共中央常委，建议对国家大剧院的方案进行重审，同时，还有114位建筑设计师上书国务院，这给刚刚定案的国家大剧院方案带来了巨大的压力。

2003年5月发生的法国戴高乐机场坍塌事故无疑使争论再起波澜，这一次，安全话题成了新的关注点，人们对于新的现代建筑原来就怀有的某种不信任感，再次演化为对“巨蛋”的多方质疑。可以毫不夸张地说，在中国的建筑历史上，国家大剧院所受的关注及引发的争论，几乎是史无前例的。

关于国家大剧院的争论主要表现在两个方面：其一是在北京历史、政治、文化中心地带，“蛋”的结构与紫禁城和人民大会堂显得十分不协调；其二是将几个剧院、剧场合在一起，增加了北京中心地带的交通压力。关于地理位置建筑物之间的关系，前面安德鲁已经说得明白了。这里要补充的是，在这个位置建一个什么样的大剧院才是最好的。遴选方案里也有和人民大会堂相似的方方正正的新古典主义建筑，显然，这样的建筑无法表示21世纪的时代的精神，更不用说新老建筑彼此之间的协调了。“蛋”的结构形式一开始也是难以被接受的。那么反问一句，用夏隆设计的柏林爱乐音乐厅的帐篷屋顶的形式，还是用悉尼歌剧院的贝壳式屋顶？显然这两者的外形在这个地区都不适宜，现在可以毫不夸张地说，安德鲁的“蛋”的结构是最合理的建筑形式了。当人们站在大剧院的休息大厅时，通过玻璃幕墙看到紫禁城和人民大会堂，人们会感到中华民族的历史、文化和自身交融在一起，而自身现在正处在历史的前沿。这样想来，安德鲁设计这样的大剧院是要有十分的勇气。

国家大剧院于2007年9月竣工，它的特点主要有以下几方面：

①“蛋壳”。国家大剧院庞大的椭圆外形在古朴庄严的长安街上显得像个“天外来客”，白天看来，它与周围环境的冲突让它显得十分抢眼，但蛋壳椭球面上布满的点点“繁星”，却是安德鲁移植故宫大门上面的铜柱钉特意设计的。边缘线如同中国八卦的 S 形弧线的透明玻璃天篷，像是掀起的一角“窗帘”，让外面的人得以一窥里面的奥秘。从大剧院里往外看，那片弧形玻璃天篷像由上千幅画布拼接而成，阳光从各个角度折射进来，每一格玻璃就是一幅画，让人目不暇接。

②水下长廊。安德鲁在描述过大剧院入口处的水下长廊时说：人们经过这个长廊走进大剧院的过程，是一个屏息心神，从烦嚣走向宁静，带着赴一场盛宴的心情走向音乐殿堂的过程……现在看来，他的这个设想已经实现。白天从水下长廊走过，抬头便可看见阳光与水影交错嬉戏，折射出变化无穷的色彩；而在夜晚，仍可看到灯光与水影潋滟间交织出的微妙变化，引起观众梦幻般的遐想。

③天花。堪称全球剧院之最的公共大厅，天花板与墙板由名贵稀有的巴西木拼贴成一片片“桅帆”，肉眼看来，那木质的红色深浅不一，明暗相间。安德鲁说那是“光的魔术”，其实木材颜色完全相同，但当你变换角度看相同两块“桅帆”时，它们颜色的深浅便会随着光的不同折射而改变。

④地板。公共大厅的地板铺着20多种颜色不一、花纹各异的名贵石材，自全国各地搜寻而来；其中最让人惊叹的是一片黑色大理石地板，其每一块地板上的白色“海螺花”纹路几乎一致，据说十分难得，而价格更是“天文数字”。

⑤音乐厅。安德鲁说，音乐厅是他本人“最喜欢的部分”。墙上由德国管风琴制造世家约翰尼斯·克莱斯（Johannes Klais）制造的有着6 500多根发声风笛管和94个音栓，据称是世界上最大的管风琴之一，被参观者称誉的还有穹顶上数十块由长方形的混凝土拼成的巨大浮雕，上面的花纹是根据安德鲁在巴黎亲手刻制的小型模版放大而成，视觉上大气磅礴，充满冲击力。音乐厅的天花板被打造成一件精美的抽象艺术品，形状不规则的白色浮雕像一片起伏的沙丘，又似海浪冲刷的海滩，有利于声音的扩散。为了达到声效的完美，在顶棚的下面悬挂了一面龟背形状的集中式反声板，它的作用是将声音向四面八方散射。音乐厅没有包厢，只设池座和楼座，池座中心围绕着供演奏的舞台，座位的颜色由内向外从浅灰到米白色，据说那样的处理是为了达到最好的音效。

⑥红。来自法国的著名画家阿兰·博尼（Alain Bony）用超过20种不同的红色点染大剧院的各个部分，从入口处如同故宫宫墙的暗红，到环绕音乐厅及戏剧场的红色光带，再到通往剧场的红色楼梯、红色大门……千变万化的红色深浅交替，明暗对比，无疑是设计师对中国传统所做的最佳阐释。

鉴于国家大剧院杰出设计和施工，它获得了第五届中国建筑学会建筑创作奖和2008年中国建设工程鲁班奖。

图1　国家大剧院东侧

图2　国家大剧院裙房内的天桥

图5　国家大剧院南大门

图6　二楼休息大厅墙面的“桅帆”和海螺花纹地板

图3　国家大剧院、水池和人民大会堂

图7　音乐厅

图4　国家大剧院穹顶外壳的钢结构网和“红帆”墙板

图8　水下长廊

2.30 香港中银大厦和香港汇丰银行大厦

贝聿铭 + 诺曼·福斯特　1984—1988和1979—1986
□Ieoh Ming Pei + Norman Foster □Bank of China Tower and the HSBC Bank in Hong Kong

1. 香港中银大厦，贝聿铭（1984—1988年）

在传统的高楼中，每一层楼板所承受的重量会逐层积累：楼层愈高，墙壁愈厚。建筑师在直角的结构体侧向加以剪力支撑，以防止大楼横向变形。由于香港经常受到台风的侵袭，建筑物的侧向支撑能力应为纽约相同建筑的两倍。在经费较为紧张的情况下，贝聿铭提出了一个特殊的方案。他做了四支等腰直角三角形的剑，尾端斜切45°角，并用橡皮筋绑起来构成了一个正方形，这四支剑排成直线呈向上竖起的状态。第一支剑的外墙在建筑1/4处向内缩进，第二支剑在一半高度处缩进，第三支剑高度在3/4处缩进，剩下的一支剑突出了锥形的尖端。于是一栋截面逐渐缩小的阶梯状大厦便隐隐地形成了。贝聿铭做出模型给建筑结构工程师莱斯利·罗伯森（Leslie Robertson）看，罗伯森的作品包括纽约世贸中心那样的高楼。他立刻领悟到贝聿铭的三角形的设计概念，有可能是较为经济的垂直空间结构，取代传统高楼的造价高昂的工字梁。

要让高楼稳定的一个办法是将重量移到四个角上去，为了做到这一点，罗伯森以每13层楼为一基准，设置交叉型支柱，整栋楼像一个收音机的天线，大楼所有的重量经由立体与平面的对角线柱传到了四个角柱，原先侧撑用的钢材也用到了结构承重上面。"它代表了一种新的建筑方式，"罗伯森说："它开启了人们对建筑结构崭新的思考方向，破除了高度的限制。"以这种方式在高度上面逐渐收分要比芝加哥的西尔斯大厦的收分形式在外观和力的分配上更好些。为了强调这种结构同样具有美感，贝聿铭以白色来突显对角线与每隔13层的水平桁架。这样的建筑设计使整个建筑的重量分到了四个角上，结构内部不再使用任何支撑物，达到了节省钢材的目的。这栋大楼比通常的大楼要节省40%的钢材与1/4的焊接工程量。

在中银大厦的设计中，贝聿铭采用了非常精彩的模数制，并用它贯彻设计的始终，从而取得了近乎完美的效果。最基本的模数来源于立面上的一块石材的尺寸。这个尺寸为1 150 mm × 575 mm，是2∶1的比例关系。而建筑的基本网格为6 900 mm，层高为3 450 mm，它们分别为石材长宽的 6 倍。建筑的门高为2 300 mm，是3 450 mm的2/3，为四块砖的高度，同时也是高级建筑的理想门高。建筑各处的尺寸都符合这个模数，这样一来，最后的装修效果非常完美，到处都是整块的石材，决不会出现不合模数石材的情况。在施工过程中，一块标准尺寸的石材在哪里都可以使用，大大方便了施工。

这已不是一般意义上的装修，建筑与装修真正融为了一体。其实在古代西方，建筑都由石材建造，结构、建筑、装修本来就是一回事，贝聿铭正是要追求与之相同的效果。而一般意义上的装修，是在建筑、结构都做完之后，再附加上的一张"皮"。

严格的模数制同样具有很大的灵活性，他根据不同的功能需要灵活变换的模数。6 900 mm × 6 900 mm的基本柱网，是考虑了办公空间的家具分隔，同时又是其结构体系——无梁楼盖的经济跨度；地下车库考虑并排停三辆车的布置方式，采用7 800 mm × 7 800 mm的柱网。车库正好位于中庭及54 m的大跨之下，避免了两套柱网的矛盾。

在贝聿铭的设计中，结构技术的含量一贯极高。以中银大厦为例，无论是开度54 m的入口、11层的空中接待大厅，还是锥形逐渐向上收分的银行营业大厅，都借助结构的非凡表现来达到撼人的艺术效果。贝聿铭在设计时，常常是在方案构思阶段，就把与他合作的结构工程师找来，与他们讨论构思的可能性。结构工程师从他的方案中寻求灵感，新型的结构体系往往在这一阶段产生；同时，他也为建筑师提供结构上的可能性，挖掘结构上的潜力。所以，贝聿铭的设计总是能如此充分地利用结构、表现结构。

中银大厦造价为14.77亿人民币，约合1.67亿美元，在香港大厦造价中是比较低的。

2. 香港汇丰银行大厦——最昂贵的高技派建筑，诺曼·福斯特（1979—1986年）

1985年11月建成的香港汇丰银行大厦使诺曼·福斯特赢得了世界建筑大师的荣誉。汇丰银行位于香港皇后大道，正面外形犹如一个露出全部骨骼的机器人，全开放式的钢结构设计显示了它是典型的高技派建筑。楼高52层，大厦的全部钢结构由8组钢柱支撑，钢柱两侧对称的三角形吊架是20世纪斜拉桥的结构形式。它的独特之处在于采用了大量的非传统、非常规的建筑手法：4个裸露的大桁架以及层层犹如宝塔一样三角形桁架。大厦的外壳由数以千计的不同形状的铝板组件镶嵌而成，外墙上面的玻璃幕墙共3 200 m^2。内部有一个面积为3 514 m^2的公共广场，中庭的高度竟达52 m之巨，成为大厦的一大景观。

福斯特为汇丰银行设计的大厦可能是唯一一座成功地以告示板为外形的银行建筑。由于它个性化、引人注目的结构，这座建筑如同它的前身一样成为香港岛上金钱、权力和影响力的象征。这座建筑将粗犷与精美、科技与自然恰当地融合在一起。大厦的每一层都体现了内外空间连续的概念，尤其在大厦的底层，更是设计了一个可供人员流动的空间。这种设计在香港是首创，以往的建筑根本没有这种空间。在这种开放式公共空间的顶部有一个巨大的拱形玻璃，它把室内装有空调的环境与室外隔开，但又能让人们清楚地看到建筑物的结构。人们可坐自动扶梯从大厅到大楼的主要工作层。不像其他大银行，这里的高速电梯不是每层都停，它只在偶数层停留，人们还要走自动电梯上或下到所要去的楼层。这样，自动楼梯就像小瀑布一样以不对称的角度分部在整个楼内（它放置的地点与角度是由风水决定的），使整个室内有一种动态的效果。

汇丰银行大厦的结构完全是一种科学的构想，通俗地讲，这座建筑使人们联想到一个巨大的石油平台正在香港的海岸不断地打出“石油”——金钱。严格地讲，这座建筑暗含了亚洲人从古代到现代的建筑理念。福斯特自己说：“（这个）设计很大程度上受到了传统建筑工业以外的影响，它们有的来自协和式飞机设计师，有的来自为坦克过河服务的军事桥梁机构，还有的来自美国的飞机制造分包商。”福斯特在设计立面图的结构形式时，借鉴了宝塔的结构，分层次的屋顶区别于整体架构。特别是跨度达38.4 m的有两层高的“人”字形大桁架，所有的楼板都被悬吊在上面。这些楼板组合成套：底部7层，然后6层，再是5层，而最高处为4层。通过暗示作用，宝塔作为宇宙模型（代表天空与陆地间的多层结构）以及作为宇宙高山的形象的象征性功能，能够给人们一种坚实稳固的感觉，这对于一家银行的形象来说是至关重要的，同时它又让这家银行成为连接陆地与天空的桥梁。福斯特在汇丰银行大厦的设计中将“生态建筑”和“智能建筑”有机地结合在一起，合理的结构受力形式和材料的利用，建筑外形的美感及内部人性化的设计使人们感到整个建筑物内外均像一个巨大的艺术品，在这座建筑面前，“装饰就是罪恶”的指责显得多么软弱无力。

汇丰银行大厦共耗资6.7亿美元，是香港造价最高的银行建筑。

3. 福斯特谈汇丰银行大厦与贝聿铭的中银大厦

在福斯特完成香港汇丰银行大厦的设计之后，贝聿铭从美国赶来，在汇丰银行大厦的边上，设计了另一家银行的大厦——中银大厦。汇丰银行大厦以其开创性的内部空间设计，为福斯特赢得巨大声誉。而中银大厦却以其节省三分之一钢材的纪录以及蓝宝石般的外观，成为香港的新地标。

“并不能说我和贝聿铭之间存在竞争。”福斯特首先为话题的“性质”定下调子，“你要知道，我们俩的作品是在不同的时间完成的，而且各自面对的情况都不一样，因此所谓的竞争是不存在的。我在香港设计了汇丰银行大厦之后，这个城市的规则发生了变化，对建筑高度的控制放松了。这样，贝聿铭就设计了一个更为高大的建筑。但是，香港汇丰银行大厦的设计是一个很好的经验，20年后，这家银行又邀请我们在伦敦设计了他们的大厦。”说到这里，福斯特拿出笔和纸，边画边说：“你看，过去的高层建筑都把管道、电梯、卫生间等安排在中心位置；而在香港汇丰银行，我们则把这些设施放到了建筑的两侧，使内部成为一个大空间，不但能灵活地使用，还可将太阳能从顶部引入，并予以重新利用。这种全新的结构，已使这个建筑成为当地的象征，并被印到了港币上。”

福斯特在设计香港汇丰银行大厦时，曾考虑过风水等中国文化的因素，贝聿铭在中银大厦的设计中也是这样。而在与中国文化相结合的方面，一些建筑师则喜欢采用中国式的屋顶，对此，贝聿铭表示反对。他说，这不会成功，因为中国古代没有这么高的建筑。于是他就把中国特色做到了建筑的内部，比如造一个室内园林等。

福斯特说：“贝聿铭在许多建筑中采用了竹、石等中国园林的手法，这是很好的尝试。尊重当地文化是十分重要的，但同时必须明白，我们现在是在2003年从事设计工作了，今天的观念跟100年前比已有很大不同了，所以必须考虑到现在的技术、材料、文化、气候等因素。我们所进行的设计，只能是属于那一个场地的设计，它是不可能被搬到别的地方去的。创新是非常重要的，从古到今都是这样，建筑必须反映当代的特点。” 福斯特认为，对建筑学来说，最重要的就是不断前进。他说：“无论在何地，建筑艺术总是在不断地超越界限，一直向前。”

图1　中银大厦和汇丰银行大厦夜景

图2　中银大厦

图4　从中银大厦看汇丰银行大厦

图5　汇丰银行大厦外部的“钢筋铁骨”

图3　汇丰银行大厦正面

图6　汇丰银行大厦内部空间

2.31 鹿特丹方块屋

皮特·博卢姆 1982
□Piet Blom □Rotterdam Cube House

皮特·博卢姆

20世纪荷兰最出名的当代建筑非方块屋莫属，38个尺寸、形状和功能都相等的可爱的黄色倾斜立方体，连成一道特别的“天桥”，穿越马路直到水边，看上去没有地板和直立的墙壁，令居住其中的人充满幻想。

荷兰建筑师皮特·博卢姆是这样解释他创造这个非同寻常住宅的动机的：鹿特丹这样的工业城，缺乏高质量的交流场所，人们一天到晚都只顾着埋头工作，城市缺乏活力和生活气息，所以他要创造一个趣味性很强的建筑，为城市增添一点生气。方块屋就像是城市里的一个村落，每个住户单元由一个倾斜的立方体与一个六角柱交接形成。住户单元之间通过平台连接，平台上有很多生活服务设施和活动空间。博卢姆把这个住宅抽象为树的形态，使扭转了45° 的正方体“生长”在六边形的“树干”上，其中三个面朝向地面，另外三个面朝向天空。使立方体处于一种不稳定的状态，打破了人们对立方体的视觉惯性，从而产生一种动感，具有强烈的视觉效果。皮特·博卢姆的设计概念源于大自然中树枝的发展方式，从港湾向对岸望去，整排集合住宅就如一列整齐的树林；在“树林”的后方是被昵称为“铅笔”的大厦。方块屋的另一个设计概念来自1345年佛罗伦萨的维琪奥桥（Ponte Vecchio），一整排倾斜的正方形住宅屋，以住商聚集的形态，重新诠释了佛罗伦萨维琪奥桥的现代意义。

为了使立方体的体块特征更加明显，博卢姆加强了对立方体各个面交接处的处理：首先从材料、色彩和质感上对相邻接的表面加以区分。在朝向天空的三个面上，用的是蓝灰色的木板，与天空颜色相近，质地比较粗糙。在朝向地面的三个面上使用的是黄色的比较光滑的木板，与地板的色调保持一致。在几个关键的转角处都采用了金属边框的角窗，既具有良好的采光通风和视野的要求，又可以把交角处理成一种独立于表面的性质不同的要素，使每个立方体外形有一个清晰的轮廓。

荷兰的海拔高度比较低，海水不时会漫上地面，因此荷兰建筑一般都会架高半层或一层，底层空间用作仓储室，从二层起才是客厅。方块屋由四层空间组成。入口在六角柱的一侧。首层是前室和仓储部分，面积不大。通过螺旋楼梯绕六角柱拾级而上，便来到了客厅。立方体的扭转在住宅内部形成了异形空间：各层楼板依旧保持着与地面平行，墙面则不再垂直于楼板，而是向外倾斜。站在客厅里，人并没有因为墙面和天花的倾斜而感到不适应。相反，通过倾斜墙面上的窗户，可以更容易、更清晰地观察地面上的景物。这一特点是一般住宅所没有的，为居住者增添了许多发现生活乐趣的机会。立方体转角处有三个不同朝向的玻璃窗，均向外倾斜，使人眺望户外环境时有更广阔的视野。同时，不同朝向的玻璃窗可以从不同方向采纳更多光线，满足客厅的照明要求。住宅内的家具都是根据倾斜的墙面特制的，沿着墙边布置，尽量在中间留出更多的客厅面积。三层围绕着中心旋转楼梯的分别是书房和卧室。书桌和床贴着墙角布置，前面开有向外倾斜的三角玻璃窗，可以看到室外的小广场。三层还有另外的楼梯通往顶层阁楼。阁楼空间呈三角锥状，面积不大，只是简单地摆放了几张小沙发和种植了一些植物。从阁楼的窗户往外看，可以看到蔚蓝的天空和其他立方体重重叠叠的尖屋顶。扭转后的立方体屋顶呈棱锥形，尖顶直指天空，边界十分清晰硬朗，给人以稳定的感觉。

在方块屋组团的旁边，还有一栋铅笔状的高层建筑。“铅笔”大厦凭借高大的体量，作为视线焦点存在，起到统率立方体组团的作用。不过与立方体相比，“铅笔”大厦的体量显得过大，因此略为有些笨拙。

作为居住建筑，方块屋并没有处理好实用性问题。倾斜的墙面对室内空间产生了制约，因此各个房间摆设的家具都不多，房间的利用率不高。但是在空间的营造上，方块屋很有特点。首先，倾斜的墙面和天花打破了一般建筑由六个矩形面围合室内空间的常规格局，给居住者带来新鲜感；其次，倾斜的窗户更方便居住者与外界环境交流。而作为城市建筑和社区而言，方块屋无疑是成功的。第一，建筑的趣味性形象丰富了城市建筑形态，给人以新鲜、活泼的感觉，引导人们发掘生活的乐趣。第二，建筑组团内有许多趣味空间和交流场所，为居住者和附近居民提供了很好的活动场所，营造出良好的交流氛围。第三，对居住模式的多元化发展做出了有益的探索。

从专业的角度来看，这个奇异的房子似乎在开玩笑，既不实用，又浪费空间；然而从社会学的角度来观察，它又吸引人们潮涌般地参观，这不恰好反映了人们对千篇一律毫无特色的“居住机器”的不屑吗？人的思维是创新事物的源泉，而它们经常来自不合常规的思想。方块屋的迷人之处就在于它完全颠覆了人们对住宅房屋的刻板印象，对“不可能的构想进行了探索”。

方块屋是目前荷兰建筑设计的一个缩影，新世纪到来后，多元化的建筑设计在荷兰到处可见。

图1　鹿特丹方块屋塔楼

图2　鹿特丹方块屋的“铅笔”塔楼和拐角处的方块屋

图3　鹿特丹方块屋局部之一

图4　鹿特丹方块屋局部之二

2.32 澳大利亚议会大厦

米切尔 / 朱尔戈拉与索普建筑事务所 1988

□Mitchell / Giurgola & Thorp Architects □Australia' s Parliament House

从左到右：朱尔戈拉、纳尔逊和理查德·索普

澳大利亚议会大厦位于澳大利亚首都堪培拉的中心、格里芬湖边的首都山上，是世界上最著名的建筑之一。1979年，米切尔 / 朱尔戈拉与索普建筑事务所在一次国际性建筑设计大赛中凭借为澳大利亚议会大厦设计的建筑方案赢得了评委会的一致好评，并最终摘取桂冠。包括贝聿铭在内的所有评委都一致赞赏该方案，认为该方案与1912年建筑设计大赛冠军得主瓦尔特·伯利·格里芬（Walter Burley Griffin）的总体设计方案不谋而合，充分吻合了首都山的地势，并且最大限度地发扬了澳大利亚的文化特色。

堪培拉市的各城市主干道和视轴线以被格里芬称为国会山的位置为起点，向周围地区辐射。这座议会大厦包括建筑面积为30万 m^2的办公用地及议会和庆祝活动用地。总设计方案中，建筑用地32 hm^2，各个建筑轴线交点连接处采用公共活动用地代替宏大的建筑体量。为了与旧建筑方案相吻合，议会大厦的建筑设计与建筑形式重申了原有国会山的轮廓线。从环绕国会山的公路四个拐角处起，绿草覆盖的斜坡一直延伸到议会大厦的顶部，相交构成一个平坦开阔的草坪。议会大厦反映着澳大利亚的历史、迥然不同的多元文化、国家的发展和对未来的抱负。综观这座建筑，它实实在在体现了澳大利亚联邦的形象和精神。

最初建造议会大厦的构想来自格里芬，后来由于第一次世界大战的爆发，只有一座临时议会大厦匆匆建成了。旧议会大厦建于1927年，曾有两次大的扩建。自新议会大厦1988年落成后，它即完成了长达61年的使命，成为一座历史博物馆。这座两层的白色楼房主要有两部分：立法部的会议厅和办公室，还有休息娱乐的餐厅和酒吧。一间不大的内阁大臣厅是国家首领制定法律的会址。

新的议会大厦随国会山的起伏，雄踞于山中。山顶便是大厦的屋顶，屋顶上矗立着一根高81 m、重220 t的不锈钢旗杆，旗杆上飘扬着一面长12.8 m、宽6.5 m的澳大利亚国旗，构成了首都的中心，也成为堪培拉的标志性建筑。大门上方是醒目的由不锈钢制成的国徽标志图案。门厅内有48根大理石柱子及两排雕刻精美的大理石台阶。进入大厅，墙上挂有一特大型挂毯，它是世界最大挂毯中的一个，艺术家亚瑟·博伊德（Arthur Boyd）的作品被织制在上面。议会大厦为矩形，建筑面积达25万多 m^2，有4 500多间房间和可容纳2 000多辆汽车的停车场。议会大厦既是实用建筑，又是美学建筑，处处是花坛、绿树、灌木和草地。大厦周围绿树成荫，大厦两翼是多姿多彩的庭院和喷泉，构成了建筑与环境、人与自然、政治与社会的美妙结合。

新议会大厦的位置取向根据堪培拉市主要的南北建筑轴线而制定，轴线两侧整齐地排列着议会大厦中主要的公共和市政建筑部分。该建筑的基本构造为由两堵双曲线墙体环抱各功能区：门廊、大殿、议会大厅、主要部委办公区和内阁套房。南边包括行政区域，主要是行政通道、总理套房、庭院以及部委级别工作人员办公区域。两排曲墙分别围绕着上议院和下议院，它们还各自拥有自己的办公楼区和附属性建筑区域。议会大厦还包括多功能餐厅、咖啡厅、保健和娱乐设施以及银行、邮局、购物中心、旅行社和发廊等服务设施。为了进一步体现澳大利亚的特色，大厦内的参议院一改英国议会的传统红色而用了澳大利亚北部和中部地区的赭红色，众议院也一改英国议会传统的绿色而用澳大利亚盛产的桉树叶的绿色。另一间厅室内，在有两面墙的落地书柜上，密密地摆满了精装在册的书籍。那是历届国会的会议记录，按年代顺序排放。每一位参观者都可以翻阅它们，去了解这个国家的历史。

议会大厦展示了澳大利亚的精湛艺术和工艺美术。建筑师们设想并联合设计了工艺品方案，耗资1 300万澳元，涉及60多位艺术家和手工艺者。这些艺术品都是为建筑场景配套定做的，给建筑物主要空间和景致增添不少色彩。同时从澳大利亚现代艺术家中选取作品，在办公区、公众区以及会议室各主要通道轮流展出。澳大利亚本土的传统艺术在这座建筑上也有体现。在议会大厦正门前院里，有一幅用10万块花岗石片镶嵌的花纹图案，这是土著艺术家迈克尔·吉克玛拉·纳尔逊（Michael Tjakamara Mosaie）的设计。这幅画描绘人们聚集在一个开会的地方，象征着在欧洲人定居之前，土著人在澳洲大陆已经生活了几千年，也象征了堪培拉及议会大厦的使命。在这座大厦里的许多艺术品中，约有70多件是专门制作的，3 000多件是收购的名画、雕塑精品和照片。大厦里有一个画廊，里面有澳大利亚联邦成立以来历届总理的画像。

建筑师不是在整个工程完成后再用艺术品和工艺品进行内外装饰，而是把装饰融合到建筑中，将其作为建筑整体不可或缺的组成部分。每位艺术家的作品，不管是抽象性强或是象征性强，都意在每时每刻向工作人员和参观者倾诉民主制度下工作和个人奉献的重大意义，提醒人们要时刻注意自己的身份和个性特征以及表现澳大利亚文化多元化的特点。

图1　澳大利亚议会大厦正门

图2　澳大利亚旧议会大厦

图3　澳大利亚议会大厦门前的不锈钢制成的国徽

图4　澳大利亚议会大厦内厅

图5　澳大利亚议会大厦鸟瞰

2.33 美国电话电报公司大楼

美国纽约

菲利普·约翰逊 1984

□Philip Johnson □AT & T Building

菲利普·约翰逊

2005年1月25日，菲利普·约翰逊去世，享年98岁。他经历太过丰富：他曾经支持法西斯排斥犹太人，而后来受过他帮助的犹太建筑师、柏林犹太博物馆的设计师美籍波兰人丹尼尔·李伯斯金在知道约翰逊去世后说："这个世界失去了一个在20世纪指导艺术与建筑实践的中流砥柱。"他是第一位获得普利策建筑奖的建筑师，但他也说过："建筑师就像妓女一样。" 他几乎亲眼见证了世界建筑最跌宕起伏的一个世纪，被奉为美国建筑界的"教父"。纵观约翰逊的设计经历，他更像一名建筑设计的学生，模仿别人的设计手法，没有自己的固定风格，对于任何风格和设计方式他都饶有兴味地想自己亲自尝试一下。他涉足的设计风格包括国际主义风格、现代主义风格以及后现代主义风格等等，没有一定之规，不固执于某一种哲学观念或自我逻辑。正是这种不固执，使得他在美国工商业界的承包方中获得了良好的声誉，换句话说，约翰逊是可以按照甲方意愿提供设计"服务"的建筑师。

在他的生活中，几乎所有"原则"都遭其颠覆。他太复杂了，以致令人无法预测他下一步的行为，更不能用简单的好与坏，来对他和他的设计下判断。约翰逊说现代建筑有"七根支柱"：历史、绘图、实用、舒适、廉价、委托人、结构。这七个方面虽然看似互不相关，甚至认为涉嫌投标投机行为，但直到现在，也正是这七点对建筑设计起着或大或小却不可或缺的作用。

从1967年约翰逊与约翰·帕奇（John Burgee）开始了长达20年的合作，直到帕奇去世。他们设计的建筑总能成为重要的城市地标，与四周的高楼大厦形成了明显的对比，占有相当的优势地位，还能获得客户的认可。约翰逊开始积极地参与后现代主义风格的各类活动中去，组织了重要的后现代建筑展，如同他在"国际主义"风格盛行中所起的作用那样，又掀起了后现代主义风格的巨浪。他说："现代主义憎恨历史，而我们则热爱它；现代主义讨厌象征，而我们则喜欢它。现代主义不管建筑坐落在哪里，都采取千篇一律的处理方式和手法，而我们则探寻建筑场所的精神、基地的灵魂，以求得区别，获得鼓舞。"约翰逊几乎完全放弃了单纯的方块建筑，开始带领美国建筑师们疯狂追逐动机不明的后现代主义，对他来说，这种后现代性具象体现在位于纽约的美国电话电报公司（AT & T）大楼上，现在这座大楼已经归索尼（Sony）公司所有了。

美国电话电报公司大楼建成于1984年，是约翰逊在那个时期的巅峰之作。大楼位于纽约曼哈顿区，正对着麦迪逊大街。建筑主体共37层，分为3段。约翰逊把古典风格引进到这座现代化高层建筑，大楼的造型就像一个高脚立柜，楼体由高高的楼脚支起。他借用了15世纪意大利文艺复兴时期教堂的形式，采用了“拱”这个古典建筑语言，又将巴洛克时代的堂皇和现代化建筑的玻璃盒子融为一体。整个建筑呈细高条板式，建筑结构为钢结构，外形却呈现为石头建筑式样。大楼高201 m，约翰逊在建筑的顶部设计了一个10 m高的三角形山墙，正中央的顶部开了一个巴洛克式圆形凹口山花，大大地丰富了外观的表现形式，尽管这个山花没有一点用处，像是将小住宅放大几十倍而已，但将古老的建筑元素生硬地放在现代高楼大厦的顶部，这样的暧昧与不协调的处理手法，为改变现代建筑的单调外形开辟了先河。有人形容这个屋顶从远处看去像是老式木座钟。约翰逊解释他是有意继承19世纪末和20世纪初，纽约老式摩天楼的样式。他说：“没有人看建筑不看屋顶，想到市中心的公平大厦，它是纽约市最大的建筑之一，人们却不知道它在什么地方，但你决不会忘记美国电话电报公司大楼在什么地方，尽管它不够高。”大楼底部中央33 m高的对称拱门使人联想起意大利菲利波・布鲁内列斯基（Filippo Brunelleschi）的巴齐小礼拜堂的构图；大楼共使用了13 000 t磨光花岗岩做饰面，在建筑的背面有一条与大街平行的玻璃顶棚走廊可以用来采光。

美国电话电报公司大楼显示了约翰逊的设计风格开始有了明显的变化，他将历史上著名建筑的古老构件加以变形改造，用于现代化大楼的设计中，有意造成暧昧的隐喻和不协调的尺度。美国电话电报公司大楼建成后立即引起巨大的争议，《纽约时报》的评论家指出：“这是自克莱斯勒大厦以来，纽约市内最大胆最有生气的摩天楼，是后现代主义第一个重要的里程碑。”

1984年，美国电话电报公司终于搬入了这座有着“齐彭代尔”（指托马斯・齐彭代尔，Thomas Chippendale）高脚柜式的楼顶的大厦。齐彭代尔式是18世纪中晚期流行的家具样式。约翰逊大胆地把这种历史上的经典家具符号糅合到自己的设计中，虽然评论界指责该大楼的大厅装潢过于豪华，某些设计线条过于简洁硬朗,带有法西斯主义色彩，可约翰逊的设计确实明明白白表达出了美国电话电报公司务实、有效的企业气质。遗憾的是，恐怕是纽约曼哈顿流行的“大厦诅咒”法力太强，像很多搬入崭新豪华办公楼的大公司一样，美国电话电报公司也在乔迁之喜后逐渐走了下坡路，最后，不得不将大楼转手。

图1　美国电话电报公司大楼

图2　美国电话电报公司大楼顶部的山花

图3　美国电话电报公司大楼的拱形大门

2.34 吐根哈特别墅

密斯·凡·德·罗 1928—1930
□Mies van der Rohe □Tugendhat House

密斯·凡·德·罗

吐根哈特别墅位于捷克第二大城市布尔诺，坐落在面南的绿草如茵的坡地上。建筑主体共有两层，另有一个地下室。而住宅的正立面，也就是住宅向南的一面，有一个大花坛。因此大部分的私密性活动空间——卧室等均放在二楼。它的周围是露天活动平台。一楼则因地形而营造了一个通透空间，通过一整块规则的落地玻璃窗，使人们可以视野开阔地从中欣赏到美丽的室外景观，心情舒畅甚至会产生融入大自然的冲动，平台和踏步可以直接通向花园。主入口和车库均在建筑北侧的二楼上，人们进出或穿越住宅会产生一种有趣的层次感，密斯也正是利用了这点让建筑空间不只停留在平面上。

吐根哈特别墅是密斯流动空间的继续，它的特点主要在于棋盘网格般的空间处理和室内材料的运用。从底层平面可以看到横竖的线条，有不同的宽度长度，形成一幅不对称的动态构图。特别是在50 ft × 80 ft（15.24 m × 24.38 m）的起居部分，将它设计成一个敞开的大空间。在客厅与书房的分界处用一块独立的墙体分割。他在并不影响使用空间的前提下，做了一个以前住宅从未有过的敞开空间，与巴塞罗那国际博览会德国馆的流动空间有异曲同工之妙，这也是吐根哈特别墅名声远扬的一个原因。

一面24 m长的玻璃墙通过机械装置可以奇迹般地消失在地下室，将整个起居室与餐厅转换成俯瞰花园的开放平台。密斯通过使用落地玻璃窗使墙壁的概念变得更加模糊，从而产生不同的室内感受。在这里，私密空间让位给流动空间，通过落地窗人们仿佛置身于大自然之中，让浮躁的心绪得以平静。通过底层平面还可以看出交通空间放在建筑的四周，这样既不破坏空间的流动性，同时又给人一种跳跃感。

密斯在他的作品中，将各个细部都精简到不可精简的境界，不少作品结构几乎完全暴露，但是它们高贵、雅致，使结构本身升华为建筑艺术。所有的家具都是密斯亲自设计的。有些材料，如翡翠色的皮革、鲜红的丝绒和白色的牛皮纸，都十分昂贵而艳丽。每件物品都放在指定的地方，好像它们从来就应该放在那里一样。密斯的这种美学观点与柯布西耶的自由平面法则截然不同。

可以说，密斯的建筑思想是从实践与体验中产生的。无论是在柏林的布鲁诺·保罗事务所当学徒，还是在彼得·贝伦斯手底下做一名绘图员，或者是在柏林开办他自己的事务所，这些经历使他一步一步地投身于20世纪翻天覆地的重大变革中，并最终引领出一片贯穿20世纪的建筑思想体系。直至现在，在美国和世界各地包括中国的密斯风格追随者还在引申和发展这套理论。

密斯设计的建筑给人留下的最初印象和最深的印象就是那大片的透明玻璃墙、轻盈的结构体系和深远出挑的薄屋顶，似开似闭的空间印象。密斯的建筑艺术依赖于结构，但不受结构限制；它从结构中产生，反过来又要求精心制作结构。“Less is More”（少即是多），密斯对他的学生如是说：“我希望你们能明白，建筑与形式的创造无关。”

吐根哈特别墅中的这种流通空间是理性的、秩序的，还有重要的一点，它是静止的，其目的是实用性。密斯认为清晰的结构是自由平面的基础，室内大部分空间都保持了网格的规律性，一些柱子被墙面取代，但对大部分空间而言，严谨的网格和自由的家具有着清晰的相互对位关系。柱子是十字交叉形的，由八个角钢组成。由于镀上了高反射的镀层，显得纤细而光亮。地面铺上了象牙色的油地毡——一种已达到1930年代优质水平的材料，与白色的天花板相呼应。3 m高的天花板使空间显得足够宽敞，这种做法可以使人的视线平衡在地面与天花板中间。

在稍后的巴塞罗那国际博览会德国馆中，密斯再次成功地应用了“流通空间”的思想。“全面空间”，或称为“通用空间”“一统空间”是密斯另外一个重要的理论。它是从“流通空间”中发展而来的。在“流通空间”中，大的空间被划分为几个互相联系贯通的小空间，在把其中的隔墙移走后，留下来的将是一大片空间整体。在这片空间中，我们可以随意布置，将其改造成任何式样。正如我们可以直接看到构件，但我们并不能直接看懂密斯赋予这些构件所构筑的空间的内涵和期望一样，我们看到的密斯只是别人为我们勾勒出的平面形象，只有当我们把自己放入密斯的工作与生活环境中，与密斯同行，聆听密斯的教诲，我们才能明白为什么他的这些思想会影响20世纪的半个多世纪。

图1　吐根哈特别墅外貌之一

图2　吐根哈特别墅外貌之二

图4　吐根哈特别墅起居室由弧形墙构成的流通空间

图3　吐根哈特别墅二楼阳台

图5　吐根哈特别墅起居室面对玻璃窗的另一侧

2.35 巴西利亚的城市规划与建筑

奥斯卡·尼迈耶 1956—1970

□Oscar Niemeyer □Urban Planning and Architecture of Brasilia

奥斯卡·尼迈耶

1961年，人类历史上第一个进入太空的苏联宇航员尤里·阿列克谢耶维奇·加加林（Yuri Alekseyevich Gagarin）曾作为英雄人物访问世界各国，在新建的巴西首都巴西利亚，加加林对当时的巴西总统库比切克（Kubichek）说，来到巴西利亚“感觉就像踏上了另一个星球”。巴西利亚现在已成为最年轻的世界文化遗产，以瑰丽多姿的建筑闻名于世，有“世界建筑艺术博物馆”之称。1987年联合国教科文组织将巴西利亚列入《世界遗产名录》，当时巴西利亚仅有27年的历史。

1956年，库比切克总统执政后，做出了迁都的决定。他亲自主持城市的选址，邀请世界著名的建筑大师组成评选委员会。这是一座在五年时间内从巴西内陆荒野上迅速建起的新首都。据说，设计师卢西奥·科斯塔（Lúcio Costa）仅凭画在信封背面的一幅草图和寥寥几段文字说明就一举赢得了全国性的竞标大奖。科斯塔先在纸上画了一个十字轴线，忽然，他将水平线的两边向下方弯曲，就形成了现在的城市布局。它宛若一只自西向东展翅飞翔的大鸟，也有人说它像拉满弦蓄势待发的弓箭，或是一架巨型飞机。城市布局就按照“飞机”的中轴线向两边展开，“驾驶室”的位置，是总统府、议会大厦和联邦最高法院所构成的三权广场，从“机头”沿“机身”向后，依次是联邦政府办公楼群、大教堂、文化中心、旅馆区、商业区、电视塔、公园，“机尾”有火车站和长途汽车站，还有军人教堂和库比切克总统纪念馆。“机翼”由宽阔的公路连接起来，公路两侧是规划整齐的居民区。“飞机”的前方是大面积的帕拉诺阿人工湖，湖上三拱桥的设计令人叹为观止。再向后是小型工厂区。沿两侧“机翼”方向各有一条快速交通干道，两旁是200多个整齐分割成矩形方块并用三位数字编号的住宅小区。外国使馆区和大学区分布在政府办公楼外围，银行区位于文化区的外围。整架“飞机”被大面积的人工湖包围，飞机场坐落在与右侧“机翼”隔水相望的市区南端。巴西利亚最初的规划是没有红绿灯的城市，现在红绿灯也很少见，所有电线都埋在地下，城市中几乎见不到电线杆，到处是绿地花草树木，令人心旷神怡。奇特的建筑和雕塑就像神秘的符号，让人置身在其中，仿佛进入一个神话世界。

主要公共建筑均出自巴西建筑大师奥斯卡·尼迈耶之手，他的设计风格被概括为“自由形式的现代主义”，以想象大胆奇丽著称。议会大厦是巴西利亚城市的标志性建筑，大厦被设计成“H”字形，意思是“以人为本”，葡萄牙文的“人”（Homen）是“H”打头。大厦地上27层、地下1层，共28层，像一座丰碑雄浑而庄重。大厦两侧的参议院、众议院两院是一个长240 m、宽80 m的扁平体。朝下和朝上的大碗成为它们的标志，众议院碗口向上，象征着民主、广集民意，参议院碗口向下，象征着集中、综合民意，政治概念和建筑语言在这里和谐地统一。这组建筑也被戏称为“一双筷子两个碗”。据说议会开会期间，任何公民都有权进去旁听，也可请议员代表自己发表意见。议会大厦里布置了一些雕塑和壁画，还有一间小教堂。

议会建筑群的构图特色在于形式之间形成鲜明的对比。首先是高矮的对比，横竖的对比，平面与球面的对比。其次是向上的碗与向下倒扣的碗的对比，即后者的稳定与前者的动摇不安定之间所形成的对比。此外还有大片实体墙与大片玻璃墙面的虚实对比。这些对比效果简明、强烈并且直截了当。在热带阳光的强烈照射下，在巨大宽阔的环境里，议会建筑群显得原始、奇特和空寂，有几分神秘感，会让人联想到古代美洲墨西哥尤卡坦半岛奇琴依察（Chichen Itza）的祭台。

议会大厦后面是著名的三权广场。只要见过巴西三权广场大道，就再也不会说法国巴黎的香榭丽舍大街、阿根廷布宜诺斯艾利斯的7月9日大街有多么宽了。因为气势恢宏的三权广场大道宽350 m，长8 km，总面积达200 多万m^2，相当于一个中型机场那么大，可以在上面修建280个足球场。可以说，它是目前世界上前所未有的“宽街”。

三权广场的三权是指总统府、议会大厦和最高法院，这三大建筑环绕着三权广场。广场四周的每一座建筑都有寓意和象征，议会大厦两座并列的28层大楼，是巴西利亚全城的制高点，象征最高权威。广场的北侧，是总统府普拉纳尔托宫，它的设计独具匠心，长方形的建筑用曲线构成的三角形廊柱支撑，既端庄典雅又活泼明快。总统府黎明宫的围廊悬空外露，廊柱似菱角，仿大雁，如盾牌，象征巴西最早的主人是印第安人。广场南侧，与总统府遥遥相对的是联邦最高法院，其门前竖着一尊蒙着双眼的手执利剑的正义女神塑像，她用一条丝带蒙着双眼，象征着公平裁决、不徇私情、法律面前人人平等。广场的东侧，竖着高达104 m的旗杆，上面飘扬着永不落的巨幅巴西国旗。国旗面积有篮球场般大小，由巴西的26个州和1个联邦区定期轮流更换。广场中间有一尊铜铸拓荒者雕塑，它讴歌参加巴西利亚建设的那些勤劳智慧的能工巧匠。广场上还有一些建筑和雕塑，它们与依偎着谈情说爱的年轻恋人，悠闲觅食的成群的鸽子一起，显示出非常自然和谐的城市韵律。

三权广场大道两侧高楼林立，令人惊奇的是，这些建筑各具特色、各领风骚。如巴西外交部伊塔玛拉蒂宫，玻璃盒子的建筑主体被每边有15个纤细混凝土柱子支撑的一个大顶棚盖住，顶棚上面是可以透气的百叶遮阳片。大楼前有一泓清澈的湖水，湖水中的五块白色石头雕塑的变形莲花，互相依附，抱成一团，组成一个不可分割的整体，象征五大洲人民的团结。整座大楼由钢架玻璃结构建成，大楼倒映在池水之中，衬上蓝天白云，构成一幅绚丽多彩的图景，美不胜收。这座金光闪闪的大楼，每天都向游人开放。紧邻着各个部的大厦还有学校、剧院、博物馆、图书馆和体育馆。

司法部大厦遥对外交部伊塔玛拉蒂宫，这座建筑很奇特，与外交部伊塔玛拉蒂宫一样，它也用一个矩形的玻璃盒子作为建筑物的主体，但外侧的混凝土遮阳棚却与外交部伊塔玛拉蒂宫的建筑风格全然不同。宽大的围廊可以遮挡阳光的直射。围廊的柱子很有新意，下半部为直线，上半部有一条弯曲的弧线，造型简洁而潇洒，陡然一瞥，好似一群跳桑巴舞的印第安姑娘。 在高大的廊柱间有几个向外伸出的大水槽，高低错落有致，在办公时间，流水像小瀑布从弧形板流下，声响和景观给整个大楼增添了不少情趣，似乎象征着司法部内的工作像清水一样透明。同为玻璃盒子主体与混凝土的遮阳篷，司法部伊塔玛拉蒂宫的设计要比外交部大楼更有特点，体现了尼迈耶对勒·柯布西耶粗野主义设计手法的得心应手和娴熟自如，而外交部伊塔玛拉蒂宫则表现出秀丽的典雅主义风格。两个建筑风格迥异，却遥相呼应，不但给城市增添了光彩，也给游人视觉上的享受，使它们对这座新城市浮想联翩。

再往西是和中轴线对称的十几栋政府各部的办公楼，它们外形统一。这种布局比较方便各地官员来首都办理公务，也避免了各部在办公条件上的攀比，但显得比较呆板。

继续前行是著名的巴西利亚大教堂，它由16根弓形柱和彩色玻璃构成，形状就像教皇的皇冠，顶端又好似伸向苍天祈祷的双手。其构思之大胆奇妙，令人惊叹叫绝。在这里尼迈耶找到了一个结构紧凑、干净整洁的建筑形式，一个从任何角度上看都显得同样整齐的教堂。该教堂被建筑界看成是继朗香教堂之后20世纪最有象征意义的教堂之一。人们从广场上的地道进入教堂，从昏暗中忽然见到宽阔明亮的世界，这个过程象征人类来自尘土而在教堂内受到基督的洗礼，得到了生命，来到了尘世。教堂内有一排排的座椅，顶端悬挂着三个天使，俯视着来做礼拜和参观的芸芸众生。人们在教堂中心抬头仰望，透过彩色的玻璃，看见天空中一片片白云缓缓飘过，会感到好像上帝正在浮云的背后对他微笑。教堂内有一尊米开朗琪罗在罗马圣彼得大教堂的大理石石雕“圣母怜子”的复制品，让人感到神圣而又温情。

尼迈耶说：“要建一个大教堂，没有必要一定采用十字架和圣人像来象征上帝之家，一个宏伟的雕塑能够传播一种宗教思想，一个祈祷时刻。这是一个简洁、纯净匀称的建筑，一个建筑艺术品。”大教堂斜对面的那座米色金字塔形建筑就是建于1958年的巴西国家大剧院，斜坡形的玻璃屋顶与粗糙的倾斜金字塔墙面形成了鲜明的对照。

巴西利亚中轴线的制高点是巴西利亚电视塔，人们可免费乘电梯登塔远望，将整个城市一览无遗。电视塔下有一座巴西民族乐器——贝林鲍的铜铸雕塑。乐器是用一弓形的木棍和一根绑在木弓两端的金属丝，下端装一个涂了色彩的葫芦作为音箱构成的。演奏者摇动木弓，葫芦里的东西撞击葫芦发出声音，同时用硬币拨动金属弦，就发出一种独特的呜咽声。贝林鲍是专门为卡波拉舞蹈伴奏的乐器，这种舞蹈和乐器主要流行于巴西中东部的巴伊亚州。卡波拉舞蹈是起源于安哥拉的一种武斗样式，现已演变成一种规则化的武术运动。表演时双方不许用手，只许用腿、脚和头撞击对方，并迅速空翻、倒立、旋转，极富观赏性。

向城市的机尾方向走去，远远看到一座高大的镰刀人物塑像，后面是1980年代初落成的库比切克总统纪念馆与他的陵墓，陵墓坐落在博物馆的顶部，外部的椭圆形薄壳成为陵墓的天棚，挡住了强烈日光的照射。库比切克总统为这座城市的诞生呕心沥血，日夜操劳。1961年1月31日卸任后，库比切克总统在巴西军人政权时期受到迫害。1976年12月他在一次意外车祸中神秘去世。巴西人民为了纪念他，建立了这座纪念馆。馆前的雕像是库比切克总统站在一把镰刀中的形象，这也是奥斯卡·尼迈耶的作品。尼迈耶是一位老共产党员，他用镰刀作为纪念馆的标志是有特殊意义的。馆内常年展览库比切克的生平经历，还举办一些绘画、摄影的展览。

总统府黎明宫位于帕拉诺阿人工湖畔，因建筑位于市区的最东边，意味着每天最先迎来朝霞而得名。黎明宫的建筑很独特，它的四周是平滑光亮的水磨石，正面有两个长方形水池。这是一幢别致典雅的二层楼，外墙全用玻璃建造，仿佛一艘停泊在水中的游艇。总统任职期间在此居住。黎明宫的廊柱是模仿印第安人的盾牌形状，也似一把把倒置的扇子，不仅线条优美洒脱，也显示了印第安人是民族大家庭中的重要成员。黎明宫周围很多树木，不时传出鸟鸣，是人与自然和谐共处的理想居住地。黎明宫旁边是一座小巧的海螺形小礼拜堂，顶部是一个纤细的十字架。两个形体组织在一起，大小与力量的悬殊差别形成了鲜明的对比。

这座新首都的和谐之美体现在城市整体结构的统一。从大型建筑的整体布局，雕塑、灯塔的环境组合，到窗格变化、室内陈设，都贯穿着实用、寓意、形式美为一体的主导思想，遵循着大与小、曲与直、繁与简、整与散、艳丽与素雅、庄重与灵巧等既变化又统一的艺术规律。更值得一提的是设计师能将人们多年信仰的传统观念与现代的城市融为一体，既尊重了人们的信仰，又融入时代的脉搏之中，达到了整体的和谐。

在荒原上规划兴建巴西利亚这样一座“另一个星球上的城市”，是人类城市发展史上的丰碑和壮举，还是一场“乌托邦式建筑的噩梦”？世界各地的学者一直在进行争论。但是，绝大多数巴西人都对他们的首都——巴西利亚这座城市引以为豪，而这座城市也得到了世界各国的广泛赞许。联合国教科文组织将其列入《世界遗产名录》，这是对它最为权威的评价。1988年尼迈耶在获得普利策建筑奖的时候说：“我所有的建筑作品究其根源是出于对夏尔·皮埃尔·波德莱尔（Charles Pierre Baudelaire）一个观念的信奉。这个观念就是——那些意想不到的、不规则的、突然的、令人惊奇的东西是美的核心部分和根本属性。”这大概就是巴西利亚成功的秘密。

巴西利亚城市规划也是根据勒·柯布西耶所谓密集城市的模式设计的。建成后，由于基本模式与昌迪加尔相似，它被认为是典型的生搬硬套的人工纪念碑。它过分地追求形式，对经济、文化、社会和传统考虑得较少，它不是一个生活的城市，更像机械拼成的组合城市，常住下去人们会感觉空洞而缺乏生气。城市的中心部分（或者说标志性建筑）不能与居民区有机地融为一体，使人感觉缺乏亲切感人的人情味。不过随着时间的推移、周边卫星城的兴建，巴西利亚将会变得更有活力。

图1　在电视塔上见到的巴西利亚全景

图2　议会大厦和众议院、参议院

图3　众议院

图4　司法部大厦

图5　外交部伊塔玛拉蒂宫

图6　联邦最高法院之一

图7　联邦最高法院之二

图8　总统府黎明宫

图9　巴西利亚大教堂内景

图10　总统府普拉纳尔托宫

图13　巴西利亚库比切克总统纪念碑，也称民主和自由神殿雕塑（1985）

图11　巴西利亚大教堂

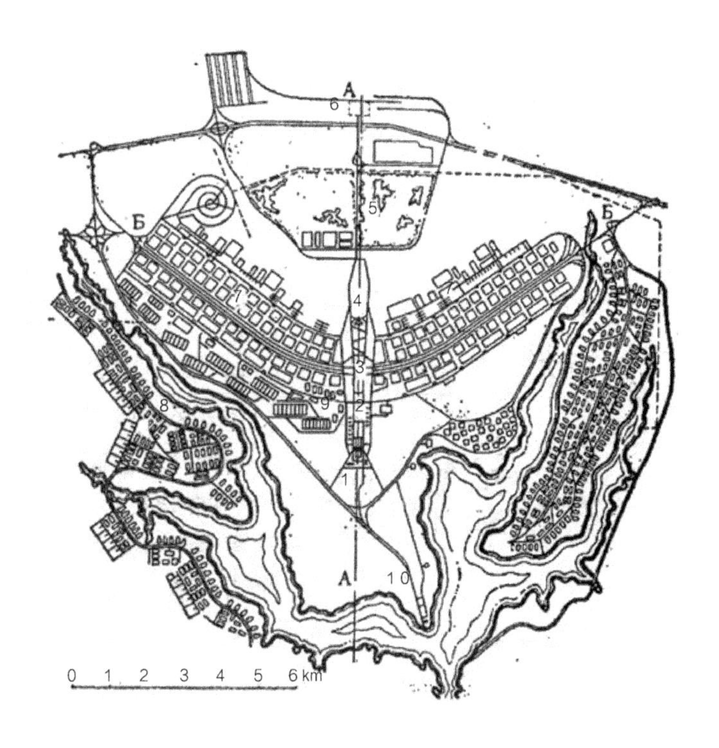

1-三权广场；
2-行政厅地区；
3-商业中心；
4-广播电视台；
5-森林公园；
6-火车站；
7-多层住宅区；
8-独院式住宅区；
9-使馆区；
10-水上运动设施

图12　巴西利亚城市规划平面图

2.36 昌迪加尔规划、议会大厦和高等法院

印度昌迪加尔

勒·柯布西耶 1951—1961

□Le Corbusier □Chandigarh Planning，Parliament and the High Court

勒·柯布西耶

1. 昌迪加尔规划

昌迪加尔位于印度西北部，现在是旁遮普邦的省会，在首都新德里北偏西300 km处。1950年为实施昌迪加尔城市建设规划，印度政府首先邀请美国建筑师阿尔伯特·迈耶（Albert Mayer）担任总设计师，在他的团队里还包括其他各方面的人才。在迈耶的规划里，昌迪加尔呈扇状展开，是一个有50万人口，结合住宅、商业、工业、休闲用途的城市。政府大楼位于扇形的顶尖，而市中心大楼则位于中央，两条线状公园带由东北一直伸延至西南，而扇形走向的主要干道把各小区连接起来。他还为其他的建筑细节做了安排，例如将道路划分为牛车道、单车道及汽车道。这种规划风格深受当时美国的规划经验的影响。然而，1950年8月31日迈耶的主要副手马修·诺维奇（Matthew Nowicki）遇空难逝世，使迈耶自觉不能承担任务而请辞。接手任务的是瑞士建筑师勒·柯布西耶，他是印度总理尼赫鲁（Nehru）最欣赏的建筑师之一。他的团队对昌加迪尔重新做了规划，将城市设计成方格状分布。相对迈耶重视小区的连接而言，勒·柯布西耶更重视空间的分布和利用。然而，新规划依然保留了原计划中不少的理念，例如原计划中“小区”的概念，就衍化成新计划里的“小区”。

昌迪加尔的总体规划贯穿了勒·柯布西耶关于城市是一个有机体的规划思想，并以“人体”为象征进行城市布局结构的规划。勒·柯布西耶把首府的行政中心当作城市的“大脑”。主要建筑有议会大厦、邦首长官邸、高等法院、行政大楼等，布置在山麓下城市顶端，可俯视全城。博物馆、图书馆等作为城市的“神经中枢”位于“大脑”附近，地处风景区。全城商业中心设在作为城市纵横轴线的主干道的交叉处，象征城市的“心脏”。大学区位于城市西北侧，好似“右手”，工业区位于城市东南侧，好似“左手”。城市的供水、供电、通信系统象征“血管神经系统”，道路系统象征“骨架”，城市的建筑组群好似“肌肉”，绿地系统象征城市的呼吸系统“肺脏”。 城市道路按照不同功能分为从快速道路到居住区内的支路共7个等级，横向干道和纵向干道形成直角正交的棋盘状道路系统。此外，全城还有一个安排在绿地系统中的人行道和自行车道交通系统。

勒·柯布西耶采用了他早年规划中特有的方格网道路系统，昌迪加尔的总平面不是棋盘方格，横向街道呈微弧度线型，增加了道路的趣味，所有道路节点设环岛式交叉口。行政中心、商业中心、大学区和车站、工业区由主要干道连成一个整体，次要道路将城市用地划分为800 m×1 200 m的标准街区，居住人口各为5 000～20 000人。邻里

单元内的商业布局模仿东方古老的街道集市，横贯邻里单位。邻里单元中间与绿带相结合，设置纵向道路，绿带中布置小学、幼儿园和各种活动场地。在这样一个基本框架中布置了纵向贯穿全城的宽阔绿带和横向贯穿全城的步行商业街，构成了昌迪加尔总平面的完整概念。

昌迪加尔的行政中心采用强烈的映衬手法，在议会大厦、高等法院、行政大楼和邦首长官邸之间既有空间的变化，互相之间又有紧密的联系，建筑四周修建了水池，使用倒影的手法使远处的建筑在视觉上面有贴近感。城市行政中心附近设置广场。广场上的车行道和人行道布置在不同的高程上。各建筑物主要立面向着广场，经常使用的停车场和次要入口设在背面或侧面。在建筑方位上考虑了夏季的主导风向和穿堂风。广场上设置水池，以增加空气湿度，丰富景观。在设计中强调了筑空间尺度和人体尺度的关系。

在设计规划时，柯布西耶已经认识到“建筑为一个文明社会提供了框架，因此建筑也是城镇规划。把建筑和城镇规划截然分开已不大可能——它们是一回事，是相同的事物”。昌迪加尔的规划设计功能明确，布局规整，得到了一些好评。有的批评者认为城市布局过于从概念出发。从建成后的效果看，建筑之间距离过大，广场显得空旷单调，建筑空间与环境不够亲切，对城市居民的生活内容考虑不够。城市在建成使用后的几十年中，已做了一些调整。柯布西耶的昌迪加尔城市规划的一个重要缺陷是它脱离了印度的国情，硬把外来的西方建筑文化强加在一个经济比较落后的东方国家印度，完全没有考虑占全市企业一半左右的小商贩的营业地区；虽然尼赫鲁总理将它说成是“自由的象征”，实际上远没有达到这样的效果。然而由于昌迪加尔城市规划是第一个得到实施的规划，它对于此后的城市规划的制定而言变成了范例或样本，其影响非常深远，比如巴西利亚规划的制定就是一个典型的例子。

2. 昌迪加尔议会大厦（1953—1961年）

昌迪加尔行政中心包括议会大厦、高等法院、邦首长官邸和行政大楼几个主要建筑。在建造该建筑群时期，柯布西耶游遍印度旁遮普邦，画了有关当地自然景物的素描，并收集了一些有代表性的原始图腾。他从宇宙中选取太阳、月亮、星星、雷电和云层作为象征性形象，从建筑工地周围地区抽取了杧果树、蛇、奶牛以及无处不在的乌鸦。他为印度整个国家选取的标志是直立的人、张开的双手以及脚印（后两者是印度传统的象征物）。随后他采取更加传统的形象：从印度国民军手中借用的车轮（可参见印度奥里萨邦科纳尔克苏利耶·德马拉太阳神庙的大法轮，约1240年），以及作为司法象征的天平。

这些形象和象征符号的确使死气沉沉的空间重新焕发了活力，而且都与现实生活有联系。议会大厅里的刺绣和墙壁上面的图案：车轮、杧果树、脚印、雨点、云、蜿蜒的小河和蛇等种种形象统一于宇宙内的最基本形象：24 h一个轮回的太阳——1952年当他意识到时间轮回的有限性后，才最终决定采用太阳这一形象。印度昌迪加尔有高达40 ℃的焦灼的气温，太阳绝对是最强的自然力量。因此他设计了许多树荫、一些参拜太阳的典礼和仪式的图案。楼顶金字塔形建筑既作为太阳神的标志，又扩展开接纳更多北面的阳光。

昌迪加尔议会大厦在这个建筑群里特别显眼，它由一个四方的办公楼围合了一个圆形议会大厅。议会大厅的顶部有一个金字塔和平均壁厚为15~25 cm的壳形桩帽似的冷却塔，它直接从议会大厅的顶部向上延伸，通过烟囱效应的上拔力起到排热通风的作用。议会大厦前面有一个独立的巨大的混凝土屋檐向上卷起，它由8个扁平的混凝土柱支撑，屋檐下宽阔的空间为在下面进行迎宾典礼提供了遮掩，同时还给议会大厅带来阵阵凉爽的清风。凹槽似的大屋檐的两个檐角好似公牛的两个角，也被看成是母亲高举的双手，它们与冷却塔上面的牛角遥相呼应，特别引人注目。宽阔的屋檐还有收集雨季的雨水的功用。在议会大厦外围，有一个巨大的水池，一方面，水可以降低大厦四周的温度，另一方面，水池里大厦的倒影也强化了建筑的视觉效果。在宽大的门廊立面，有一幅巨大的彩绘画，人们还可以看到位于其他象征符号之上的太阳在夏日和冬日的运动轨迹。在开放式门板上面有更加细致的地域性象征符号，包括红皮肤的男人、太阳和依旧在这些建筑物上栖息的小鸟。

夏日和冬日的太阳，作为印度人所信奉的与其他诸神相关联的象征符号，占据了冷却塔桩帽的整个内壁。这个倾斜的椭圆形体在向人们展示宇宙的真正奥秘："这个桩冒将成为一个名副其实的物理实验室，"勒·柯布西耶声称，"应使用各种设备保证光线调配得当……而且桩冒本身就适合举办太阳节，每年一次提醒他们是太阳神的后代。"

议会大厅内部的墙壁上面也画满了各色各样的简单的符号：太阳、风、车轮、树、云等。由于巨大的百叶窗遮挡住强烈的阳光，大厅里面明显凉爽多了。通过冷却塔上面的一个透光孔可以让阳光直射进大厅，明亮的光斑随着时间在大厅内缓慢地移动，传达着太阳和时间的信息。从天花板上散射和从办公楼层中透射进来的光线使大厅明亮而柔和。主议会大厅外面是聚会厅，立柱与建筑物侧翼与冷色调的灰黑色天花板泾渭分明，营造出非正式会谈的最佳场所。

印度前总理尼赫鲁支持昌迪加尔市政建筑群的创新，认为这是一种理想在呼唤，是"新兴的印度寺庙"，是"印度人创新神力的第一次大规模体现，印度新生民主和自由的娇嫩的花朵"，是"印度自由的象征，摆脱了过去传统的束缚，表达了民族对未来的信心"。

3. 昌迪加尔高等法院（1956年）

昌迪加尔高等法院大楼被设计为一把巨大的伞，伞下的空间供普通公众和法院使用。建筑剖面简单，纵剖面和平面被分成一系列带有出席者等候区的法庭。建筑的效果令人震惊，建筑评论家希格弗莱德·吉迪恩（Sigflied Giedion）写道："在这座建筑中，现代性、表达明确的处理和功能布局这三者完全适合气候条件、所在国家和当地的习俗"。勒·柯布西耶试图让这座建筑满足在印度的营建条件：巨大的遮阳板分隔了建筑有力的立面，空气通过遮阳板而循环流动。然而不可避免的是，它看起来仍然是一种来自异国文化的相当沉重的西方建筑。勒·柯布西耶的处理手法所产生的丰富效果是一个与地方传统相抵触的异国要素。一座位于喜马拉雅山脉脚下的新城，并不具有西欧那种需求，这个地区至今仍没有多少汽车，因此庞大的政府建筑纵然有权力的象征性，但人民并不感到亲切，它使人敬而远之。

对于昌迪加尔高等法院，柯布西耶的主要出发点是不依赖机械的空气调节，而利用建筑本身的特点来解决当地烈日和多雨的气候所造成的困难。法院建筑地上 4 层，它的主要部分用一个巨大的长100 多m的钢筋混凝土顶篷罩了起来，由11个连续拱壳组成；横断面呈"V"字形，前后挑出并向上翻起，它兼有遮阳和排除雨水的功能；屋顶下部架空的处理有利于气流畅通，使大部分房间能获得穿堂风，这样以建筑物本身的设计方法来解决当地的日晒和雨季问题。

法院的入口没有装门，只有 3 个高大的柱墩支撑着顶上的棚罩，形成一个高大的门廊，柱墩表面分别涂着绿、黄和橘红 3 种颜色，门廊气势雄伟，空气畅通。在一个加高两倍的空间里，它们同时切割平滑的屋顶线，形成锥形和双曲线形的顶层结构。大厅内的角锥形会议室、主大厅、办公室、立柱和弦梯等各组成部分衔接紧凑，分层清晰。有些设施如百叶窗独立于建筑物之外；有些相互重叠，与楼梯与主大厅并排。每年举行太阳节的重大时刻，顶层打开，放进太阳光线，制造出宇宙精妙绝伦的特效。从入口进去就到了法院的门厅，进入门厅以后是一个柯布西耶经常在建筑中心采用的横置的大坡道，人们可以顺着坡道登楼。一层有1间大审判室和 8 间小审判室，楼上有一些小审判室、办公室。另外还有对公众开放的图书馆和餐厅。它的平面形状是一个简单的L形。

法院建筑的正立面上布满了大尺度垂直和水平的混凝土遮阳板，做成类似中国的博古架形式。到了上部，它们逐渐向斜上方伸出，使和顶部挑出的棚罩有所呼应。整个建筑的外表都是裸露的混凝土，上面保留着模板的印痕。柱墩及遮阳板的尺寸特别大，使人感到十分粗犷，像是一座经过千百年风雨侵蚀的老建筑。门廊内部的坡道上也满是大大小小不同形状的孔洞，在其他地方，经常有一些奇怪的孔洞和凹龛，有的还涂上红、黄、蓝、白等特别刺眼的色彩。

法院的建成曾引起各国建筑师的广泛关注。这种巨大尺度的建筑构件，粗壮的入口柱廊，对比色块的处理、粗糙的混凝土饰面、大胆的抽象图案设计所形成的特殊建筑风格，被人们称为“粗野主义”建筑。

昌迪加尔城最著名的标志“张开的手”（The Open Hand）是勒·柯布西耶为该城设计的最著名的纪念碑之一，也是这座城市的象征。这是一只从一下陷的深沟中高耸出85 ft（25.91 m）的可旋转的金属巨手，它代表着：宽容地接受，无私地给予。纪念碑“张开的手”两旁是相隔甚远的议会大厦和高等法院，备受争议的距离给勒·柯布西耶带来了许多指责。建筑评论家吉迪恩就曾经写信给勒·柯布西耶问他为什么要把议会大厦和高等法院之间拉开如此大的距离。勒·柯布西耶的回答是：“我这么做是想把它作为喜马拉雅山的参照物，这里应该是人们释放紧张的场所、敬畏自然的地方，昌迪加尔是向喜马拉雅山的献礼。”

图1　昌迪加尔议会大厦

图2　昌迪加尔议会大厦上卷屋檐的侧面

图3　昌迪加尔议会大厦前的立柱与上翘的巨大屋檐

图4　昌迪加尔议会大厦全貌

图5　昌迪加尔高等法院正面

图6　昌迪加尔高等法院大门

图7　昌迪加尔著名标志——张开的手

图8　昌迪加尔行政大楼

图9　柯布西耶为昌迪加尔行政大楼设计的绘画

2.37 珊纳特赛罗市政厅与图书馆

阿尔瓦·阿尔托 1949—1952
□Alvar Aalto □Sàynàtsalo Town Hall and Library

阿尔瓦·阿尔托

阿尔瓦·阿尔托早在第二次世界大战前就已确立了自己的国际声誉。1942年，他被委托为芬兰的珊纳特赛罗市政厅设计总体规划方案。该镇位于湖中的一个半岛上，总人口为3 000人，主要工业为木材加工业。第二次世界大战延缓了方案的完成。该方案包括几座城镇建筑、居住区，以及城镇局部、主体与中心区域方案。1949年，他作为三个特邀建筑师之一参加了珊纳特赛罗市政厅的方案设计竞赛，最终技压群芳获得胜利。珊纳特赛罗市政厅是第二次世界大战之后的经典建筑作品之一。早在1920年代阿尔托就梦想着建造一座宏伟的有纪念意义的政府建筑。他的目标是再现能够表现城市价值的标志，这与功能主义的实用性形成鲜明对比，是对于理性主义的否定。

珊纳特赛罗市政厅是一座三层高的综合性建筑，包括会议室、图书馆、办公室和几套公寓。院子的中心地平面稍高于院子四周。在最初的方案中，商店占据了底层空间，后来被图书馆和其他政府机构取代。

建筑由红砖和木料构建而成，并且有一个镀铜的屋顶。建筑的中心环绕一个高起的庭院，庭院的东侧设有楼梯，西侧设有青草台阶。通过庭院可以直达正门，正门通道走廊用透明玻璃板镶嵌而成，可以把太阳光引入室内，也可以通过它欣赏庭院中的喷泉。

会议室是建筑中主要的竖直型结构，通体为砖结构，顶部为醒目的45° 角的斜屋顶。会议室位于建筑物的顶层，通过一段环绕会议室三个侧面的砖砌楼梯可以直接到达。在会议室内部，一对扇形木质构架支撑起蝴蝶形结构的天花板。室内主要光源来自一个由木质条板纵横交错组成的巨大窗户。据说这种风格的窗户的设计灵感来自日本。

建筑在庭院层面的水平结构以及在会议室阁楼上表现最为突出的竖直结构排列方式是它的典型特色。建筑最精妙之处在于它与周围树木茂盛的地理环境结合得天衣无缝。

在设计手法上面，阿尔托让市政厅的建筑群根据地势逐渐在人们眼前展开：沿着坡道向上走去，先看到是被白桦树遮掩的主楼的一个侧面，楼上是图书馆，楼下是商店。走到近处才能看到铺着草皮的主楼台阶。阿尔托沿着斜坡的走向，故意让台阶弯曲着。直到台阶口，首先看到镇长办公室与会议室的单元建筑，过了入口的花架后，便来到一个被绿化得很美的院子，环绕院子的是一层办公室，右面是两层高的图书室，对面是镇长办公室。建筑群与四周的景观极为自然地融为一体。

珊纳特赛罗市政厅于1949年开工，1952年竣工，具有明显的北欧风情；阿尔托设计的这个市政厅是浪漫的，而非人们平常所见的理性、严谨、威严的政府建筑，它给人以亲切感。这种风格的市政建筑的形成除了受到北欧芬兰的常用建筑材料红砖以及历史文脉的影响，也与建筑师阿尔托的政治观点是分不开的。在当时的社会背景下，一些地方出现了古希腊和意大利文艺复兴时的城市管理模式，阿尔托非常赞同这个模式，因为他的政治观点是反独裁和反标准化。他认为社会应该建立在自由意愿的原则、社区化、自由公开的会议、相似的观点等基础上。阿尔托对城市各部分管理有着完全不同的看法，他认为小城市的当地政府应该举行有影响力的座谈会，供大家自由地发表意见。一般立法议院被认为是最重要的机构，但是阿尔托在这个建筑中却没有把它放在重点，而是在设计中建造了两个大型的辅助空间：图书馆和餐厅。

他把图书馆放在独立部分上，在这里会员可以自由讨论某个作家的思想或者他的著作。那座华丽的餐厅适合国会议员与公众在座谈会上一边进餐一边进行非正式交流。在这里，阿尔托表达了他对地方政府市政厅的设想，也就是使会议室和接待室不再占据市政厅的主要空间。为使这些建筑能给人深刻印象，他将一系列辅助功能图书馆、商店和公寓引入建筑。另一个问题是财政管理需要有比会议室更大的空间用来讨论重大的决定，这往往会使市政厅看起来更像普通办公建筑而不是权力的象征。阿尔托解决这个问题的办法是通过把会议室安置在显眼的单独的位置，或者设计成与众不同的式样，使人从心理上认为它是最重要的部分。

关于建筑形式，他有一段著名的论述："愿意听凭自己的直觉来处理建筑的形式。形式是神秘的、无法界定的，而好的形式能给人们带来愉快的感觉。做设计的时候，社会的、人性的、经济的和技术的需求，还有人的心理因素，都纠缠在一起，它们之间互相影响，互相牵制，这就形成一个单靠理智无法解开的谜团。在这种情况下，我采用下面的非理性的办法：我暂时将各种需求的谜团丢在一边，忘掉它们，一心搞所谓的抽象艺术形式。我画来画去，让直觉在我的脑海里自由驰骋，突然间，基本的构思产生了，这是一个起点，它能将各种矛盾的要素和谐地联系起来。"珊纳特赛罗市政厅的设计过程正好印证了他上面说的这段话。

图1　珊纳特赛罗市政厅会议室与图书馆

图2　珊纳特赛罗市政厅的花园

图3　珊纳特赛罗市政厅图书馆

图4　珊纳特赛罗市政厅门口前长满小草的台阶

图5　珊纳特赛罗市政厅花园全景

2.38 马里奥·博塔新理性主义建筑作品选

瑞士提切诺等

马里奥·博塔 1986—2001

□Mario Botta □Mario Botta' s New Rationalism Architectural Works

马里奥·博塔

1943年，马里奥·博塔出生在瑞士门德里西奥（Mendrisio）。他中学辍学，15岁起就从事建筑设计工作，后在卢加诺（Lugano）跟随路易吉·凯米尼什（Luigi Camenisch）和提塔·卡罗尼（Tita Carloni）进行建筑设计等方面的学习。1964 年，他通过了艺术学院的入学考试，当年秋，他开始在威尼斯大学建筑学院学习。1969年，他遇到了几位在建筑行业有重大影响的著名设计师，包括路易斯·康（Louis I. Kahn）、卡洛·阿尔贝托·斯卡帕（Carlo Alberto Scarpa）和朱塞佩马萨·马里欧（Giuseppe Mazzariol）。同年，他结束了学业并在瑞士卢加诺创建了自己的办公室。

在结束跟随路易斯·康的学习之后，博塔逐渐开始形成自己的风格。他深入研究众多建筑风格，诸如多立克风格、爱奥尼克风格以及科林斯风格等古老的建筑风格，他开始从这些历史风格中得出相应的色彩、材质、原料以及结构等方面的构思，其所有的工作都逐渐从后现代的古朴风格中得出其内在的联系。博塔将各种对立的因素联系起来，因此，他设计的建筑就呈现了极为独有的特征。几何线条、中心对称、自然光线是马里奥·博塔惯用的三大建筑语汇。作为博塔建筑特征的线条，构成鲜明的外轮廓和唯美的建筑风格，具有让人们记住该建筑的效果。博塔设计的教堂全是中心对称的建筑，他认为中心对称是传统建筑美的重要特征。在中心对称的前提下，教堂的外形可进行奇妙的变化，例如意大利贝加莫（Bergamo）的圣乔瓦尼二十三世教堂（2001—2004年）和都灵的圣容教堂（2004—2006年）。此外，作为第二建筑材料的光，博塔也最大化地加以表现。他说："对于建筑来说离开光线也就不存在空间，正是光线创造了空间。"博塔是设计教堂最多的建筑师之一，他的表现主义风格是现代教堂建筑的宝贵财富。

博塔对环境有极强的洞察力，因此他的建筑作品常常根据不同的环境条件而展现不同的优势。他说道："每一项建筑作品都有它相对应的环境，在设计建筑时，其关键是考虑建筑所辖的领地。"1980年，他增加了这样的观点："我认为当今建筑的精华来源于比较的程度：它只承认人为因素和自然环境之间的平衡，而这样的因素又来自当地环境。"

肯尼斯·弗兰姆普敦在评述马里奥·博塔的作品时写道："……作品在（地域主义）方面是典型的，它们集中于与特定的场所直接相关的问题，同时又吸收了来自外界的方法与途径。" "他明显地受到二者（路易斯·康和柯布西耶）的影响，博塔继而把意大利新理性主义的方法学占为己有，同时又通过斯卡帕而保持了一种能不断丰富形式的手艺。""博塔作品中的另外两个特征可以被视为是批判性的：一方面，他始终关注着他所谓的'建造场所'；另一方面，他的信念是：历史城市的失落可以通过'微型城市'来补偿。"因此博塔的作品许多被划到"批判地域主义"的范畴。本节介绍博塔的6个作品，可显示他建筑风格之一斑。

1.塔玛若山顶小教堂

塔玛若山顶小教堂（Chapel of Santa Maria degli Angeli on Monte Tamaro，1992—1996年，瑞士提切诺）位于1 500 m高的塔玛若山脊，参观者可由此俯瞰风景如画的卢加诺山区美景。业主的目的之一是用提契诺塔玛若山顶小教堂纪念他的妻子，此外也可以通过这个建筑增加该地区的魅力。因此除宗教功能之外，这个小教堂也因创造了新的旅游路线而和塔玛若山更紧密地联系在一起。

基地位于一条现存道路尽端的突出山脊上，这条山脊向下延伸直入山谷。狭窄的石砌小径通过巨大的弧形石拱与地面脱离，看上去像是从空中一直延伸到圆柱形教堂的屋顶斜坡处。沿斜坡向下便可到达一个中间平台，再往下则是教堂的入口小广场。在这里，博塔创造出一个新奇的视点来欣赏山区美景。

在这个设计中，博塔所运用的建筑语言有着深刻根源，反映了重新探索当地描述人类生活印迹的古老规则的重要性。独具匠心、凌空而起的狭长小径使人在漫步中得到美的享受，无论人们是远眺连绵的山脉，仰望变幻的云彩，还是俯瞰脚下的山谷，在那里，人类活动的印迹历历在目。

当站在像古堡一样的圆形墙柱顶部的教堂屋顶平台上，面对着延绵起伏的山峦，人们会感到生命尤为渺小脆弱。这个教堂独特的双向楼梯设计将人引入静谧的洒满阳光的入口广场，更加强了教堂为人类遮风避雨的神圣氛围。

2.旧金山现代艺术博物馆

旧金山现代艺术博物馆（San Francisco Museum of Modern Art，1990—1995年，美国旧金山）坐落在旧金山市区尤勃波纳（Yerbe Buerne）中心第三大街，呈“T”字形平面布局，总建筑面积22 000 m^2，高42 m。它是博塔最早设计的博物馆，也是他在美国的第一个作品。

方案设计有三种意图：①运用自然光。②艺术馆作为建筑物的同时也是一个教育机构。它不只是一个单纯的实验室或科学机关，还要体现整个城市的文化气质。③与邻近建筑间复杂的角色产生呼应关系。

博塔将中庭作为一种城市要素来处理，将其设计为“室内广场”，内部交通系统与中庭空间紧密相连，使人对各部分空间的功能和布局一目了然。围绕中庭，博物馆共有两大部分，第一部分展出不朽作品（二层），包括摄影、建筑和设计（三层）、短期展品（四层）和巡回展品（五层）的展厅，盘旋在中庭之上，天窗下的大楼梯通往各层。第二部分为若干计算机多媒体观察室和教育馆，以及一个设在底层的演讲厅。

处于三座摩天大楼之间，博物馆无法在高度上与周围建筑相比；完全对称的正立面洋溢着古典建筑中才能见到的那种沉稳情调。由于博物馆所处的地块三面被高层建筑包围，这使得他的作品在周围一群灰白色的物体中显得尤为突出。

博塔对“它会有什么风格”这一问题的解答是“作为纪念馆，为其确保与邻近建筑形成外表和风格的对比，它没有风格，没有立面”。博塔再次展现了惯用的纪念性几何形式和重新解释、新颖地使用传统石材料的手法，以及由黑、白两色条纹状花岗岩构成的顶部倾斜的圆柱形天窗。该建筑建成之后，曾一度引起许多争议。这个建筑本身并不难看，很多建筑师认为，作为一个博物馆，设计过于华丽，反而降低了博物馆的内涵，有喧宾夺主的味道。不过多数人认为这是一个经典的标志性现代建筑。博塔在城市内引入博物馆，反过来将博物馆外部价值和意义赋予该社区，于是，旧金山现代艺术博物馆以最富有象征意义的丰碑而备受瞩目。

3.新蒙哥诺教堂

1986年博塔应邀重建春天雪崩中被毁的教堂，包括原教堂基地和相邻广场的重组。新蒙哥诺教堂（New Mogno Church，1986—1996年，瑞士提切诺）按原教堂中厅轴线，形成新建筑的椭圆形平面轴线，塑造了一个东西向空间。上方有路由村子通向田野，下方新教堂广场布置在北侧广场较低处，公共广场以石墙形成周边界线，规范着教堂与村子之间的空间。教堂广场地势比教堂基地低约3 m，形成通往教堂的前庭。教堂空间由一个沿老教堂南北轴线的椭圆形边界包围，总宽度14.5 m，东西轴线10.3 m。教堂外观由屋顶高低两端分别离地8 m、17 m的椭圆柱的实体构成，沿椭圆的短轴线上斜切形成屋顶，屋顶面变成外直径为14.5 m的大圆。屋顶结构包括金属框架部分和玻璃板。两个石拱壁形成中心跨度，并支撑着教堂内部结构。教堂内部布置有一个带侧壁凹龛的矩形底面和一个东侧与地下室相连的半圆形神殿。

博塔利用人类与自然之间原始斗争这一主题，重新设计了作为该社区意象和标志的17世纪形式的教堂。博塔似乎从对历史的再发掘中找到了契合点，新教堂融合了来自罗马式、哥特式、巴洛克式建筑的因素，以独特的方式诠释了一个带有灾后幸存印记的构筑物，一个类似于古罗马露天剧场遗迹的神圣构筑物。幸存的印记在斜墙和罅隙中表达得十分明显，同时博塔似乎有意否定表里一致的建筑理论，设计了一个在花岗岩基座上的巨大玻璃屋顶，强烈的对比强调了不和谐的特征。同时，在抽象的几何形式方面，博塔借鉴了人性主义时代建筑的基本含义中圆与“无”相互影响的理念，得出“这种形状固有的宗教性会让设计者无视其信仰”。于是，这一来自古老巴洛克教堂的椭圆形平面在顶部以倾斜的透明天窗的圆形而完成了升华。博塔强调自然采光与内部空间的结合：“对于建筑来说离开光线也就不存在空间，正是光线创造了空间。”他巧妙地利用自然光影塑造空间，令建筑物的每一个角落都凝固成诗一般的景色，构成令人震撼的视觉感受。

4.辛巴利斯犹太教会堂及犹太遗产中心

辛巴利斯犹太教会堂及犹太遗产中心（Cymbalista Synagogue and Jewish Heritage Center，1996—1997年，以色列特拉维夫）基地位于特拉维夫大学校园中心，建筑主要包括两个功能：犹太教会堂与演讲、讨论场所。用于祈祷和讨论的两个主体空间反映了学生对于这两种场所的需求。设计从这两个基本功能出发，希望二者在建筑形式上相一致，于是便有了这对“孪生塔”。这两个巨大的倒置圆锥体高高耸立于一个扁平的体块上，以一种神秘的力量吸引着人们进入其中，去探究这奇特形体所隐含着的暧昧不清、匪夷所思的谜。

这两个倒置的圆锥体之间仿佛存在一种张力，使二者不断靠近，直至最高处几乎相连。上部的环形屋顶以一圈水平的砖砌壁龛加以强调，向下逐渐收缩渐变，暗示出下方正方形的基座。主体空间为两个边长10.5 m的立方体与倒圆锥体相截形成的空间，一个作为祈祷之用，另一个则为讨论之所。在圆形筒壁与方形天顶之间有四个天窗，光线从这里倾斜射入，形成强烈的光影效果。光线成为这两个主空间的共同特征——倒圆锥筒壁内侧层叠的砖墙在其照射下，闪烁着微光，使得内壁上端成为一种非物质化的表面。教堂及会所的辅助空间位于地面层，约有800 m^2，由一个中央大厅连接北面的主入口和南面的辅助入口；大厅的东西两侧则可分别进入教堂和会所。

两个主导空间的区别通过一些具体的建筑元素加以强调，诸如教堂的半圆形后殿、圣坛，以及根据具体功能而选用的不同家具设备等等。与此同时，这两个体量被赋予了同样的雕塑感、空间感、造型及光，隐喻着宗教与世俗活动的对等性。

5.多特蒙德综合图书馆

当今的图书馆建筑都面临着个性丧失的危机，这并非全部是由于新技术造成的，它还源于19世纪的传统——把图书馆看成是不能满足社会需求的、静态的容器。

多特蒙德综合图书馆（Dortmund Bibliothek，1995—1996年，德国多特蒙德）位于火车站附近，博塔的构思突出了图书馆的公共性，他把建筑明确分为两部分，并使之成为多特蒙德市的标志之一。

建筑布局中包括一个方整的、几乎完全用实墙围合的直线体量和一个与直线体量相对的、透明的不完全的锥体，它的内部是阅览室。

较大体量部分的立面上有竖向长窗，与实墙形成鲜明对比。阅览室的外墙为双层玻璃，其钢质骨架如同支撑马戏团大篷的构架一样，靠顶杆的张力约束结构。从室内空间可以看到两层楼中间的廊道，它们联系着阅览室、咨询室和计算机室。内部的各个楼层都有竖向交通系统，同时在玻璃幕墙和实墙体量之间由玻璃天桥相连。于是，两者之间的对比和材质的微妙变化形成了一个对立统一的整体。主入口位于玻璃锥体背后的廊道下，内部空间自下而上逐层后退，形成一系列的平台，使光线在室内更为均匀地分布。

多特蒙德综合图书馆既是记忆的重组，又面向未来，它重新诠释了图书馆作为文化与人类传统的标记的意义。

6.哈廷办公楼

哈廷办公楼（Verwaltungsgebäude Harting，2001年，德国棉登）恰好坐落在通向棉登（Minden）旧城中心的入口道路上，周围是老兵营和旧城堡。一个椭圆体构成了建筑的主体，它的顶面，即建筑的屋顶层层呈阶梯状从街道后退。在建筑临街的角部有两座塔楼提供了支撑，塔楼与旁边的老兵营成一条直线排列。

设计的主旨是要运用传统的建筑材料，建造一座拥有当代办公功能的新建筑，并与现有的环境发展出某种对话关系，以崭新的面貌整合城市景观。设计概念是为新建筑赋予强烈的形象，通过体量的塑造和提升来展现它的庄重、沉着的力量感。因此整个建筑设计进程中目标就是试图在西蒙（Simeon）广场的原有建筑与新建筑之间建立关联。新旧之间应存在某种永久性的对应关系，重新设定彼此的价值，新与旧互相补充、互相促进。在建筑物室内，屋顶逐层后退，最大限度地利用了自然光线。

图1　从教堂悬出的屋顶看塔玛若山谷

图2　塔玛若山顶小教堂入口

图3　旧金山现代艺术博物馆

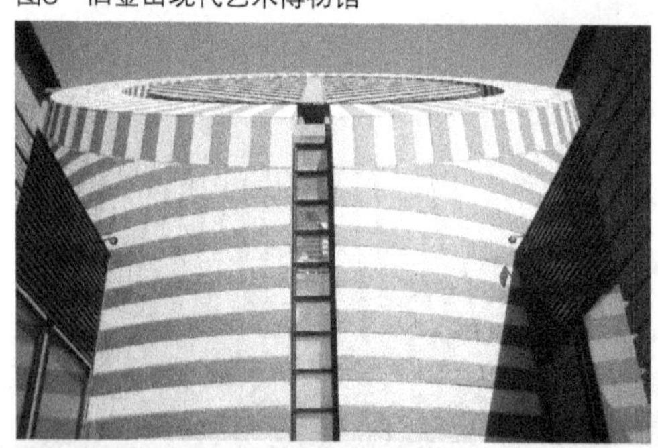
图4　旧金山现代艺术博物馆中央圆顶

图5　新蒙哥诺教堂

图6　辛巴利斯犹太教会堂及犹太遗产中心近景

图7　多特蒙德综合图书馆

图8　从广场看多特蒙德综合图书馆

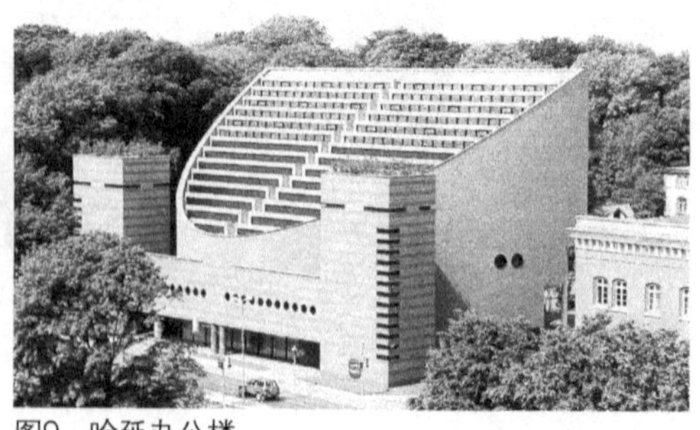
图9　哈延办公楼

2.39 吉巴欧文化中心

新喀里多尼亚岛

伦佐·皮亚诺 1992—1997
□Renzo Piano □Tjibaou Arts and Cultural Centre

太平洋上的新喀里多尼亚（New Caledonia Nouméa）岛在澳大利亚东面约1 600 km处，岛上有茂密的棕榈树林和松树林。在首府努美阿的东侧，马詹湾被松树林隔出一个小礁湖。该岛属于“热带海洋”气候，终年湿润，温度变化较小。

1989年吉巴欧去世，在此之前，卡那岛上反对独立运动的极端分子与法国人达成协议，建造一个卡那文化中心，由法国人赠送一栋以独立运动领袖命名的标志性建筑以表示对过去殖民主义的歉意。1991年4月设计开始竞标。竞标计划是想将该文化中心建成新喀里多尼亚岛的风景和文化性建筑，通过与传统建筑的呼应，唤起建筑与植物的相似之处。引导的步行长廊像弯曲的植物的茎，位于海岬的脊部，将不同的建筑部分连接起来。建筑的主体部分呈环形、贝壳状；这种弯曲分层的高大贝壳状建筑被称为单体建筑。它与本土的丛林和诺福克岛的松林融为一体，与传统的卡那棚屋和当地居民的风貌相映成趣。为在内部加速通风，建筑内还架起了通风对流架。

文化中心的入口在北侧，道路绕湖而建，经过一个步行长廊，向东拐就来到来访艺术家的住所。在居住区与文化中心之间的空地上计划建造卡那的传统草屋。文化中心的每个组成部分沿步行长廊一字排开，靠近入口处是公共设施，在平静的湖水的一侧是音乐厅、剧院和多功能厅，湖的另一侧是酒吧、咖啡厅和休闲室。岛上原来的建筑并没有因建设文化中心而有大的改动。

皮亚诺的单体建筑（也被称为“箱体”）是这个建筑方案中的亮点，它们和周围的松树差不多高。尽管建筑上的棱纹有一些怀旧成分，但也并非将原始的形态一模一样地呈现出来。因此尽管整个形态是传统式样，但单体建筑的建造有所革新。这些建筑有10层楼那么高，它们必须能抗飓风和地震。之所以选这种非本地产的木材是考虑它的强度和韧性。它不需装饰保护，就像周围的松树一样经得起风吹雨打。

阿勒普负责概念设计及样图阶段的分析。法国阿吉伯特公司（MTI）则负责完成正式设计。同样结构的单体建筑有三种不同的规格，这种结构可以抵御约60 m/s（相当于17级）的来自任何方向的飓风。最高的单体建筑高28 m，直径14 m。建筑结构和外形的发展取决于风的状况和通风的机械装置。最后，皮亚诺设计的单体建筑外形是以同一个点为中心的双层墙体。双层墙结构由黏合薄板的拱形外肋和直形内肋组成，它们连接在一起，互相支撑着，抵御外来的风力。单体建筑的木板由钢管支撑，在垂直方向上以每2.25 m的间隔放置，由单一斜向拉杆连接，与较低的内圈分开，内层开启窗户。为防止变形，内、外墙由三级带状构架连在一起，斜坡屋顶设计在内墙里面，这样的设计是为了减轻房顶承受的压力。为使单体建筑外部与水平板条连在一起，钢铸件插入木质结构板与对角线上的钢管牢靠地连在一起。木柱底部与坚固的底座相连接。选用木质框架是出于功能的考虑。这种西非产的褐色有暗条的硬木有着良好的耐用性，有较好的防潮湿、防水淹、防白蚁及黏合特性。

单体建筑中的百叶窗可根据不同的风向进行开启或关闭。几处开口用作通风。有两个开口朝向主流风：一个开口设在距地面2 m的地方，另一个开口在距地面0.5 m的地方。

在单体建筑的另一侧，有一组可开启的窗户让空气对流。窗户设置三种状态：开启、关闭或半开启，全部自动控制。设置开启的位置时，完全依靠外界风速，使室内空气流动速度最大可达1.5 m/s。在大风天，单体建筑的弯曲形状使风沿烟囱上行。当风向相反，烟囱就起反作用。如果起飓风，建筑外表就关闭，“纹风不透”。

“回归传统是一个神话……还没有人能做到。寻找一个模式，我相信它就在我们眼前……我们要找的特性就在眼前。”这番话是新喀里多尼亚独立运动的领导者让-马里·吉巴欧（Jean-Marie Tjibaou）说的。伦佐·皮亚诺设计的吉巴欧文化中心让岛上的人民在传统中感受到了现代世界。

伦佐·皮亚诺设计的吉巴欧文化中心被认为是“批判地域主义”作品中“场所-形式”创作意图最优秀的代表之一，“场所-形式”是美国建筑学家肯尼斯·弗兰姆普敦（Kenneth Frampton）对批判地域主义的一种分类形式，主要指建筑的形式与所在地域十分协调。弗兰姆普敦说吉巴欧文化中心在“植物和建筑肌理之间发生了相互作用”，而“箱体”象征着土著战士的“盾牌”，它们是用现代技术制成的，在新喀里多尼亚岛上面，既可以抵御飓风，又象征着人民抗拒外来者侵略的决心。

图1　吉巴欧文化中心的正面远景（三个“箱体”）

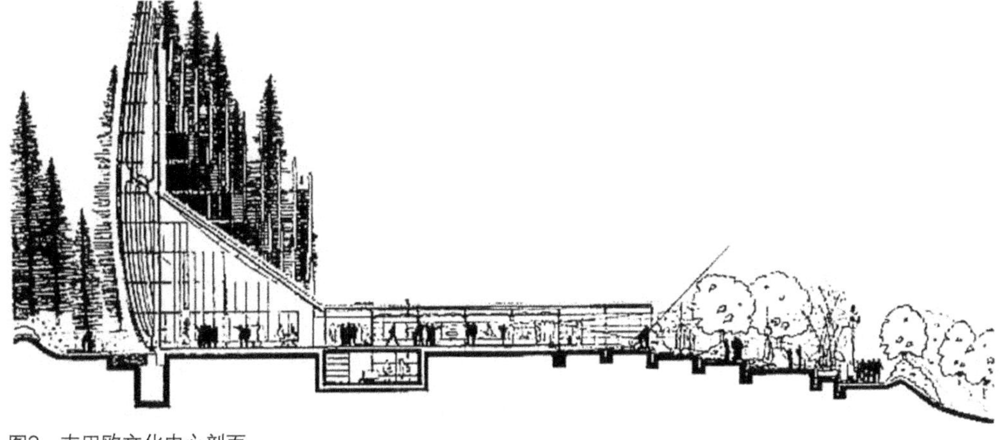

图2　吉巴欧文化中心剖面

图3　吉巴欧文化中心全景

图4　内层已完工，外层正在安装

图5　安装外层的一个百叶肋片

2.40 阿拉伯世界研究中心

法国巴黎

让·努维尔 1987—1988

□Jean Nouvel □Arab World Insititute

1980年由法国总统密特朗提议修建巴黎十大工程，在巴黎塞纳河左岸建造一座阿拉伯世界研究中心，将阿拉伯文化与西方文化联系起来，使西方民众能够认知、感受这一悠久文明的价值。该主题本身已构成了对于建筑空间设计的挑战，无论是当时流行的国际主义风格的玻璃幕墙大厦，还是完全回归传统的清真寺建筑，显然都无法适应密特朗总统的原意。然而在1981年发起的大型设计投标竞赛中，著名建筑设计师让·努维尔和他的建筑工作室赢得了胜利。于是在离巴黎圣母院不远的地方，有了今天一个现代化的、非常恰当地斜插在塞纳河畔那一片弯曲陆地上的建筑，这个地段从此有了自己的标志。研究所由两个彼此连接并相互有联系的体量组成：一个为能映照出建筑物周围码头附近景色的圆弧形体量；另一个为矩形体量，面向设置有多个雕塑和帐篷状小品的开敞大庭院。朝南的一整面铝玻璃墙使用最好的现代“艺术”技术手段强调了阿拉伯的建筑风格。北面的弧形建筑细长如刀锋，有着一个美妙的线条，弧形建筑体量与矩形体量之间有一个约7 m的错移，南北两个建筑体量之间有一个窄窄的空间，行于其间，向上望去，可以看见一座不大的天桥将两座楼相连在一起。

阿拉伯世界研究中心是一个现代特色非常明显的城市建设项目，建成后可供代表19个国家的法国-阿拉伯世界研究所使用，旨在通过艺术表演、科学和现代技术方面的信息交流，增进对阿拉伯世界文化的了解。建筑包括一些照明良好的展览区域、一座博物馆、一座图书馆、一间350个座位的礼堂和餐厅，还包括办公室和停车场。室内由玻璃和钢构成的楼梯及电梯间外壁都具有豪华的外观。虽然就装饰而言，面向南侧花园庭院的巨大建筑外墙具有更明显的伊斯兰风格，但它却一直被人们称为“威尼斯式百叶窗”。从内部看去，钢架与照相机镜头似的窗格整体组成了一扇巨大的伊斯兰风格的镂空屏风，为这座建筑增添了异国风情。

努维尔设计的阿拉伯世界研究中心的墙面，据说是全世界最昂贵的墙面。墙面外部是玻璃幕墙，幕墙后面是不锈钢的方格构架，构架上有数百个1 m见方的金属图案，合在一起，好像是阿拉伯清真寺的图案，其实全部是作为遮光的窗帘使用的“光敏元件”。细细看每个构架图案，是一个金属“镜头”结构，上面有非常精巧的电子设备，通过光敏传导器来控制“镜头”的开合，如果光线强烈，“镜头”就关闭多一些，如果光线弱，“镜头”就自动张开，“镜头”的张合完全与光照的强弱程度相关，因此是一个全自动的电子控制遮光幕墙。在室内，它戏剧性地展现出像彩虹似的变化，在室外则看到了一种密度精细的图案。整个大楼的南墙上面有数百个这样的“镜头”，只有法国人才有这样的气派。

努维尔在他的设计中表达了对阿拉伯建筑与文化的理解，他的设计在传统阿拉伯建筑的要素间找到可以借鉴的东西。但是他指出这并不是一个阿拉伯建筑，而是一个真正的西方建筑，不仅仅在于它所处的地点，而且在于它的公共文化建筑的性质、概念和功能完全不同于现代的清真寺。虽然整个建筑的构造是现代主义的，但是却具有强烈的表现性和象征性，它体现了法国现代的精神，具有明显的昂扬向上的精神内容。这种融合展览、竞赛、表演、会议和讲座空间的文化中心的概念起源于法国安德烈·马尔罗（André Malraux）任戴高乐（de Gaulle）总统的文化部部长的时候。

1986年，建筑还只是存在于图纸和意识中的时候，努维尔曾经这样说过："建筑的文化立场是必需的。为了得出一种在概念上是通用的而对基地来说是特定的途径，就必须拒绝现成的套用或是太轻而易举地得出方案……如果建筑的南立面，使用了类似光圈的控光装置，是东方文化的现代表达，北立面则是西方文化的真实镜像，附近巴黎都市风景的图像被彩绘在建筑外表面的玻璃上，就像照相感光板上的化学药剂的通道（Passage of Chemicals）。在同一立面上的线和符号的形式也是对当代艺术的回应。建筑设计、室内设计和产品或家具投计之间的界限在我的概念里是虚幻的。因此，我设计了中心的博物馆的全部，包括展览橱窗、座椅和展览器具。"

在法国，几乎没人不知道让·努维尔的，可以说毫不夸张地说，他是继勒·柯布西耶之后当代法国最伟大的建筑师之一。努维尔生于1945年第二次世界大战结束后，家乡是法国佛梅尔（Fumel），1966年到巴黎的美术学院（École Des Beaux Arts）学建筑，1972年取得学位，毕业后和其他建筑师合作建立设计事务所，1994年成立让·努维尔工作室（Ateliers Jean Nouvel）。在过去的30多年中，他是法国建筑界的顽童，是"可怕孩子"（The Infants Terrible）一代中最"可怕"的一个。

1980年代，后现代主义建筑在美国搞得轰轰烈烈，但在法国，建筑师们走了一条与后现代主义有区别的所谓的改良主义道路；他们重新演绎现代主义风格，来体现高科技水平、现代化水平和法国在现代经济和技术上的成就。密特朗的十大工程就是在这样的背景下产生的。而让·努维尔所设计的阿拉伯世界研究中心就是这种新现代主义（或者称为现代改良主义）的产物，他不步美国式后现代主义建筑的后尘，而要在现代建筑文化上另辟蹊径，从艺术上面超越美国人的水平，重新发展和诠释现代主义，形成法国的新现代主义流派。20世纪末到21世纪初，他在巴黎市中心又设计了巴黎凯布朗利博物馆（Musée du Quai Branly），这一次新的尝试，为巴黎留下又一座具有法国特色的现代建筑，从而进一步确立了他在法国乃至世界建筑界的地位。

阿拉伯世界研究中心用现代的建筑技术诠释了古典的阿拉伯文化，从而开辟了一条新的建筑设计风格，这对此后20年的建筑设计风格有着重要的影响。鉴于努维尔的卓越成就，2008年，他获得了世界建筑界的最高荣誉——普利策建筑奖。

图1　从塞纳河中看到的阿拉伯世界研究中心外貌

图2　阿拉伯世界研究中心的大门与南墙

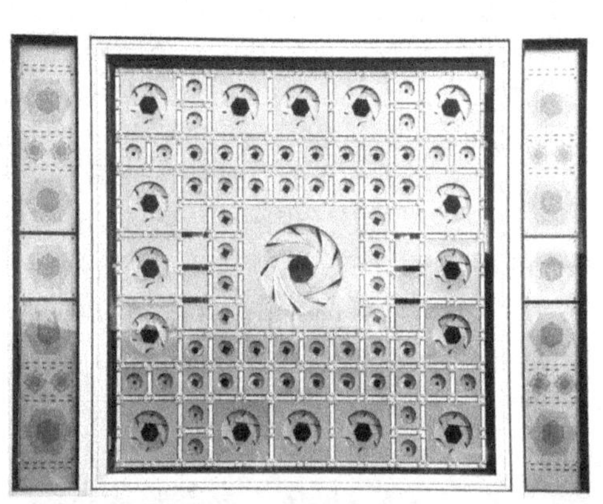

图4　从外侧看奇妙的光圈状窗户

图3　室内的光影

图5　可控制光圈的“光敏元件”

2.41 萨尔克生物研究所

路易斯·康 1959—1965

□Louis I. Kahn □Salk Institute for Biological Studies

路易斯·康

从洛杉矶出来，先经过加利福尼亚大学欧文（Irvine）分校，告别了詹姆斯·斯特林爵士生前最后设计的图书馆，再沿着南加利福尼亚西海岸的高速公路上行驶近两小时，便来到离圣地亚哥不远的拉霍亚（La Jolla）市，由建筑师路易斯·康设计的被世人称为世外桃源般的著名的萨尔克生物研究所就坐落在太平洋边的山崖上。

建筑物的外围看上去感觉有些荒凉与冷漠，然而一旦转入研究所的中央广场，人们就完全被震撼了，在纯净的石灰岩铺砌的广场上，一条涓涓细流将人们的视线从脚下镌刻有"THEODORE GILDRED COURT"字样的台阶引向浩瀚的太平洋，一切变得如此沉静和安谧，涓涓细流仿佛人类渺小的智慧与力量在不屈的探索精神驱使下努力地伸向那无限的、未知的神秘世界；广场两侧富有韵律感的混凝土与柚木的楼梯间及其廊道在你的视觉范围内整齐地指向蔚蓝的太平洋上空，这片广场就是在教科书中被称为"没有屋顶的大教堂""没有花草树木的花园"的萨尔克生物研究所的中心地带了。

萨尔克生物研究所是由小儿麻痹疫苗的发明者乔纳斯·萨尔克（Jonas Salk）博士策划筹建的。1959年，萨尔克把这一设计委托给了路易斯·康，希望能够建造一座"毕加索也能够来的地方"的医学实验室，萨尔克将科学与艺术相统一的哲学思想使路易斯·康感到十分惊讶，又给他动力和鼓舞。

再没有任何人比路易斯·康对这项充满人性但又神秘的工作更加投入了，合作的过程令康十分满意。他后来曾这样评价萨尔克博士："几乎没有一位业主能从哲学的高度来理解他们所要创立的那个事物。萨尔克医生是一个例外。几乎没有人有这样的理解，甚至不曾意识到自己缺少这种理解。常常是交给你一份书面意见，你就不得不代替业主来担当哲学家的角色。"不知康有没有发现，其实也许只有科学家才可能是真正的哲学家，比如爱因斯坦；而萨尔克医生的观念是："医学研究并非一股脑儿都归属于医学或生理科学，它属于人。任何人只要把人类、科学和艺术都放在脑海中，就能给研究工作的智力环境作出贡献，从而在科学中有所发现。"

有这样的业主对建筑师是幸运的。最初的研究所方案是由两个建筑群体构成的，共有四座平行的试验楼两两相对，围合成两个花园。最后定稿的方案改成了两座对称布置的实验楼，楼间只留了一个开敞的庭院，庭院的两侧被研究人员单独的房间所包围，它们被称为"思考间隔"。它们组成了独立的建筑，通过桥和其他的楼梯和实验室连接起来。把这些房间从实验室中分离出来是萨尔克的想法，他希望给科学家提供的房间都像僧侣的住房，这样他们可以专心研究。康后来这样解释道："……一座花园比两座要好，因为它成为与试验室、研究室有关的场所。……一座花园就能成为场所，可在此注入意义，竭诚尽心。"康开始设想的花园有两排高高的白杨指向大海。1965年，他邀请路易斯·巴拉干（Luis Barragán，1902—1988年）来参观已经建好的两座实验楼时，巴拉干对着实验楼之间的泥泞说："不要树，不要花，也不要泥土。绝对的空无一物——一个广场……在最远的端头，你会看到海天一线。"康立刻理解了巴拉干的意图，放弃了原先的想法，在纯净的灰华石的中央"庭院"里，只留下一涓细细的流水，展现在人们面前的景象如他1963年在耶鲁大学的一次演讲中所言：建筑学就是创造自然所无法创造的（Architecture is what nature cannot make）。这就是康的神来之笔。

萨尔克生物研究所最神奇的地方在于实验室的柚木墙板和窗扉之间的"庭院"，从这里可以远眺太平洋，当人们站在这个空旷的凹形空间中，脚边的一条涓涓流水不断地向太平洋缓缓流去，两侧的混凝土墙和柚木窗所形成的排列整齐的立面，使人们站在"庭院"里，在冥冥中会想到古罗马的庞贝与西西里帕埃斯图姆赫拉神庙，浩瀚无边的太平洋和蓝色的天穹，让人们深感人类的渺小从而会产生一种类似宗教的神圣感。

在设计这个立面时，路易斯·康发展了他的"墙的理论"，他采用了外层墙和内层墙来解决眩光的问题。外层和内层成为两层"皮"，两层"皮"之间的空间，若是留得宽些，可以进行真正的户外活动，若是窄些，也可以有隔热保温的作用。在这里，应用了两种石材——混凝土和灰华石，康在混凝土里面添加了火山灰，使两种材料的颜色非常协调。而柚木作为一种"填充材料"，通过清晰光滑的节点把各自材料区分出来。康说："我终于明白，每一扇窗前都要有一片独立的墙相对而立。这堵墙从天空敞开的洞口接受阳光，因此可以减轻窗户的眩光，但又不挡视线。"有人认为，这个斜的挡土墙是出自柯布西耶在昌迪加尔设计的"遮阳板装置"墙体，它与建筑的轮廓线结合在一起，其边界构成了立面上的竖直线条系统，从而与三层木窗组合在一起形成了一种雕塑般的效果；但这里的斜墙更为重要的作用是作为房间扩展向太平洋的附加元素而存在的。

路易斯·康被后人称为"建筑圣哲"，他是20世纪后叶最伟大、最有影响力的建筑学家，但在他的那个时代却没有被人们认识。不仅他的建筑设计总是莫名其妙地充满了宗教感和悲悯感，而且他的无视名利的纯艺术建筑与唯利是图的物质主义社会总是背道而驰，所以直到晚年方才大器晚成，他的重要作品主要集中于1960年代，那时康已经是60岁的老人了。康所创造的建筑的特点就是充满了宗教的神圣与神秘感，在他的建筑和空间里，人性和神性并存。他是现代的宗教建筑艺术大师，毫不逊色于米开朗琪罗、拉斐尔或贝尔尼尼，后者用宗教建筑艺术开创了建筑艺术的历史，而康则用回归原始形态的宗教意义和人性精神内涵的建筑学理念使建筑学从现代跨进了后现代的时代，康是连接两个不同时代的人。

在路易斯·康那里，形式具有更深层的含义，等同于建筑意愿的本质，设计的目的就是体现它。1961年，他把内在的形式和外在的设计称之为"规律"和"规则"；1963年称之为"信仰"和"手段"；1967年称之为"存在"和"表现"；最后，他找到了最钟爱的称谓"形式"与"秩序""静谧"与"光明"。以一种近乎宗教的虔诚，康抨击他曾热烈支持的社会责任派建筑师，用工具理性泯灭人类精神价值。在一个讲求实际的社会里，这样的康显得不可理喻，当他会见耶鲁大学校长的时候，他的朋友不得不"扮演他和他们之间中间人之类的角色，努力让他们相信这个家伙不是个疯狂的诗人"。但美国人认为康是他们的骄傲，1971年美国建筑师协会授予他金奖。

1992年，萨尔克生物研究所获美国建筑师协会25年奖。同年，在该研究所前面的小丛林里一座新楼破土兴建，新楼由美国NBBJ建筑师事务所设计。新的设计不再使用柚木，而是采取了钢材与素混凝土的材料对比方式，仍然延续着康的思想。

图1　面对太平洋没有树木的“花园”及小溪

图2　水景尽头的石凳

图3　从太平洋侧看科学家“思考间隔”建筑

图4　“思考间隔”的柚木窗

图5　向太平洋侧望去的墙面

2.42 金贝尔艺术博物馆

美国沃斯堡

路易斯·康 1966—1972

□Louis I. Kahn □Kimbell Art Museum

金贝尔是一位工业家，又是金贝尔艺术基金会的创立人，于1964年去世。金贝尔艺术基金会于1966年委托路易斯·康设计金贝尔艺术博物馆。沃斯堡市政当局捐赠了博物馆用地，博物馆用地位于城市文化中心的公共建筑群之中，在约3.8万 m^2的范围内，集中了4座博物馆、3座剧院建筑。从1966年10月到1969年春，路易斯·康做了3个典型的方案：方形、H形和C形的平面组合，最后康采用C形平面组合方案。金贝尔艺术博物馆于1969年开工，于1972年10月4日正式开放。

金贝尔艺术博物馆三面被道路环绕，建在公园一端的小树林内，总面积约为11 148 m^2，南北向总长度约97 m，宽度约53 m（2个拱棚），狭窄的中心部分宽度为约35 m（3个拱棚），整个建筑群有13个拱棚，除去2个翼廊，实际地面展厅只有11个拱棚。地面展厅高度约为6 m，若从地下室的地基算起到拱顶的高度则约13 m。

根据C形方案，西侧的地形较高，处理成步行入口通道。在南北两翼的西端各有一个拱棚作为前廊，它们是C形建筑群的两个伸出的翼，从这里可以通过中间入口庭院进入展厅和地下室相通的楼梯间，翼廊的前面是意大利风格的喷泉和水池。对此康解释说:“翼廊并不承担悬挂艺术品的任务，它们是为建筑而存在的。”这句话表达了这样的设计理念：当参观者从远处走来时，翼廊会让他们想起古罗马的建筑。南北两块地下半层的室外空地中，北侧靠近道路的空地作为停车场，而南侧的空地做成花园，供人们休息、开音乐会和舞会。进出博物馆的观众由这两个方向，通过平缓的台阶坡道抵达入口广场。

康说：“混凝土和变质岩板，使建筑物看上去浑然一体，当然，并非全部如此。……混凝土是结构用材，而变质岩板则作为填充物。”博物馆外墙的材料虽然颜色不同，但在特征上面十分相似，大块石材和填充物所构成的整体墙面给人以古罗马建筑的恢宏感觉。

在金贝尔艺术博物馆方案发展过程之初，路易斯·康采用了组合方案，即采用一个标准的结构单元组合成博物馆的各个空间。康用一个由四根柱梁支撑的摆线形拱壳作为结构单元，在壳的中央留一条纵长的采光缝。康说：“窗户会导致眩光，因此不考虑设窗。然而，从上面洒落的日光是唯一可以接受的光照。于是‘窗’就变成了一条缝，改善光照的装置就放在拱的下面。”对这个改善照明的装置，康和他的工程师和光学顾问整整进行了两年的分析、试验研究。只要让通过缝隙射入的光线能够均匀地漫射到展厅的墙面上，就达到了目的。但康认为这还不行，他希望观众在博物馆内欣赏美术作品时不受眩光的干扰，同时也不至于完全与外界隔绝。“设计空间就是设计光亮。”“我们是阳光养育的，由于有了阳光才有了四季的变化。我们只认知这个由阳光唤醒的（物质）世界，因此可以认为物质是耗费了的光。于我而言，自然光是唯一的光，因为它有情调，它提供了我们共识的基础，它使我们能够接触到永恒。自然光是唯一能够形成建筑艺术的光。”

“拱形结构的特性是，展厅房间的上部是拱脚高度上的空间，下部空间从上部空间间接采光。拱形的房间，没有隔断，是一个完整的房间。可以说，房间的特性就在于它总具有完整性。”“我脑海中尽是罗马的伟大，那些拱顶如蚀板画一般映入我的脑海。虽然我还未能驾驭它，却已是呼之欲出了。”

展厅的结构也具有独到的特点：东侧的拱棚展厅之间有约76.2 cm的狭缝，从而打破了筒式管拱展厅的连续性，然而地面层展厅的各个拱棚都是相通的，参观者可以自由地从这个展厅走到另一个展厅。拱脚的混凝土结构通过后张法用高强度钢丝加强了自身刚度，拱壳脚部的四个支撑梁与各个管棚端部的封口形成了一个框架，共同支撑了拱所产生的侧向力，从而保证了管棚结构完整性要求。拱壳的竖向荷载再通过支撑梁与剪力墙传布到地基上去。

康说：“一名建筑师最富价值的奉献是顺乎自然的实践。一名建筑师最大的乐趣在于他明白自己已经从单一的直觉中走出来，懂得了某种东西。”金贝尔艺术博物馆不但使康懂得了艺术的魅力，也使普通人受到了艺术魅力的感染。

金贝尔艺术博物馆在建筑美学上的意义在于它将一个整体的建筑结构通过单独而又连续的拱顶结构加以表现，将古典建筑艺术之美巧妙地运用到现代建筑上，这种混合型的空间形式会使人们产生一种神圣感。当人们在远处看到这个博物馆时，产生的是古罗马哈德良别墅或文艺复兴时期连拱建筑结构的怀旧感觉；可当人们进入内部，看到的却是一个个管形展厅，精巧、细腻、别致而又相互连通。这就是美国人对金贝尔艺术博物馆情有独钟的原因吧！难怪安藤忠雄在沃斯堡市设计的美术馆，由于靠金贝尔艺术博物馆太近，受到美国人的非议——它太神圣了，任何别的建筑在它面前都会黯然失色。

有趣的是伦佐·皮亚诺接受了对金贝尔艺术博物馆的扩建工程的设计任务，伦佐·皮亚诺建造了一座巧妙呼应原建筑语境的新展馆，对路易斯·康的标志性博物馆做出回应。

图1　金贝尔艺术博物馆南侧连拱全貌

图2　金贝尔艺术博物馆西侧伸出的翼拱与水池

图5　金贝尔艺术博物馆室内

图3　金贝尔艺术博物馆东入口前的雕塑

图6　金贝尔艺术博物馆的摆线拱顶的反光

图4　金贝尔艺术博物馆拱棚间的狭缝

图7　金贝尔艺术博物馆西入口图书馆和地下室楼梯

2.43 台北101大楼

中国台北

李祖原 1999—2004

□C. Y. Lee □Taipei 101 Tower

李祖原

设计一个有代表性的超高层建筑，最难的不是建筑技术的应用，而是文化的表现。在区域文化和国际文化中求得平衡，并找寻最适当的原创性造型和象征意义。高层建筑在西方象征着对未知的崇仰、征服和追求。在东方则代表着对未来的宽阔的视野和包容。“登高”是为了“望远”。高不是一蹴而就，而是渐渐成长，自然地层层生长，宛如花开般节节登至顶峰。这样的思考，成就了全球独特的多节式的超高层摩天大楼——台北101大楼。

台湾处于太平洋地震带上面，台北虽然处于盆地之中，但每年 6 级以上的地震会发生几次，所以在台湾，很少看见摩天大楼。正因为如此，101大楼的出现，满足了台湾人对于摩天大楼这种标志性建筑的渴望。它在2004年建成时，是当时世界第一高的摩天大楼，大厦顶端高度为508 m，取代马来西亚吉隆坡石油双塔的452 m记录；楼顶的高度为449.2 m，取代美国芝加哥西尔斯大厦的442 m的记录 ；最高楼层地板高度为439.2 m，也取代西尔斯大厦的记录。

台北101大楼为大型多功能综合开发项目，其主要业务为金融业务。它的基地面积达3万 m^2，是台北市繁华地段中绝无仅有的大规模的方整地块。为了给市民提供活动休息的空间，该项目的开发建筑红线后退了35 m，创造开放的公共空间可达2.5万m^2，建筑密度仅为49.8%。

台北101大楼原名是台北国际金融中心（Taipei Financial Center），由于共有101层楼，被老百姓俗称为101大楼。大楼主塔部分各层面积为1 403~2 395 m^2。为提高抗风能力，并保障安全和机电供应效率，大楼每八层楼设置一个机械层，总共有11个机械层。大楼顶部为通信塔，以适应信息时代的要求。

台北101大楼为SRC钢骨加高强度混凝土结构。全部建筑的外墙均采用玻璃幕墙，使用隔热清水玻璃，但在底部采用石材，101大楼地下有五层，全面开挖。单层面积达2.4万 m^2，楼基内安放蓄水槽，以提供高效节能的空调系统。裙楼有五层楼高，单层面积达1.46万 m^2，作为台北101大楼的购物中心使用。裙楼上部有42 m的玻璃采光罩，覆盖2 887 m^2的室内广场，成为台北市最大的室内公共空间。其他楼层则以挑空楼道贯穿店面，提供悠闲舒适的购物空间。

从建筑设计的角度看，台北101大楼由以下几个特点：

①台北101大楼在艺术风格与人文内涵方面与中国地域文化密切相关。超越单一体

量的设计观，以中国人的吉祥数字8作为设计单元，层层相叠，构筑整体。在外观上形成有节奏的律动美感，开创了国际高层大楼的新风格，多节式外观，宛若劲竹节节高升，柔韧有余，象征着生生不息的中国传统建筑意涵。

内斜7°的建筑外墙面，层层向上扩增；采用高科技材质及创意照明，并利用透明材料造成视觉穿透效果，与自然和周围环境呼应。斜立面与多层次结构有如鲜花绽放、富贵饱满。不同高度展现不同视野，实现“一花一世界，一台一如来，台台是世界，步步是未来”的东方原创理念。建筑师李祖原为台北101大楼是当时世界第一高楼而倍感自豪！

②台湾位于地震带上，在台北盆地的范围内又有三条小断层。为了兴建台北101大楼，这个建筑的设计必须能够防止强震的破坏。另外，台湾每年夏天都会受到太平洋上形成的台风影响。因此，防震和防风是台北101大楼所需克服的两大问题。为了评估地震对台北101大楼所产生的影响，地质学家陈斗生开始探查基地附近的地质结构。在探钻4号孔时，他发现距台北101大楼200 m左右有一处10 m厚的断层。依据这些资料，台湾地震工程研究中心建立了大小不同的模型，来模拟地震发生时大楼可能发生的情形。

在抗震设计上，台北101大楼采用了建筑规范要求的超高层建筑防震要求的抗震设计以及1 000年的耐震强度设计，而实际可承受2 500年一遇的10级以上的大地震；在抗风设计上，台北101大楼则可承受17级以上的强烈台风。台北101大楼的一项重要抗震技术就是采用了特殊设计的“调谐质量阻尼器”（Tuned Mass Damper，又称“调质阻尼器”），该阻尼器是在大楼88~92层悬挂的一个重达660 t的巨大钢球，利用巨大质量的钢球所产生的滞后与反向摆动减缓建筑物的晃动幅度（即当高楼向一侧摆动时，钢球要有一个滞后，由惯性“拉住”大楼；当大厦摆到极端位置再向回摆时，球才开始向这个方向摆去，于是抵消了楼的摆动应力）。在钢球的四周安装了许多液压小孔阻尼器，使钢球的摆动速度与相位正好能够起到减小大厦摆动的作用。这是世界上最大的阻尼器，也是唯一开放让游客参观的巨型阻尼器。为了尽量减少由于风震引起的疲劳，在塔尖里还摆放了两个条状的阻尼器，用以减少钢结构的疲劳应力。

自动计算的摇晃幅度使建筑在微风中也能自行调整方向，确保大楼内工作人员的舒适性。大楼外形的锯齿状，经由风洞测试，也能够减少30%~40%由风所产生的摇晃幅度。以每9层为一构造空间，使超高层大楼的结构有如一栋11层的组合建筑，可获得最大的稳定性。

③台北101大楼的地基工程总共进行了15个月，为确保大楼的抗震要求，大楼下部基础由382根群桩组成，基桩平均长度为71 m，打入岩盘的深度有33 m，然后将钢筋笼深深地插入岩盘内，再用混凝土将桩与岩盘连成一个整体。中心的巨柱为双管桶形柱结构，外管为钢结构，内管为钢筋混凝土结构。整个大楼为矩形箱型钢梁和H型钢的多层钢结构框架系统，钢结构的焊接用了约两年的时间。台北101大楼使用的钢材至少有5种不同类型，依不同部位所设计，特别调制的混凝土，比一般混凝土强度提高60%。为了抗震，台北101大楼还采用新式的“巨型结构”（Megastructure），在大楼的四个外侧各有两根矩形巨柱，共8根巨柱，每根巨柱截面长3 m、宽2.4 m，自地下5层贯通至地上90层，柱的外壳为厚度80 mm的钢板，柱内灌入高强度混凝土。矩形柱与中央桶形柱由层层钢结构连接在一起，大大地加强了大楼的抗震抗风能力。

④台北101大楼运用了许多当时摩天大楼中最先进的技术。大楼内使用了光纤和卫星网络连线，其每秒的传输速率最高可达1 GB。整个大楼内共有电梯61部，此外，日本东芝公司制造了两台当时全世界最快的电梯。台北101大楼的89层为室内观景台，91层为室外观景台。观景台售票处、电梯入口设在5层。共有2部电梯可直达观景台，它们是当时吉尼斯世界纪录中最快速的电梯，其上行最高速度为1 010 m / min，相当于60 km / h，从1层到89层的室内观景台，只需39 s；从5层到89层的室内观景台，只需

37 s。下行最高速度可达600 m / min，由89层下行至5层仅需46 s，至1层仅需48 s。另外，它也是当时世界最长行程的室内电梯。此电梯由美国电梯顾问公司勒奇贝茨合伙人公司（Lerch，Bates and Associates）规划，日本东芝公司与中国台湾崇友公司合作制造。在89层的室内观景台展示电梯模型。

台北101大楼的9~84层为出租办公室，其中35、36、59、60层为“空中大厅”，将整栋大楼分为低、中、高楼段三个区域，大厅楼层提供便利商店、邮局、管理办公室等设施，其中于2006年5月19日开幕的全家便利商店为当时世界最高楼层的便利商店。36层设有国际会议中心，提供会议服务。84层为“风云会”，为多功能活动场地。

⑤办公大楼采用全球首创的“访客通行卡系统”（VAKS），该系统由德国西门子公司设计制作。来访客人先利用通行卡机与租户联系，得到授权后进入大楼。租户摄影留下访客影像后，即可授权发放通行卡。访客利用该临时通行卡进入大楼，搭乘双层电梯到达参访楼层。访客通行卡使用磁条插卡式，承租单位员工通行卡则使用感应式。

此外大楼设计了“电梯预叫系统”，乘客可于电梯未到达前，以大楼电梯外的按钮指定欲到达的楼层，在电梯内不必排队按键。在非上班时间，承租单位员工必须利用通行卡才能启动大楼电梯，使电梯得以运作，以保障大楼内部安全。台北101大楼也有电梯布置系统图及电梯通行系统显示图，以方便乘客查询电梯相关资讯。

台北101大楼现在已成为台湾的标志，每逢有大事件或过年过节，大楼上面会以节日为主题在外墙以灯光表现特殊的文字或图形。例如：2005年4月19日，用灯光打出质能互换公式（$E=mc^2$），庆祝爱因斯坦提出狭义相对论发表一百周年；2007年母亲节前夕，显示“母亲”的字样等等。从2004年起，每到元旦与春节，人们都会在大楼上放焰火。2008年元旦，烟火演出时间188 s，倒数计时同样以小型烟火逐层射出，烟火数量则比2007年多了3 000发，共有12 000发；在烟火节目中依序在大楼外墙打上“2008”“TAIWAN”字样，其中“I”上还有爱心图样。

台北101大楼建造的年代正是台湾经济比较繁荣的时期，高大的摩天楼在当时成了一种地域标志。这种思想在此后几年中仍然在影响着一些经济发达的国家和地区，例如由SOM设计的高达828 m的迪拜塔（2009年竣工），由圣地亚哥・卡拉特拉瓦设计的芝加哥螺旋塔（610 m），以及于2009年开工由美国金斯勒建筑事务所设计的高达632 m的上海中心大厦。这些愈来愈高的大厦在技术上主要需要解决抗风抗震的问题，依照目前的技术水平，这是完全可以做到的；然而高耸的大厦除彰显地域经济实力外，不仅带来三维生态环境问题，也会给地区带来负面影响，例如有多高的楼，地面就要有多宽的服务设施区域，由此带来交通等其他城市生态问题。此外由于恐怖主义势力一直没有得到有效的抑制，纽约世贸大厦被毁的“9・11”事件使人们依然心有余悸，所以许多专家认为超高层建筑不可以再进行攀比。从建筑美学上看，高层建筑要与周围的建筑地域环境相协调，不是高就是好，在这点上美国纽约世贸大厦原址上由丹尼尔・李伯斯金主持设计的自由塔方案就显得比较适宜，主塔高度1 776 ft（表示美国建国年），合计541.3 m，而主楼高度则与原先世贸大厦高度一致，仍为417 m；此外在周围还有几座较矮的楼群与之相衬，使这个建筑群不显得突兀，对纽约曼哈顿的天际线没有明显的影响。

图1　台北101大楼远眺

图2　台北101大楼的金融标志

图3　台北101大楼的尖塔

图4　台北101大楼的调谐质量阻尼器

图5　台北101大楼底部的“金钱”雕塑

2.44 阿克伦美术馆加建

美国萨米特

蓝天组 2001—2006

□Coop Himmelblau □Akron Art Museum Extension

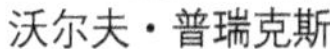

沃尔夫·普瑞克斯

海默特·斯维茨斯基

2001年，蓝天组在阿克伦美术馆的加建方案竞赛中获得优胜。阿克伦美术馆的老馆原是1899年建造的一所邮局，该建筑为意大利文艺复兴时期建筑风格的杰出范例，它目前已列入国家历史名胜，后来该建筑改成博物馆。老建筑建筑面积为1 951 m^2，加建的部分面积为5 881 m^2。

蓝天组认为，如今的博物馆不再仅仅是知识的储藏库，而是代表着一个城市的观念。未来的博物馆将成为城市中的三维标志，传达着视觉世界的内容。阿克伦美术馆的加建部分可分为三部分：水晶体、陈列室和“云”屋顶。方案显示了蓝天组在处理新旧建筑关系中的独特手法：新建筑和旧建筑以一种动态的和亲密的相互交错构成一个整体。水晶为一个3层玻璃和钢铁大厅，是形成与老美术馆视觉冲击的一个空间焦点，同时也具有室内广场的作用。陈列室为由铝复合板围合的弯曲的展览空间，约16 m长的悬臂漂浮在它的上空。“云”屋顶的一个约100 m长的悬臂钢支架向外伸展，拥抱着新老建筑和街道的一部分。

水晶体既标志出了美术馆的主入口，也为到来的参观者指引通往新馆和旧馆不同功能的部分，比如礼堂、教室、咖啡厅和书店等。同样的，陈列室也负担着多重功能，它既是一个大展览空间，也是一个舒展流动的城市雕塑公园。

“云”屋顶盘绕在建筑的顶部，为博物馆创造了一层界线模糊的膜。它在室外围合出了一些阴凉的内部空间，同时也成为城市天际线中的标志。这个项目于2003年动工，2006年竣工。

蓝天组以“造云者”自居。Himmelblau一词源于德语，“Himmel”在德语中是指“天空”，“blau”是蓝色，而“bau”是建筑。蓝天组由沃尔夫·普瑞克斯和赫尔穆特·斯维茨斯基于1968年在维也纳创立，他们宣称“蓝天”并不代表一种色彩，而是表示一种建筑理念，即像云那样不断变化。这两位创始人于1940年代分别出生于奥地利的维也纳和波兰的波兹南。他们被称为建筑界的“摇滚乐歌手”，他们将普通的建筑元素通过急剧变化的组合手法来产生冲突、不调和、戏剧化的形体。他们声称，正是维也纳公众对1960年代平庸乏味得像容器和泡沫的建筑的反感，驱使他们去做出更具挑战性的设计。“我们的建筑就像笼子里的野兽一样躁动。”“我们的建筑就像我们所处的时代一样粗鲁不堪。”

蓝天组在20世纪的主要建筑作品是体量巨大的德累斯顿UFA水晶宫电影院

（1993—1997年），该建筑部分像他们早期的作品，部分像他们曾经厌恶的1970年代的公共建筑。从地面“长”出的倾斜的巨大玻璃体和清水混凝土形成强烈对比，变化丰富的空间仍然服从于结构的规则和逻辑的合理性。该建筑竣工后，获得了1999年混凝土建筑奖、1999年德国建筑奖和2001年欧洲钢结构设计奖。2008年，蓝天组设计的慕尼黑巴伐利亚发动机厂（BMW）博物馆竣工，成为又一个“云”的建筑，继续着他们像云一样的不断变化的设计理念。

图1　阿克伦美术馆新馆水晶体展厅内景

图2　阿克伦美术馆的新老馆

图3　阿克伦美术馆新馆的水晶体展厅外景

图4　阿克伦美术馆新馆的陈列室和“云”屋顶

2.45 斯图加特国立美术馆新馆

詹姆斯・斯特林　1977—1984
□James Sterling □New State Gallery，Stuttgart

詹姆斯・斯特林

斯图加特国立美术馆新馆位于1838年建成的欧根街老馆旁边，在1984年建成时轰动一时。新馆包括美术陈列室、图书馆、音乐楼、剧场等文化艺术用房及服务设施，平面布局及建筑形体复杂多样。斯图加特国立美术馆新馆由英国的后现代主义建筑大师、1981年普利策建筑奖获得者詹姆斯・斯特林设计。斯图加特国立美术馆新馆是斯特林建筑生涯中最重要的作品之一，也是1980年代主要的建筑成就之一，被建筑史学家称为戏谑的古典主义建筑的代表作品，在现代建筑史上具有特殊的地位。在该设计中，斯特林对当时几位设计师们的不同见解加以综合概括，这在当时也是为数不多的做法。

一般来说，博物馆类建筑或多或少都会带有一些较为严肃的纪念意义，为了使建筑带有纪念性，习惯上建筑师都会使用大尺度、轴线、中心对称这些常见的手法，但斯特林并不想把这个美术馆按照德国传统的严肃的建筑形式做成方方正正的纪念性建筑，以取悦当时的当权者，反而运用了一种更为大众化和诙谐的方式去表达自己对美术馆建筑的理解。虽然他在整体上仍然大面积地使用了和相邻传统建筑相同的外墙，以谋求和周边环境的协调。但涂上鲜艳颜色的换气管、带有构成主义痕迹和高技派的味道的入口雨篷、柯布西耶惯用的粗野主义的素混凝土排水口、粗大的管状扶手等等细部，以及门厅轻巧明快的曲面玻璃幕墙，轻快的节奏抵消了巨大而厚重的墙体所产生的严肃和压力。

设计还非同寻常地进行了创新：位于中心位置的钢制雨篷涂成红蓝两种颜色，使博物馆主入口引人注目；右侧经由电梯，左侧经由坡道可走进博物馆的入口，超大尺度的彩色扶手则在坡道中占有主导地位。美术馆坐落在一边高、一边低的坡面上，如果从背面沿着一个环形的中庭下山，可以直接到达美术馆的主入口。由于第二次世界大战后整个斯图加特几乎全被夷为平地，战后城市重建又进一步破坏了原有的环境，所以怎样将新建的建筑物融入现实的建筑环境里，成为德国政府非常看重的方面。当时政府的要求是在建筑物所在的地段设置一条公共走廊，后来这个条件成就了斯特林圆形下沉式中庭的构思。这个顺应地形所设置的古罗马式的中庭是詹姆斯・斯特林美术馆设计中最精彩之处。

该美术馆设计有两大特点：其一，斯特林将位于中心由光面花岗岩和大理石砌筑的古罗马斗兽场、古埃及神庙的圆形庭院、爱奥尼式门柱及雕塑等古代元素同现代构成主义的雨篷、高技派的玻璃墙和管道、大众商业化的室内顶棚等现代元素并置为一体，各种元素相互碰撞，制造出了一种富有魅力的“杂乱无章”的感觉，构成了一个特殊的和谐的建筑群体。同时他的设计并没有摒弃历史文脉，只不过他不再使用传统的、软绵绵的、弯曲的融会方式，取而代之，他采取有力的、古今风格呼应的形式。从风格上来说，斯特林把象征古典主义而且比例优美的罗马柱变成了又矮又胖的柱墩，对传统的嘲弄似乎更甚于对传统的尊重。设计很好地完成了城市中心区的美术馆建筑所面临的“任务”，即在树立自身形象的同时，还要重视市民的参与性。新馆将这一问题的解决体现在建筑空间与街道形态的融合与优化上，并成功地推行了一种带有露天雕塑广场，室内外相结合的、与城市生活互动的美术馆模式。新馆通过一条自东向西绕过建筑中央下沉庭院的公共步行道，将建筑两侧有高差的道路联系起来。这条步行道结合直线与曲线的坡道在不断变化之中与下沉庭院的雕塑艺术品相遇，成为一条充满趣味的交通路线，使市民能够更多地感受到美术馆的艺术魅力。

进入室内是以绿色为主色调的门厅。这里的设计很人性化，在门厅旁边设置了弧形的条形座椅，游客很喜欢坐在上面闲聊。与惯用的传统正规的光滑石材不同，斯特林在这里使用了原色的绿色橡胶地面。以明快和鲜艳的色彩为主导的室内设计，让人觉得逛美术馆不再是一件很严肃的事情，反而有一种类似在商店购物的轻松心情。根据他本人的解释，这是在提醒新的美术馆已经成为一个大众娱乐的场所，而且艺术和展览还具有商业性的一面。在20年后，盖里在毕尔巴鄂古根海姆博物馆中将这种倾向发挥到极致。

1970年代，是国际主义建筑风格千篇一律的玻璃方盒子充斥世界每个角落的年代，对城市环境和传统的深刻理解，以及各种富有灵气的想法，或许都是斯特林能在斯图加特国立美术馆新馆的设计竞赛中胜出的原因。但后现代主义这种矛盾性和混杂性一下子难以让人们接受，这个方案在当时曾经引起很大的争议，斯特林也受到了德国国内著名建筑师的抨击，其中包括在竞赛中落选的德国建筑师弗雷・奥托和冈特・贝尼施等人。不过事实胜于雄辩，无论从参观人数还是从公众对建筑物的使用评价上看，这都是一件非常成功的作品，也是给欧洲旅行者印象最深刻的博物馆之一。

建筑语言和风格的混用融合本是常有之事，但基本上仍坚守着对和谐与统一的追求，可是在这里詹姆斯・斯特林将它们清清楚楚且明目张胆地全部拼贴在一起，任凭各种成分互相碰撞，各种符号混杂并存，完全不理会美学对一件作品完整性的要求，充分体现了后现代派所追求的矛盾与混杂性，让人在荒谬错愕的感觉之中趣味盎然。

建筑史家弗兰姆普敦认为：斯特林……是取自现代博物馆管理的信念，即认为在今天，博物馆不仅是教育的机构，同时也是一个分心和娱乐的场所，后者说明了国家美术馆中总的纪念性被某种构成主义叙事（如戏剧性起伏的幕墙、尺寸过大的栏杆、轻型钢管制成的象征性小品等一整套色彩鲜艳、形同玩具的吸引路人的设计）所中和的原因。

欣赏完这个庞然的具有艺术性的建筑之后，再去参观馆内珍品收藏更有一番风趣。15个展厅展出大量现代艺术品，其中十分重要的斯特格曼馆（Steegmann Collection）收藏有巴博罗・毕加索（Pablo Picasso）、阿尔佩托・杰克梅蒂（Alberto Giacometti）和保罗・克利（Paul Klee）的作品，而毕加索的作品更是在馆内被经常性展览，从“蓝色时期”到1960年代的部分艺术作品展现了这位画家各个时期的创作，较著名的有《杂耍艺人》（*Gaukler*）、《母与子》（*Mutter Mtt Kind*）和《蹲在地上的人》（*Kauernde*）。版画馆的收藏领域更是广泛，有素描、水彩、抽象拼贴画、版画、图书、广告画和摄影作品等。

斯图加特国立美术馆新馆肯定算不上世界上最顶尖的建筑，但建筑空间的处理手法独特。它使得市民在回家和上班的路上无须绕过这个庞大的建筑群体，让市民可以穿过这个由世界顶级建筑大师为他们精心设计的庭院，而围绕庭院的环廊也是建筑师在过去老路的基础上新建的。它尽可能地尊重当地居民原有的通行方式。这种在纷乱的城市内部安插了一座既不影响交通，又可以休闲、令人赏心悦目的美术馆的做法看上去不起眼，却很少有建筑师能够做到。

图1　斯图加特国立美术馆新馆鸟瞰

图2　斯图加特国立美术馆新馆前厅

图3　斯图加特国立美术馆新馆石砌坡道

图4　古罗马式的圆形庭院

图5　通向圆形庭院的廊道

2.46 伦敦千年穹顶

英国伦敦

理查德·罗杰斯 1997—1999

□Richard Rogers □London Millennium Dome

理查德·罗杰斯

伦敦千年穹顶（简称“穹顶”）与过去100年中的任何英国建筑相比，赢得了更多媒体的关注，以及更多公共和政治的讨论。人们只要回顾一下，便能从1851年的水晶宫的遭遇中找到相似之处。水晶宫受到来自各个领域的嘲讽、批评，最终在1851年不列颠庆典上被否定。但它们都曾经作为成功的尝试而在历史上受到过欢迎；相比之下，穹顶被认为是失败的，当涉及它未来的命运，更显得不够确定——因为7.6亿英镑的巨大工程造价所引起的本地和其他国内因素已经把它破坏了。2002年美国颇有影响的经济、商业性刊物《福布斯》杂志在对知名的建筑设计事务所和建筑评论家进行问卷调查后，评出了世界十大“最丑”建筑，千年穹顶排名第一。

伦敦千年穹顶是英国政府为了迎接21世纪而兴建的标志性建筑。设计之初，业主并没有明确规定建筑的外形。建筑师经过悉心的比较论证，决定将繁多的功能归入同一屋顶下，提出了穹顶的方案。他们主张桅杆要尽可能地高，穹顶要尽可能地大，雄心勃勃地要为伦敦创造出新的标志性建筑。穹顶所在的地点经过多次比较，从多块候选地点中被挑选出来。

就其自身而言，无论如何，对于大多数参观者来说（大约每天3.5万人次），穹顶是一个简洁的、明确的、低成本的建筑，其自身结构的组合是近乎完美的，另外，其室内具有静态陈列和动态演示、可持续使用的潜力——如果政策上允许穹顶存在，则它就有一定的市场。

穹顶的构思起源于1990年代早期，当时约翰·梅杰（John Major）政府决定建立千年委任状作为接受来自新国立奖券的资金。1996年，最终确定在格林尼治半岛北端的工业用地上建造，因为这里曾是欧洲最大的煤气厂，已荒废了多年。这一位置的选择可推动整个地区的发展，使它获得重新振兴；这本身也代表着可持续发展的观念，体现着21世纪的新的设计理念。带着对工程任务发展计划的憧憬，正在伊比利亚半岛工作的理查德·罗杰斯，在头脑里逐渐形成了与设计有关的建筑环境及其桅杆、固定绳索和屋顶等关于建筑形态的想法。这一想法后来被理查德·罗杰斯的参股人主管迈克·戴维斯（Mike Davis）发展延伸了。此工程开始于1997年6月，基础的8 000根桩施工完成后，即开始各种沟道的挖掘，场地排水沟和建筑物混凝土圈梁清晰地标示出穹顶的圆周。1 600 t钢构件于1997年8月运抵现场，它们在工地上被焊接在一起形成主桅杆，12根主桅杆于1997年10月全部竖起。1998年上半年完成了索网的建造和屋顶膜的安装。穹顶覆盖部分于1998年秋天完成，被移交给业主，之后穹顶开始为展览会做准备。穹顶内部立面布置于1999年完成。穹顶于1999年新年前夕开放。

穹顶周长为1 km，直径365 m（从锚固点计），中心高度为50 m，它由超过70 km的钢索悬吊在12根100 m高的钢桅杆上。顶棚采用圆球形的张力膜结构，膜面支承在72根辐射状的钢索上，钢索截面为2× ϕ 32 mm，这些钢索通过间距25 m的斜拉吊索与系索为桅杆所支撑，吊索与系索同时对桅杆起着稳定作用。膜结构屋面设计中的一个关键问题是要避免雨雪所形成的坑洼，穹顶的大部分屋面都比较平坦，因此膜面的支承结构径向肋条被拉索抬高于膜面，从而使雨水和雪水直接通过排水管排走。穹顶设有四个圈索桁架将钢索联成网状，径向索在周圈与悬链索相连并固定在24个锚圈点上，顶部则与12根 ϕ 48 mm钢索组成的拉环连接，拉环直径为30 m，其中设天窗供穹顶通风用。穹顶柱子间的距离比原设计加大了，这是为了使中央部分更大。穹顶，用它的建筑师的话来说："与其说它精致，还不如说它简洁、欢快，洋溢着节日气氛。"这是一个不同寻常的庞大的结构，它是以不同寻常的方式建立在经过测试的分支系统基础之上，完全超越了零部件的简单组合。该设计是一系列权衡利弊后决定的产物。穹顶由六套相同的系统组成，这些系统工作起来就像在旋转一座浮桥，只是增加了一个第三维度。这些柱子，每个都是纳尔逊纪念柱（Nelson' s Column）的两倍，令人叹为观止。每根柱子里面有一个巨大的排气扇，比地铁隧道中的排气扇大得多。然而整个穹顶结构的重量仅有1 730 t（其中薄膜重1 000 t）。这些重量最后全部集中在每根柱子的脚部，所以柱子底部采用了三角形的分叉结构，三脚架使荷载均匀地分布在钢筋混凝土底座上。

经过反复研究与试验，罗杰斯办公室决定用双层聚四氟乙烯涂层的纤维玻璃——它可以调节内部温度，由蜘蛛网缆索支撑起来，又用内部缆索的第二道网把它紧紧束住，这是一个优雅漂亮的设计。

20多年过去了，伦敦格林尼治的穹顶一度风光后已逐渐被冷落，实际情况使人们开始反思大穹顶最初的创意是否合理，它有些像理查德·巴克敏斯特·富勒（Richard Buckmister Fuller）1968年提出在整个曼哈顿地区用一个大壳将其罩起来，富勒当时的目的是防尘。将影剧、娱乐、商业等行业都安置在一个大穹顶之下，使人们被迫与自然分离，显然有悖于绿色设计理念，因此穹顶是否会寿终正寝，最后被拆除，自然成为人们更为关心的事了。

图1　伦敦千年穹顶内部

图2　伦敦千年穹顶的锚固基座与室外广场

图3　伦敦千年穹顶全景

图4　伦敦千年穹顶顶棚的安装

图5　刚建成时伦敦千年穹顶内部巨大的人体像

图6　安装时巨大的支架及三脚架

图7　露出伦敦千年穹顶的支架

2.47 乔治•蓬皮杜国家艺术和文化中心

法国巴黎

伦佐・皮亚诺 + 理查德・罗杰斯 1971—1977
□Renzo Piano + Richard Rogers □The Centre National d' A rt et de Culture Georges Pompidou

1977年在巴黎拉丁区北侧、塞纳河右岸的博堡大街，出现了一幢像化工厂房一样的建筑，这就是现代第一个高技派建筑乔治・蓬皮杜国家艺术和文化中心。

1969年，法国总统乔治・蓬皮杜为纪念带领法国于第二次世界大战时击退戴高乐总统，倡议兴建一座现代艺术馆。经过国际竞赛，从681个参与竞赛的团队中选出这个具有特殊建筑造型的怪物。这个获选作品的设计者为伦佐・皮亚诺和理查德・罗杰斯。乔治・蓬皮杜于1974年因癌症逝世，所以此建筑完工启用时被命名为乔治・蓬皮杜国家艺术和文化中心，以兹纪念。

乔治・蓬皮杜国家艺术和文化中心简称为蓬皮杜中心，位于法国首都巴黎博堡大街，兴建于1971—1977年，于1977年2月开馆。蓬皮杜中心的中心大厦平面呈矩形，南北长168 m，宽60 m，高42 m，分为6层。整座建筑占地7 500 m^2，建筑面积共10万 m^2。大厦的支架由两排横向间距为48 m的28根钢管柱构成，每侧14根，分成13个开间，每个开间宽12.8 m，横向桁架跨越整个空间并与钢管柱连接。在钢柱上还固定有向外挑出6 m的托架，可以减小横向桁架中部的弯矩，每组桁架梁的承载能力都按6层荷载考虑。在端部，每层桁架还用斜杆相连，通过这一套巧妙的方法，形成了整齐重复的立面，对于新形成的外部广场起到了完美的衬托作用。楼面在每个开间由密排的14榀小桁架群支撑，于是每一层7 m高的内部空间完全是畅通的大空间，这样的结构对于艺术展览来说真是太理想了，内部的展厅与展品可以根据不同的需要随意安排。其中除去一道防火隔墙以外，没有一根内部立柱，也没有其他固定墙面。各种使用空间由活动隔断、屏幕、家具或栏杆临时划分。设计者曾设想连楼板都可以上下移动，来调节楼层高度，但未能实现。蓬皮杜中心外貌奇特，钢结构梁、柱、桁架、拉杆以及涂上颜色的各种管线等都不加遮掩地暴露在建筑外部立面上。红色管线是交通运输设备管线，蓝色管线是空调设备管线，绿色管线是给水、排水管道，黄色管线是电气设施管线。人们从大街上可以望见复杂的建筑内部设备，五彩缤纷，琳琅满目。在面对广场一侧的建筑立面上悬挂着一条巨大的透明管状通道，里面安装有自动扶梯，作为上下楼层的主要交通工具。设计者把这些布置在建筑外面，其目的之一是使楼层内部空间不受阻隔。罗杰斯解释他的设计意图时说："我们把建筑看作同城市一样的、灵活的永远变动的框架。……它们应该适应人的不断变化的要求，以促进丰富多样的活动。"又说："建筑物应设计得使人在室内和室外都能自由自在地活动。自由和变动的性能就是房屋的艺术表现。"罗杰斯等人的这种建筑观点代表了一部分建筑师对现代生活急速变化的特点的认识和重视。就广义而言，蓬皮杜中心的建筑设计可以说是现代建筑中高技派作品的代表。蓬皮杜中心的建筑设计在国际建筑界引起广泛注意，对它的评论分歧很大。有的人赞美它是"表现了法兰西的伟大的纪念物"，有的人则指出这座艺术文化中心给人以"一种吓人的体验"，有的认为它的形象酷似炼油厂或宇宙飞船发射台。建筑评论家认为它代表了一种走向极端的、体现非确定性和最大灵活性的设计手法。

整座建筑共分为工业创造中心、大众知识图书馆、现代艺术馆以及音乐音响谐调与研究中心四大部分。南面小广场的地下有音乐和声学研究所。蓬皮杜中心打破了文化建筑所应有的设计常规，突出强调现代科学技术同文化艺术的密切关系，是现代建筑中高技派第一个典型的代表作品。

蓬皮杜中心在当时成为包括许多特点的现代世界奇迹之一：外露的构件虽然繁杂却清晰地暴露出结构和管道；拥有巨大的斜向运行的自动扶梯，以及色彩鲜明的外形与开敞的平面布置；外露复杂的管线根据用途涂刷颜色。它被认为是体现阿基格拉姆建筑设计思想的一个建筑范例，这是来源于英国的前卫派建筑思想。奥地利著名建筑家汉斯·霍莱因（Hans Hollein）指出："……他们（阿基格拉姆的倡导者）无条件地接受一种无所不包的建筑诠释……"影响最大的是他们向传统建筑观念挑战的"非建筑"（Nonbuilding）的基本观念。

现在，人们已经完全把蓬皮杜中心纳入巴黎人的大众文化生活之中，看来两位设计师对技术的信心是有道理的：设计虽然属于畅想，但却能用技术来实现。实际上，在开敞空间的灵活性方面，蓬皮杜中心树立了一个新的典范；它被设想为一个朝圣地点的巨大场景，而不是一个静止的建筑，而且以钢结构精确的装配方式将各部分结合在一起。

作为一栋艺术中心建筑，外露的钢骨结构以及复杂的管线在建成后立即引起极端的争议，由于一反巴黎的传统建筑风格，无法与周围的建筑相协调，许多巴黎市民根本无法接受；另一个争论的焦点是，这种建筑形式的主要功能是可以提供相当大的展览空间，但是有必要用这样的建筑形式来达到目的吗？这个"城市中心炼油厂"到底有什么艺术性呢？张钦楠先生在谈及"批判地域主义"时，认为蓬皮杜中心是对巴黎传统建筑文脉的"反喻"。当时，为了保护巴黎的历史风貌，对传统建筑，只能对内部进行修改，而不能改变建筑的外貌。而蓬皮杜中心将建筑内部的东西翻了出来，这种"反喻"的建筑手法，正是对巴黎地域主义的一种批判。一个可能是无意识的"反喻"来自自动楼梯上面玻璃罩上反射出巴黎市容的光辉形象。而最妙之处在于，从体量上说，蓬皮杜中心与巴黎传统建筑的文脉是一致的，因此虽然外形怪异，但与巴黎的历史建筑仍能够协调相处而不显突兀，因此可以将它看成一个巴黎市区的插入式建筑。后来建筑界将这种建筑风格称为高技派风格。在1980—1990年代，最典型的高技派建筑，除了蓬皮杜中心外，还有罗杰斯设计的伦敦劳埃德保险大厦与诺曼·福斯特设计的香港汇丰银行大厦。尽管对蓬皮杜中心有这些极端的争议，现在人们逐渐习惯了，不但不觉得怪，反而感到非常实用。从1977年2月揭幕后的两年内，蓬皮杜中心共接待了大约1 400万参观者。现在参观它的人数远远超过了埃菲尔铁塔，居法国首位。蓬皮杜中心自建成之日起，已吸引超过1.8亿人次入馆参观，它已经变成现代巴黎的象征了。

1998年，伦佐·皮亚诺获得普利策建筑奖，其评语里写道："这三所博物馆[指蓬皮杜中心、巴塞尔彼耶拉美术馆（Kumstmuseum Basel）和休斯敦梅尼尔收藏博物馆（Menil Collection Gallery）]显示了他对场地、文脉无误差的敏锐性以及对形式、形状和空间的接触掌握能力。"

图1　蓬皮杜中心远景

图2　蓬皮杜中心外面的自动扶梯

图3　蓬皮杜中心外侧的各种钢管

图5　蓬皮杜中心侧面桁架结构

图4　蓬皮杜中心展览大厅内景

图6　蓬皮杜中心侧面桁架结构细部

图7　自动扶梯内部

2.48 奥体中心体育场（鸟巢）

中国北京

雅克·赫尔佐格＋皮埃尔·德·梅隆 2003—2008

□Jacques Herzog + Pierre de Meuron □The National Olympic Stadium (Bird' s Nest)

雅克·赫尔佐格＋皮埃尔·德·梅隆

由普利策建筑奖的获得者、瑞士人雅克·赫尔佐格和皮埃尔·德·梅隆所设计建造的被称为“鸟巢”的可容纳10万名观众的北京奥体中心体育场，在第29届奥运会中出尽了风头，其中牙买加人尤塞恩·博尔特（Usain Bolt）一人打破了男子100 m、200 m两项世界纪录，俄罗斯的伊莲娜·伊辛巴耶娃（Yelena Isinbayeva）打破了女子撑竿跳的世界纪录；“鸟巢”一时成为世界人民谈论的话题。

2002年年底，两位来自瑞士的著名建筑大师雅克·赫尔佐格和皮埃尔·德·梅隆向中国建筑设计研究院发出了邀请，希望寻找一个熟悉中国文化并在专业上有国际视野的合作者，共同完成2008年北京奥运会主体育场的竞赛设计工作。设计院的领导当时毫不犹豫地推荐了李兴钢，他的作品“兴涛展示接待中心”刚刚参加了备受世界瞩目的“世界建筑奖”的角逐。

“鸟巢”体育场工程总预算为38亿人民币。建筑面积约14.5万 m^2，体育场最多可容纳10万观众，其中永久性座席8万个。体育场将能满足体育、展览、演出等多功能使用的需要。场址位于北京奥林匹克公园南部，是举行2008年奥运会开、闭幕式及田径等比赛项目的中心场地。国家体育场工程为特级体育建筑，主体结构设计使用年限100年，抗震设防烈度8度。工程主体建筑呈空间马鞍椭圆形，南北长333 m、东西宽294 m的，高69 m。主体钢结构形成整体巨型空间的马鞍形钢桁架编织式“鸟巢”结构，钢结构总用钢量为4.2万 t，混凝土看台分为上、中、下三层，看台混凝土结构为地下1层，地上7层的钢筋混凝土框架－剪力墙结构体系。钢结构与混凝土看台在上部完全脱开，互不相连，形式上相互围合，在下部坐在一个相连的基础底板上。

来自中国、美国、日本、德国、墨西哥、加拿大等9个国家和地区的13家设计企业及联合体参加了国家奥体中心体育场的竞标角逐。评委会从中选出3个优秀奖作品，然后再在其中选出最终方案。评委中近一半是当代国际著名建筑师，另外近一半是国内著名建筑师和结构工程师，还有体育专家和政府的代表。“鸟巢”方案被评审委员会以8票的绝对多数推荐作为实施方案，然后进入公众参观、评论、自由投票的程序，在北京亚运村国际会议中心展出。在公众评选中，“鸟巢”以微弱的优势领先。最后由政府拍板确定。

在“鸟巢”的设计过程中，最初的出发点是很原始的，即人在最本能的情况下，怎样盖一个房子。人们建体育场的目的是为了进行和观看体育比赛，为了这种人类的竞技本能，赫尔佐格和德·梅隆开始了设计。“鸟巢”是一个结果，而不是一个起因。法国有一句广为流传的谚语“人类除了鸟巢之外什么都能制造出来”。可见自然界中鸟巢结构的复杂程度，法国人认为这是一种大自然鬼斧神工的杰作，是人类建筑结构无法逾越的界限。

赫尔佐格和德·梅隆在设计中一直坚持的就是一种人文关照，要最大限度地让观众和运动员产生互动。这个看起来前卫的形式就是在这样基本的理念下产生的。在标准体育场的椭圆形之上，为了使最上面的观众都能够有均衡的视线，获得好的观赛条件，体育场东西两边座椅就多，南北的座椅少，东南西北连续起来就形成了一个立体的边沿起伏的碗形。这是从内而外的设计，因为他们认为“内”是体育场最为核心的，也是最需要的精心考虑的部分。然后，考虑到为观众遮挡风雨的需要及其他功能，一个外罩被建立起来，又由于看台的碗形，这个外罩就形成了一个东西高、南北低的三维起伏的形状，这样就会有更多的观众看到那惊心动魄的100 m大战。

在瑞士巴塞尔河边的赫尔佐格的那间不大的工作室里，随着思想的不断碰撞，体育场方案由内而外逐步形成：首先确定看台应该是连续均匀的碗状，让场内的观众和运动员共同激发起热烈的比赛气氛，让人群构成建筑；然后考虑应该用什么样的“外罩”把观众集散大厅和看台围罩起来；最后考虑如何通过一组组斜向的楼梯将看台与“外罩”连为一体……他们一步一步地向着具体和完美靠近。三维的图形一点点明朗起来，李兴钢说：“‘鸟巢’的碗状结构逐渐在我们三个人的脑海中成形。我们用了许多时间讨论它应该有一个怎样的‘外罩’，很幸运，最终我们找到了一种编织式的结构。”

关于体育场的外皮形状的争论反映了中西方文化的差异，这是体育场设计能否中标的关键。李兴钢认为，关于外皮及形状，中国人特有的敏感和联想也许会毁掉整个作品的立意。这并非杞人忧天，因为当初设计带盖子的“鸟巢”外形很像一个马桶或是大盖帽。这种东方传统文化的联想可能会使这个很好的设计因为中国人的一些忌讳而失败。

竞赛任务书里要求体育场有一个可开启的屋顶，他们认为这不是体育场最主要、最应该表现的东西，而是一个附属功能，因此一个最简单的像推拉窗一样开合的结构就可以了，就像多伦多罗渣士中心（Rogers Centre）那样用两条平行轨道来提供这种开合滑动的可能性。这两根轨道实际上是两根巨大的平行梁，以承载活动屋顶和承受它滑动时产生的应力。对于一个椭圆形体育场来说，屋顶的外罩应该呈放射状，它们是没有明确方向的环形，而两条平行滑轨梁却有固定的方向，这在美学上显然是矛盾的。于是有了现在的编织形式。这样可以将两条平行梁隐藏在里面，同时又具有结构上的合理性。

然而赫尔佐格和德·梅隆建筑事务所的设计并没有使用平行梁轨道，它只是简单的可开启屋顶，就像中国民间常用的折扇那样开启与合拢。这个外形乍看起来令人惊讶，但仔细琢磨，鸟巢的形状不仅让人觉得亲切，而且还给人一种安定的感觉。后来由于用钢量的增加和费用、工期等问题，“鸟巢”的建设引起了非议。2004年7月30日，刚开工不久的“鸟巢”方案便从一片赞扬之声中忽然被勒令停工修改。最后这个可以开启的屋顶被取消了，但在最初评审会时，这个“鸟巢”上的屋顶却获得评委们的好感，现在回顾起来，不能不说这个特别的屋顶设计可能就是那个微弱多数票的原因之一了。

2004年12月28日，修改设计后的“鸟巢”复工。2005年5月，混凝土结构施工完成地下部分；2005年10月28日，吊装第一根钢柱；2005年11月，混凝土主体结构施工封顶；2006年8月26日，“鸟巢”钢结构工程主体桁架梁开始合拢；2006年8月31日“鸟巢”钢结构立面次结构的26个合拢焊口全部完成焊接作业，“鸟巢”钢结构工程合拢完成；2006年9月17日，“鸟巢”整体卸载完成；2006年12月30日，主钢结构完工。

“鸟巢”的“外皮”由大量钢（斜）柱在三维的状态下进行空间拼凑，在拼凑的同时，还要照顾到这个建筑的体育场功能，实现起来难度相当大。“鸟巢”的“皮”是一个空间结构网，当所有的理论计算都完成之后，要把空间的所有节点在三维空间上控制好，如控制由托架预先添加的下沉量、对厚钢板焊接时所产生的复杂应力及变形的控制以及托架逐步卸载等等，在施工测量方面也有一系列大课题，当然在这些方面都解决得很好，充分体现了中国工程技术人员群体的智慧。

“鸟巢”的巨大钢结构网的内外各有一层膜，外层乙烯-四氟乙烯共聚物（ETFE膜）是为了防雨、风、冰雹等自然侵袭，而内层膜是一层半透明的PTFE（聚四氟乙烯）薄膜，它使赛场内的光线变得更加柔和，完全避免了阳光直射对赛场内比赛的干扰。外层膜是按钢结构的网格形状铺设的，参差不规则的膜愈加勾勒出“鸟巢”钢结构巢网刚劲的线条；而内膜半透明的浅色散射了阳光，给观众一个温馨的屋顶。这两层膜添加了运动场的色彩；观众在场外时，注意力会被“鸟巢”的外形和结构所吸引，一旦进入场内，注意力就会集中在赛场，而不是建筑上了。

作为世界级的建筑师，赫尔佐格和德·梅隆的作品往往没有什么惊人的姿态，没有曲线，没有复杂的空间，没有体量的雕塑。他们最为重视的是立面真实表皮的效果。无论是慕尼黑的安联球场，还是旧金山的德·杨艺术博物馆，或是德国埃伯斯瓦尔德应用科学大学图书馆，建筑的表皮成了建筑特征的表现形式。建筑的表现形式从“空间”转化到“表皮”，赫尔佐格认为建筑的形式和功能之间的关系就像人的皮肤和肌肉、骨骼的关系；用建筑来比喻的话，人的身体就像建筑功能，每个人按照不同的要求穿适合自己的衣服，就像创造了不同的建筑表皮一样。而衣服与建筑表皮一样是公共和私密的交接面。通过对现代主义时期建筑思想的批判，赫尔佐格和德·梅隆对表皮的喜好倾向于“衣服”的效果。4.2万 t吨钢材所制成“鸟巢”的表皮形式是过去赫尔佐格与德·梅隆从来没有涉及过的一种新的形式，这种形式正好表达了人类与自然的关系，一种归宿与和谐。

与其他建筑师们不同的另一点是他们很在意时尚。赫尔佐格说：“时尚是坏事吗？很多人认为与建筑的职责比起来，当代时尚、音乐甚至艺术都是肤浅的。但我不同意。时尚是塑造我们感觉的实践，时尚表达了我们的时代。探索时尚、音乐尤其是艺术工作，会带给我们建筑领域之外的时代的感觉。所有这些一时的要求和口味一起造就了这个时代的精神和‘我们的时代’的概念。人的一生就是在几个这样的‘时代’的层叠中穿行，在这样的空间中散步。如果你搞建筑而不潜心于你的时代——时代的音乐、时代的艺术、时代的时尚，你就不能说出你所处时代的语言。建筑师需要能表达他们时代的语言，因为建筑是公共艺术，是为公众存在的艺术。荒谬的是，只有建筑可以永远存在，只有建筑超越了种种时尚的创作。”如果从这个意义上说，“鸟巢”充分表现了这个时代的“时尚”，即第29届奥林匹克运动会的主题“同一个世界，同一个梦想”，对于当今这个显得愈来愈小的地球村、“四海之内皆兄弟”的世界大家庭的各民族兄弟都像鸟儿一样飞到自己的家园来吧！而这个“鸟巢”既是及时的（即时尚，或者说，标志了当今的一个时代），又是永恒的，这大概就是“鸟巢”远远超越了建筑本身的意义吧。

图1　“鸟巢”的屋面结构

图2 “鸟巢”全景

图3 “鸟巢”的钢结构网格与膜

图5 “鸟巢”内景

图4 “鸟巢”二层平台上纵横交错的钢结构网格节点

图6 “鸟巢”观众席

2.49 联邦总理府

阿克塞尔·舒尔特斯+夏洛特·弗兰克 1999—2001
□Axel Schultes + Charlotte Frank □Bundeskanzleramt

阿克塞尔·舒尔特斯

联邦总理府是新建柏林政府区最醒目的建筑之一。这座白色大厦是“联邦纽带”（Band des Bundes）的一部分。“联邦纽带”将两德合并后的新建建筑连在一起，同历史建筑国会大厦遥相呼应。柏林重建工作开始于德国政府为改造柏林中心区蒂尔加藤的施普雷河（Spree River）沿岸三角区而举办的国际城市规划和建筑设计大赛。柏林建筑师阿克塞尔·舒尔特斯和夏洛特·弗兰克以他们的“联邦纽带”设计从835份参赛作品中脱颖而出，成为1993年国际城市规划和建筑设计大赛的优胜者，并于1995年受命设计联邦总理府。

新总理府位于柏林市中心区，原柏林墙西侧。南北宽120 m，北侧紧靠穿城而过的施普雷河，南翼是柏林市内面积最大的“绿色之肺”——动物园森林区，正东及东南则是著名的议会大厦及其附属建筑，北面不远处就是新建的柏林新中央火车站。总理府之所以选址在此，是经过认真考虑的：其一是它居于总统府、议会和政府各部门中间位置，是德国政治的中心地点，其优势不言而喻；其二是有意凸显柏林统一后连接（德国）东西部和（世界）东西方的意义。从东向西望去，联邦总理府正门庄严、俭朴，辅以南北两翼的配楼群，陡增肃穆、凝重之感。联邦总理府的南北墙面饰以淡米色的砂岩石板，东西墙面则一色白水泥，开春后各种绿色植物攀缘其上，生机盎然。走近并不高大的金属护栏，可见被称作“迎宾庭院”的一个不大的广场和点缀其间的绿地，中央建筑室外大地毯直接将客人迎到中堂。总理府东侧的正面露出了混凝土结构，而由混凝土屋顶形成的曲线正好与下方被绷紧的编织物相对应。这里，最引人注目的当属那座名为“柏林”的巨型金属雕塑，它高5.5 m，重87.5 t，出自2002年去世的西班牙著名雕塑家爱德华多·奇利达（Eduardo Chillida）之手。雕塑的含义本应见仁见智，但通常的解释为：张开的双臂、交错的肢体寓意东西方的和解。

联邦总理府由中间的36 m高的立方体9层主楼和较低的两侧翼楼群组成。建筑上部18 m高的半圆形是主楼的标志。联邦总理府的玻璃外墙使建筑透明、宽阔，12 m高的石柱使玻璃外墙结构清晰，并且产生了内外响应的透视效果。联邦总理府主楼两翼总长335 m，为办公区。联邦总理府的大门并不高大，甚至远远小于许多公司的入口，两侧立有旗杆，用于迎接国宾。推门而入，前厅十分宽大敞亮，高度贯穿了几个楼层，在开阔的台阶前，一尊名为“女哲人”的雕塑尤为抢眼，此为艺术家马库斯·吕佩尔茨（Markus Lüpertz）的得意之作。联邦总理府内部给人的总体印象是：简洁实用，加上浓浓的艺术气息和温馨的小环境，在这里工作心情会十分愉快。联邦总理府共有370间办公室，大小相差不多，办公区占据5~8层，顶层是总理一家的居室，面积约200 m²。此外还设有国际会议厅、多功能厅、新闻发布厅、宴会厅、餐厅和图书馆等。从6层的通道可直接前往所谓“总理的后花园”，工作人员也可在此散步小憩，专用直升机场也设在这里。整个办公楼的内饰简洁、线条多变且流畅，各种几何图案形成轻松的组合，令人耳目一新。良好的采光性也是一大特点，透过宽大的落地玻璃窗，既可向外欣赏风景，也可向内看到同僚的繁忙工作。为了防止夏季室温过高，天棚和侧面的百叶窗可根据需要调整方向。置身其中，犹如在一个硕大无比的温室，各种绿色植物、花卉四季常新……据说，联邦总理府内部艺术风格和参与设计的艺术家有很大关系，从现有的陈列品看，既有古典派，也有现代派，既有德国本土的，也有外来的。因此，便有人称这里是“汇聚各种思潮的平台”。除上面提及的艺术品外，在总理办公层一侧的画廊里还可见到1949年后历任联邦总理的画像（一般在卸任后挂上，现任总理不在其列），其风格据说由当事者本人选定的某一画家决定。

在建筑内部，宽敞的门廊通向能容纳150人的国际会议大厅和政府新闻中心发布室。三层和四层包括档案馆、紧急事件监管中心、宴会厅以及厨房，其布局形如波浪，因而更具公众性和亲和力。在此以上的楼层为主执行官工作专区。这四个面积都为3 000 m²的建筑楼层以“空中游廊”为中心。“空中游廊”同时容纳通信中心，用以连接总理府各主要功能部分，比如接待和宴会区域，内阁成员和政府其他职员办公区以及用于私人会面交谈的顶层露台。从这些区域都可以望见德国国会大厦和勃兰登堡门。

在竣工仪式上建筑师舒尔特斯和弗兰克强调，虽然今天我们依然保持着关于“空间的魔力和同步性”以及“一个暗示特殊质量的年代”，但我们同时失去了能够使我们“愉悦的材质”的实施能力。为此舒尔特斯想要建造一座用不太昂贵的石头，但又是“简单的材质”的大楼。在这句话里，混凝土成为他可以自由使用的“便宜的替代品”，使他可以将精力集中在“尺度、氛围和环境的对比”上。

联邦总理府建筑群的创作反映了舒尔特斯对古代文明纪念性建筑，特别是对索菲亚大教堂和尼罗河流域的神庙的兴趣。弗里德里希·威廉·尼采（Friedrich Wilhelm Nietzcshe）评价道：“好的东西摸上去都是轻巧的，就像母牛惬意地躺在草场上那样。”这肯定是一个让人松弛的场景。联邦总理府基本曲线的布置形式形成了与正规欧几里得几何那种在规整的立方体中切出一个大圆的建筑形式形成了鲜明的对照。

联邦总理府被德国人戏称为“联邦洗衣机”，主要由于侧门的一个大圆洞与四方形立面正好是一个“西门子”洗衣机的形象。连施罗德总理都埋怨，到处都是玻璃，什么都是透明的，没有任何秘密可言，这大概也表明了两德国合并后的一种民主思想，其设计思想与议会大厦透明的穹顶和可以从穹顶看到议会开会的透明玻璃地板一样。

图1　联邦总理府正门

图2　西班牙艺术家奇利达的巨型铁质雕塑“柏林”

图3　从议会大厦楼顶看西北面的联邦总理府

图4　联邦总理府内的“空中游廊”

图6　从施普雷河上看联邦总理府的东侧建筑

图5　联邦总理府侧面的办公楼群

图7　“女哲人”的雕塑

2.50 CCTV新大楼

中国北京

大都会建筑事务所 / 雷姆・库哈斯+奥雷・舍人 2003—2009
□OMA / Rem Koolhaas+Ole Scheeren □CCTV New Building

雷姆・库哈斯

2001年7月，当萨马兰奇在莫斯科宣布2008年第29届夏季奥运会的举办城市是北京后，中国就着手对北京进行大刀阔斧的改造，以使得在2008年可以给全世界一个崭新的面貌。其中奥运会的主馆场和国家奥林匹克公园仅是其中的一部分；机场的3号航站楼、国家大剧院、CCTV新大楼以及几条地铁干线都是这个总体规划中的项目。2002年12月20日，雷姆・库哈斯领衔的荷兰大都会建筑事务所（OMA）在有KPF、SOM、伊东丰雄、多米尼克・佩罗等世界顶级建筑师和建筑事务所同场竞技的CCTV新大楼设计竞标中，成为大赢家。

一共有9位评委对上面几家竞标者的方案和中国北京、上海的方案进行评选，结果OMA、伊东丰雄和中国上海现代建筑设计（集团）有限公司三家进入第二轮评选。OMA的方案是一个变形的巨门，伊东丰雄的方案是一个有几百米直径的圆形建筑，相比之下，巨门的方案与中央商务区（CBD）的总体规划更为协调，最后，该方案以全票通过。

专家评委的意见是：这是一个不卑不亢的方案，既有鲜明的个性，又无排他性。作为一个优美、有力的雕塑形象，它既能代表新北京的形象，又可以用建筑的语言表达电视媒体的重要性和文化性，其结构方案新颖、可实施，会推动中国高层建筑的结构体系、结构思想的创造。专家评委认为能实施这一方案，不仅能树立CCTV的标志性形象，也将翻开中国建筑界新的一页。

该方案由两座楼构成，主楼的两座塔楼双向倾斜6°，在162 m高处被14层高的悬臂结构连接起来，两段悬臂分别外伸67 m和75 m，在空中合龙为“L”形空间网状结构，总体形成一个高度达234 m的扭曲的闭合环状巨门。子楼在主楼的后面，为一个变形的“L”字形大楼，竖直部分高度为160 m，作为楼群的补充，使整个楼群显得既错落有致，又相得益彰。

库哈斯在1972—1979年间，在当时建筑界很知名的昂格尔斯（Ungers）事务所以及彼得・埃森曼的纽约城市规划建筑研究室工作过，他深受埃森曼的影响。埃森曼在1992年曾为柏林设计过一座楼，它本质上仍是一个空中相连的双塔楼，但其外墙表面连续的折面，形成一个极富整体感和动感的形象：一栋塔楼自地面向上腾起，在空中扭转，自然地“变”成另一栋塔楼，然后降回地面。该设计终究未能建成，技术的难度和造价问题是导致该方案流产的重要因素之一。有趣的是，当有人询问该设计的构思时，埃森曼半开玩笑地解释道："所有的摩天楼都是垂直向上'勃起'，以显示阳具般的威力，而我坚决反对男性中心主义，所以我的摩天楼是一个单性生物。它折叠向上之后再扭曲回来，插入自身，从而可以自我繁殖、生生不息……"

当然，埃森曼的话只是一个玩笑话，但反映了他们有一个相同的观点，就是对当代不断高升的摩天大厦不以为然，显然库哈斯的方案没有采用竖直的摩天大厦的形式，而是在形式与体量上进行了变化，用一个大体量扭曲的环状巨门，避免了重复巴黎德方斯大拱门的形式，在北京创建了一种最新的建筑形式。

CCTV新大楼所面临的挑战这时已经不是它的形式，而是要完成这种形式的工程设计和施工问题。对于高层建筑结构设计方面最困难的三个问题倾斜、悬挑、扭转，CCTV新大楼占了两项：倾斜和悬挑。CCTV新大楼倾斜的方向和悬挑的方向是一致的，就更给人一种视觉上的"摇摇欲坠"感觉，增大了工程设计和施工的难度。若再考虑到高层建筑的抗震问题，它的基础的抗拔能力和斜楼的钢结构的抗拉能力与压杆稳定都是设计的难题。难怪在基础施工后不久，就有上百名院士、教授、设计师联名向国务院上书，表示了更改设计的意见。大楼的施工一度停顿，在经过几个月的反复论证后，才再度继续施工。其中主要的问题是大厦两个斜柱下部和顶部水平梁的根部的巨大的弯矩需要使用大量的钢材来克服。

现在可以从结构外部的菱形玻璃表皮的沟槽看出大厦钢结构的布置，在斜柱的下半部与悬跳梁的根部，都加密了菱形的密度，用几个小菱形取代一个大菱形的方法加大了这部分钢材的分布密度，既保证了受拉杆件的应力，同时更多地考虑到压杆的稳定性（小的菱形保证了杆件的长细比符合压杆的要求），CCTV新大楼的用钢量约14万 t，占到了30%，是"鸟巢"的3倍多，是深圳帝王大厦的5倍。一般建筑的柱子只是在地震发生往复运动时局部受拉或瞬间受拉，而CCTV新大楼塔楼由于倾斜，有些柱子是永久性受拉。为了使永久性受拉柱坚固可靠，经受得住地震和大风的侵袭，设计还采用了高强度的锚栓，把柱子牢牢地锚固在底板里。该处是大楼唯一采用进口钢材的地方，锚栓受拉承载力达到10 000 kg/cm^2，一般建筑用钢的抗拉强度是4 000~5 000 kg/cm^2。这种做法过去只用在桥梁和建筑机械中，这次却用在了房屋建筑中。CCTV新大楼的外表貌似"鱼鳞"，共10万 m^{2}的玻璃幕墙上，分布了27 400余块强烈的不规则几何图案。这些由槽钢构成的斜交叉网格打破了单调重复的玻璃墙面结构，使之成为一个独立且浮动的菱形玻璃结构体。

库哈斯说，这个大厦无论从哪个方向看都会产生不同的感觉。北京城市规划中一个新规划的中央商务区（CBD），是一片高楼云集的地区，但在这里，其他大厦的体量和高度无法与CCTV 新大楼相比，这就是OMA决定选用现在这个设计方案的缘由。奥雷·舍人说到他对于北京的城市文脉的理解时表示，北京是一座复杂而特殊的城市，它的城市尺度呈现两极化：一方面有大量的四合院，它很强调以前那种邻里、社区等传统的生存形态，另一方面就是大尺度甚至超大尺度，如故宫。北京相对缺乏中等规模、中等尺度的建筑体。

CCTV新大楼从大尺度和小尺度两个方面来融入北京城。一方面从建筑的造型、建筑的体量和外表上，体现大尺度的像摩天楼那样的气势；另一方面，在建筑的内部、功能布局和内部处理方面，非常强调CCTV的所有内部功能是一个有机的整体，强调交往、交流和合作。所谓小中见大，大中见小。当建筑体量太大，它里面就需要有丰富的内涵，实际上包容了很多细节等烦琐细微的内容，这在将来是一个很好的建筑模式。

库哈斯年轻时曾经写过一篇批评勒·柯布西耶的文章《光辉的城市》，认为曼哈顿是柯布西耶没有发现并促销的地方；而在《荒诞的曼哈顿》中批判曼哈顿"摩天楼尺度太小，而数量过多"，提倡一种大尺度、远距离、阳光充沛的光辉城市。然而这种大尺度、远距离、充满阳光的城市正是柯布西耶所提倡的一种理想，例如马赛公寓。CCTV新大楼之所以采用这样的建筑形式，从主观创意来说，是想用这样的双“Z”形环状结构来拓展建筑的横向尺度，从而在高度与宽度两个方向都可以保持“大尺度、远距离和阳光充沛”，成为柯布西耶绿色城市模式的典范。

CCTV新大楼可以同时容纳10 000人工作，还可以容纳几千位访问者，从某种程度上说，它比一个社区还要复杂，其中主楼按不同业务功能需求分为行政管理区、综合业务区、新闻制播区、播送区、节目制作区等五个区域，另有服务设施及基础设施用房，总建筑面积约为38万 m^2。电视文化中心含酒店、电视剧场、录音棚等不同功能设施，总建筑面积约为6万 m^2。其他附属配套设施主要为停车设施及警卫楼，总建筑面积约为11万 m^2。CCTV新大楼的建筑尺度非常大，大到形成了一个网络，像一个城市那样。这个垂直尺度上的巨型建筑，形成了一个能够自我完善的一个网络，自身就能够产生足够多的交往机会；这里就是一个小社会。而CBD的规划是一个平面的网络，非常强调邻里之间的关系，强调社会功能，提供充分的社会交往的空间和机会。

从2005年起，这个庞然大物就被北京老百姓称为“大裤衩”。2008年底，中国中央电视台想让它有一个更雅的“俗名”，但确实是个难题。“大裤衩”表示了老百姓对该建筑的理解。关于CCTV新大楼是否会成为北京建筑史上的一个新的坐标点，大约至少要等到许多年之后，方才会有中肯的评价。为什么北京老百姓对央视大楼有“大裤衩”的称谓，估计还是不习惯这种巨大体量建筑非常规的设计理念，即斜楼与悬挑结构对地球引力的挑战。说得不客气些，库哈斯在CCTV新大楼里不是解构了什么，而是竖起了一个反对传统“结构主义”的一个巨大的样板。100多年前，美国建筑师路易斯·沙利文曾提出的“形式服从功能”的理念，库哈斯认为：“我们可以用灵活的形式来执行我们的规则，我们可以密切关注其他人居住的环境。”2000年，在库哈斯被授予第23届普利策建筑奖时，评委会在授奖词中称赞他“界定了理论与实践，建筑学与文化状况的新关系”。CCTV新大楼的实践与其“灵活的形式”不知表现了什么样的建筑学理论，这些也只能留给日后的建筑学家们去评说了。英国《泰晤士报》在2008年评出的正在建设中的世界十个最大最重要的建筑工程，其中就有央视大楼，这些被列入的建筑工程多数规模庞大，当然也有少数颇有争议。我们不知道再过十年后，CCTV新大楼是否会像2007年普利策建筑奖获得者理查德·罗杰斯设计的伦敦千年穹顶一样，也被评为最丑的建筑之一。可能现在就是一个特殊的历史时期，建筑向着外形奇特古怪、标新立异在变化，然而历史就是不断地在“否定之否定”中向前发展，权且将CCTV新大楼看成一个时代的产物。

图1　CCTV新大楼方案图

图2　斜柱的钢结构

图3 悬跳部分合拢

图4 表皮菱形玻璃贴好后的状态

图5 从国贸大厦看CCTV新大楼

2.51　盖达尔·阿利耶夫文化中心

扎哈·哈迪德　2013
□Zaha Hadid　□Heydar Aliyev Cultural Center

扎哈·哈迪德

扎哈·哈迪德（1950—2016年），1950年出生于巴格达，是伊拉克裔英国建筑师。1972年她进入伦敦的建筑联盟学院（AA）学习建筑学，当时，她的导师是荷兰著名建筑师雷姆·库哈斯。1977年她从建筑联盟学院毕业，获得建筑联盟学院本科学位。

哈迪德的成名之路充满荆棘。尽管她很早就被称作“解构主义大师”，尽管她大胆运用几何结构，但是她说自己的解构主义不是雅克·德里达的解构主义，而是卡西米尔·赛文洛维奇·马列维奇的思想。

马列维奇从接受严谨的西方艺术美学的教育开始，后和瓦里西·康定斯基（Wassily Kandinsky）、皮特·科内利斯·蒙德里安（Piet Cornelies Mondrian）一起成为早年几何抽象主义的先锋，最终以朴实而抽象的几何形体，以及晚期的黑白或亮丽色彩的具体几何形体，创立了几乎只有他一个人独舞的至上主义艺术舞台。“模仿性的艺术必须被摧毁，就如同消灭帝国主义军队一样。”这就是他铿锵有力的表白。马列维奇的至上主义对哈迪德的艺术生涯有着很大影响。

从哈迪德的多项设计作品的构思和表达来看，她与众不同的伊斯兰文化背景显然弱于其所接受的英国式传统保守精神。但不可否认的是，她的性格之中还有着强硬、激越的一面，她的许多设计手法和观念似乎是在被阿拉伯血统中的刚劲精神热烈地鼓舞着勇往直前。与此同时，她也在一些“随形”和流动的建筑设计方案之中流露出贴近自然的浪漫品位。哈迪德在中国有许多作品，例如广州歌剧院，其实最好的还是北京大兴国际机场。该机场于2019年正式对外开放。这里选用盖达尔·阿利耶夫文化中心，以让读者对哈迪德的曲线设计形成直观的认识。尽管音乐厅不大，但被列入全球最具代表性的25个建筑之一。

盖达尔·阿利耶夫文化中心的设计在建筑四周的广场与建筑的室内空间之间建立了一种连续而流动的关系。广场，作为地面的一部分，与巴库的城市网络直接联系在一起，地面逐渐升起，围合成公共的室内空间，限定了一系列用于当代或传统阿塞拜疆文化公共集会的活动空间序列。形式上精心设计的起伏、分叉、折叠还有自由的形态使广场的表面变成一个多功能的景观建筑：欢迎、拥抱并指引参观者由不同的平面进入室内。建筑以这样开放的姿态，模糊了建筑物与城市景观之间、建筑的围护结构与城市广场之间、背景和地面之间，以及室内与室外之间的区别。

在这个项目中，最具挑战性的元素之一，无疑是建筑表皮的设计。建筑师希望能够使建筑表面连续，并表现出匀质性，为达成这一目标，需要将不同的功能、建造逻辑和技术系统全部融入建筑的围护系统中。先进的计算机技术使得大量的项目参与者能够完成连续的控制和复杂的交流过程。

空间构架系统保障了建筑自由形态的结构，并在整个施工过程中节省了时间，使基础和空间构架的刚性网格及自由形态的外部饰面接缝达成一种灵活可变的关系。这些接缝源自对建筑的复杂几何形、功能及美观的有理化过程。因为玻璃纤维混凝土（GFRC）和玻璃纤维增强聚酯（GFRP）可以满足建筑设计中的可塑性，同时适应各种状况下，包括广场、过渡区域和围护结构等不同的功能需求，因而被视为理想的饰面材料。

为了突出建筑室内外空间的连续性，设计人员对盖达尔·阿利耶夫文化中心的照明系统做了精心的设计。照明方案对建筑在白天和夜晚的效果做了区别化的设计。在白天，建筑的体量反射太阳光，这使得文化中心的外观随太阳时间和观看角度的不同，不断发生变化。半反射性玻璃营造出暧昧的效果，既不显露出室内流动的空间，同时引起参观者的好奇心。而到了夜晚，由室内照向室外表面的光逐渐改变了暧昧的特性，展现出空间的布局和内容，并维持室内外空间的流动性。

这个小小的剧院引起世界各国建筑师的极大兴趣，像这样不断扭曲变化的外表皮在哈迪德早期的其他作品中很少见到。尽管哈迪德已经驾鹤仙去，但她的作品和设计思想已经深深地留在当代建筑师的脑海里。

图1　盖达尔·阿利耶夫文化中心正面

图2　盖达尔·阿利耶夫文化中心侧面

图3　盖达尔·阿利耶夫文化中心公园

图4　盖达尔·阿利耶夫文化中心内景

图5　盖达尔·阿利耶夫文化中心弯曲的墙面

2.52 中央美术学院美术馆

中国北京

矶崎新 2008

□Arata Isozaki □Art Museum of Central Academy of Fine Arts

矶崎新

中央美术学院美术馆于2008年3月竣工，位于中央美术学院校园内，是中国最具现代化标准的美术展览馆之一。美术馆总面积为14 777 m^2，地上四层，地下二层，局部地下一层。展览及陈列面积共4 150 m^2，其中二层为固定陈列展，展示古代书画和美院资深教授的赠画藏品，以及当今中央美术学院在籍教授的作品。企划展厅设置在三层及四层，均为天光围幕的敞开式现代化展厅。三层11 m高的展厅可为当代艺术展览提供充分的展示空间。美术馆藏品库房位于地下二层，面积为1 120 m^2，采用国际最新的信息技术和数字化管理，在软硬件方面均可达到国际水准。公共服务设施主要位于一层，其中报告厅可容纳380人，为学术研讨、专题讲座及新闻发布会等提供了便利场所。其他公共服务设施还有服务台、咖啡厅、书店等。

新美术馆的三个出入口采用了大面积玻璃幕，增加了建筑的通透性，同时又满足了采光的需要。美术馆外墙覆盖灰绿色的岩板，跟建筑的灰砖颜色相协调，协调中富有变化，整个外部结构整齐和谐、层次分明。建筑物内部，在中间没有立柱，形成大面积展厅，展厅采光利用壳体的一个水平剖面形成类似月牙形采光顶，以自然采光满足对光线的要求。整个建筑外形独特，布局合理。矶崎新非常熟悉东方文化，他为中央美术学院设计的美术馆体现着东方化的特色，同时又融入现代的设计理念，难能可贵的是该部分设计与原有的深灰色的院落式建筑风格相协调，可谓国内一流佳作。

微微扭转的三维曲面体，虚实参半、天然岩板的幕墙，配以最现代性的类雕塑建筑曲线语言，展现中央美术学院内敛低调的特质，与校园内吴良镛先生设计的深灰色院落式布局的建筑直线语言形成对比，两者之间既冲突又融合。曲线语言具有现代有机属性，它所描述的形态，一方面强调了社会发展与技术支持的必然关系，另一方面又突出了人对技术的娴熟把握。“曲线语言”在视觉上所表现出的空间感，使人感受到人与建筑之间的情感寄托和回应。在中央美术学院美术馆的设计中，矶崎新使用这种具有现代有机论属性的“曲线语言”让参观者感受到建筑的自由、理想与期待。矶崎新不为技术所限定，并充分利用技术，更多地与人的精神世界相对应，涉入进行艺术创作的境界之中。中央美术学院美术馆超越历史的考验，不仅超越了前人，而且还要超越了自己。中央美术学院美术馆无论是在空间组合方面，还是在技术使用方面已由两维跨越到了三维，它的超越使建筑的有机性在这里表现得淋漓尽致。

建筑批评家范迪安这样评价矶崎新：“在国际现代主义建筑已经提供了大量遗产的条件下，他不是顺从已有的建筑观念和主义，而是以批判性的视角重审建筑的现代进程及其本质意义。在某种程度上说，他首先是一个建筑精神的探险者，他的探险精神和意志源于他对一切已有建筑秩序、规则、方法和风格的怀疑，他的目光穿越了建筑与城市、结构与规划、自我与社会的界限。”

2019年3月5日，日本著名建筑师、城市规划师与建筑学者矶崎新成为2019年度普利策建筑奖获得者，他是第46位获得普利策建筑奖的建筑师，也是获得此殊荣的第8位日本建筑师。

图1 中央美术学院美术馆

图2 中央美术学院美术馆全景

主要参考文献

1 百度百科. 阿格巴大厦［EB/OL］. [2009-06-06]. http://baike.baidu.com/view/2516495.htm.
2 百度百科. 柏林犹太博物馆［EB/OL］. [2008-11-28]. http://baike.baidu.com/view/2016268.htm.
3 百度百科. 德国斯图加特新国立美术馆［EB/OL］. [2008-10-09]. http://baike.baidu.com/view/1912387.htm.
4 百度百科. 国家体育场［EB/OL］. [2009-10-31]. http://baike.baidu.com/view/71694.htm.
5 百度百科. 金茂大厦［EB/OL］. [2009-09-29]. http://baike.baidu.com/view/163170.htm.
6 百度百科. 流水别墅［EB/OL］. [2009-09-18]. http://baike.baidu.com/view/14754.htm?fr=ala0.
7 百度百科. 千年穹顶［EB/OL］. [2008-07-06]. http://baike.baidu.com/view/1178731.htm.
8 百度百科. 乔治・蓬皮杜国家艺术文化中心［EB/OL］. [2009-04-28] .http://baike.baidu.com/view/36237.htm.
9 百度百科. 瑞士再保险塔［EB/OL］. [2009-04-23]. http://baike.baidu.com/view/465986.htm?fr=ala0.
10 百度百科. 中国国家大剧院［EB/OL］. [2009-10-02]. http://baike.baidu.com/view/1785961.htm?fr=ala0.
11 鲍威尔. 新伦敦建筑[M]. 于滨, 译. 大连: 大连理工大学出版社, 2002.
12 北京城市节奏科技发展有限公司. 理查德・迈耶作品集3[M]. 胡延利, 译. 北京: 知识产权出版社, 2004.
13 博特. 奥斯卡・尼迈耶[M]. 张建华, 译. 沈阳: 辽宁科学技术出版社, 2005.
14 布坎南. 伦佐・皮亚诺建筑工作室作品集[M]. 张华, 译. 北京: 机械工业出版社, 2003.
15 陈文捷. 世界建筑艺术史[M]. 长沙: 湖南美术出版社, 2004.
16 《大师》编辑部. 彼得・卒姆托[M]. 武汉: 华中科技大学出版社, 2007.
17 《大师》编辑部. 菲利普・约翰逊[M]. 武汉: 华中科技大学出版社, 2007.
18 《大师》编辑部. 弗兰克・劳埃德・赖特[M]. 武汉: 华中科技大学出版社, 2007.
19 《大师》编辑部. 蓝天组[M]. 武汉：华中科技大学出版社, 2007.
20 《大师》编辑部. 勒・柯布西耶[M]. 武汉: 华中科技大学出版社, 2007.
21 《大师》编辑部. 里卡多・列戈瑞达[M]. 武汉: 华中科技大学出版社, 2007.
22 《大师系列》丛书编辑部. 安藤忠雄的作品与思想[M]. 北京: 中国电力出版社, 2005.
23 《大师系列》丛书编辑部. 理查德・迈耶的作品与思想[M]. 北京: 中国电力出版社, 2005.
24 芬特雷斯. 市政建筑[M]. 皇甫伟, 译. 大连: 大连理工大学出版社, 2003.
25 弗兰姆普敦. 20世纪世界建筑精品集锦1900—1999[M]. 北京：中国建筑工业出版社, 1999.
26 弗兰姆普敦. 现代建筑: 一部批判的历史[M]. 张钦楠, 译. 北京: 生活・读书・新知三联书店, 2004.
27 赫尔穆特・扬事务所, 墨菲-扬事务所. 当代世界建筑经典精选（8）: 赫尔穆特・扬及墨菲-扬事务所[M]. 北京: 世界图书出版公司, 1997.
28 胡惠琴, 周旭宏. 贝聿铭和他的MIHO美术馆[J]. 世界建筑, 2006(8): 106-109.
29 华怡建筑工作室. 世界建筑典藏[M]. 北京: 机械工业出版社, 2003.
30 拉滕伯里. 生长的建筑: 赖特与塔里埃森建筑师事务所[M]. 蔡红, 译. 北京: 知识产权出版社, 2004.
31 兰普尼亚尼，等. 世界博物馆建筑[M]. 赵欣, 周莹，等译. 沈阳: 辽宁科学技术出版社, 2006.
32 兰坦伯里, 贝文, 朗. 国际著名建筑大师建筑思想・代表作品[M]. 邓庆坦, 解希玲, 译. 济南: 山东科学技术出版社, 2006.
33 李冰. 斯特拉斯堡欧洲议会大厦[J]. 世界建筑, 2002(2): 60-65.
34 李大夏. 路易・康[M]. 北京: 中国建筑工业出版社, 1993.
35 李祖原. 台北101大楼[J]. 建筑学报, 2005(5): 32-36.

36 刘先觉. 现代建筑理论: 建筑结合人文科学自然科学与技术科学的新成就[M]. 北京: 中国建筑工业出版社, 1999.
37 伦敦瑞士再保险公司伦敦总部大楼［EB/OL］.[2009-10-15]. http://www.archinfo.com.tw/member/06/060619.aspx.
38 罗小未. 外国近现代建筑史[M]. 2版. 北京: 中国建筑工业出版社, 2004.
39 佩罗. 法国国家图书馆设计［EB/OL］. [2007-01-14]. http://www.visionunion.com/article.jsp?code=200511140042.
40 栖息建筑园. 建筑阅读：矶崎新的中央美院美术馆［EB/OL］.[2022-09-02]. https://zhuanlan.zhihu.com/p/139122909.65.
41 沈三陵. 优美的建筑抒情诗: 记贝聿铭的美秀美术馆[J]. 建筑学报, 2002(6): 53-57.
42 舒平, 汪丽君. 世界建筑大师优秀作品集锦: 格瓦思梅・西格尔建筑师事务所[M]. 北京: 中国建筑工业出版社, 2001.
43 斯基德莫尔-奥因斯-梅里尔事务所. SOM首席设计师艾德里安・史密斯作品集[M]. 张建华, 译. 沈阳: 辽宁科学技术出版社, 2003.
44 佟博. 佳作回眸: 阿拉伯世界文化中心[J]. 世界建筑导报, 2006, 21(7): 32-35.
45 拓盟智能网. 智能遮阳经典: 会飞的遮阳建筑 密尔沃基美术馆［EB/OL］.[2022-11-20]. http://www.topm.net/yz.asp?id=63.
46 希尔特. 阿尔瓦・阿尔托: 设计精品[M]. 何捷，陈欣欣, 译. 北京: 中国建筑工业出版社, 2005.
47 希思科特. 银行建筑[M]. 王雍, 译. 大连: 大连理工大学出版社, 2003.
48 夏普. 20世纪世界建筑: 精彩的视觉建筑史[M]. 胡正凡, 林玉莲, 译. 北京: 中国建筑工业出版社, 2003.
49 王受之. 世界现代建筑史[M]. 北京: 中国建筑工业出版社, 1999.
50 王天锡. 贝聿铭[M]. 北京: 中国建筑工业出版社, 1990.
51 韦尔斯. 世界著名桥梁设计[M]. 张慧, 黎楠, 译. 北京: 中国建筑工业出版社, 2003.
52 韦斯顿. 20世纪住宅建筑[M]. 孙红英, 译. 大连: 大连理工大学出版社, 2003.
53 吴焕加. 外国现代建筑二十讲[M]. 北京: 生活・读书・新知三联书店, 2016.
54 吴焕加, 刘先觉. 现代主义建筑20讲[M]. 上海: 上海社会科学院出版社, 2006.
55 吴磊. 2005年对奥雷・舍人的一次采访［EB/OL］. [2008-01-25] .http://blog.sina.com.cn/s/blog_56b3beb701008022.html.
56 吴耀东, 郑怿. 保罗・安德鲁的建筑世界[M]. 北京: 中国建筑工业出版社, 2004.
57 央视网. 华人世界: 一波三折的水立方［EB/OL］. [2008-08-04] .http://news.cctv.com/china/20080804/104023.shtml.
58 佚名. 联邦总理府, 柏林, 德国[J]. 世界建筑, 2008(9): 26-27.
59 佚名. 迈克尔・格雷夫斯[M]. 袁宏倩, 袁逸倩, 译. 北京: 中国建筑工业出版社, 2001.
60 张钦楠. 特色取胜: 建筑理论的探讨[M]. 北京: 机械工业出版社, 2005.
61 支文军, 朱广宇. 马里奥・博塔[M]. 大连: 大连理工大学出版社, 2003.
62 周治良. 慕尼黑奥林匹克体育中心西德[J]. 世界建筑, 1983(5): 23-27.
63 佐尼斯. 圣地亚哥・卡拉特拉瓦: 运动的诗篇[M]. 张育南, 古红樱, 译. 北京: 中国建筑工业出版社, 2005.
64 佐尼斯. 圣地亚哥・卡拉特拉瓦[M]. 赵欣, 译. 大连: 大连理工大学出版社, 2005.
65 a.s超. 阿塞拜疆阿利耶夫文化中心（Heydar Aliyev Centre）-扎哈・哈迪德［EB/OL］. [2022-09-02]. https://www.douban.com/note/513619038/?_i=2194698FWeluCj.
66 CHING F, JARZOMBEK M M, PRAKASH V. A global history of architecture [M]. 3rd ed. New York: John Wiley & Sons, 2017.
67 CROFT C. Concrete architecture[M]. [S.l.]: Laurence Jing Publishing Ltd, 2004.

图书在版编目（C I P）数据

现当代建筑艺术赏析 / 刘古岷编著. -- 2版. -- 南京：东南大学出版社，2023.7
（新建筑艺术赏析丛书 / 刘古岷主编）

ISBN 978-7-5766-0663-8

Ⅰ. ①现… Ⅱ. ①刘… Ⅲ. ①建筑艺术-鉴赏-世界
Ⅳ. ①TU-861

中国版本图书馆CIP数据核字（2022）第253908号

现当代建筑艺术赏析（第2版）
Xiandangdai Jianzhu Yishu Shangxi (Di-er Ban)

编　　著： 刘古岷
责任编辑： 魏晓平
责任校对： 子雪莲
封面设计： 毕　真
责任印制： 周荣虎
出版发行： 东南大学出版社
社　　址： 南京市四牌楼2号
邮　　编： 210096
网　　址： http://www.seupress.com
电子邮箱： press@seupress.com
印　　刷： 广东虎彩云印刷有限公司
经　　销： 全国各地新华书店
开　　本： 700 mm×1 400mm　1/16
印　　张： 20.5
字　　数： 440 千
版　　次： 2023 年 7 月第 2 版
印　　次： 2023 年 7 月第 1 次印刷
书　　号： ISBN 978-7-5766-0663-8
定　　价： 65.00元

* 本社图书若有印装质量问题，请直接与销售部联系。电话：025-83791830